JN023849

理工系のための
実践的微分積分

山田直記●吉田　守
福嶋幸生●田中尚人◆共　著

学術図書出版社

は じ め に

―この教科書を手にした学生諸君に―

　大学に入学した理工系の学生は，最初に数学で微分積分と行列と行列式 (線形代数) を学びます．それぞれの専門分野に進んだとき，自然現象を記述する言語としての数学の知識を持ち，計算に習熟している必要があるからです．

　微分積分といえば，数列の極限，関数の連続性などの議論を積み重ねた後に学ぶのが通例です．しかし，この教科書では，基本的な関数に慣れ計算できるようになることを重視し，他書のように数列，極限や連続性について精密な記述にとらわれることなく，グラフや数値例などにより，体験的に極限の概念や連続性の概念を把握できるように工夫しました．

　微分積分の計算についても，公式をやたらに並べるのではなく，「こんなことができればいいな」と考えて，少しずつ計算のテクニックが増えていくよう叙述しました．導関数の計算も単なる計算問題にとどまらず，早めに微分方程式の概念を導入し，基本的な微分方程式の代表的な解を紹介するよう心掛けました．力学や電磁気学などを平行して学んでいるでしょうから，数学と応用の相互のつながりを意識してほしいとの期待からです．また，数学としての一体感を体得してほしいと考え，線形代数 (行列と行列式) の用語や知識も用いました．数学という対象を探求していくという流れを重視して，定理，証明という順序ではなく，説明のあとで考察のまとめとして定理を述べる形で叙述したところもあります．このような探求の流れを理解することは，さらに進んだ数学を学ぶにあたって大事であるばかりでなく，それぞれの専門分野を探求するにも役立つことでしょう．

──先生方に──

　本書は，理工系の学生のための専門基礎科目としての微分積分の教科書です．理工系の学生は，大学入学とともに，微分積分と線形代数を学ぶのが通例です．このうち微分積分は，これまでは，高校で基礎的な計算については学んでいるという前提で，理論の精密化という観点から，数列と極限，関数の連続性など実数の基本的性質について学ぶことから始めることが一般的でした．

　しかし，時は移り世は変わり，大学入学時点で学生の微分積分に関する知識は，以前ほどには仮定できなくなってきています．また，大学での数学の授業時間数も半減し，計算力を養うための演習に割く時間にも事欠くのが現状です．

　今回，新しい教科書を書くことにしたのも，従来の教科書では授業が進まない現状があるからです．このため，この教科書では，思い切った叙述を試みました．

　実数の基礎から論じるという従来の，そして論理的な順序とは異なり，逆3角関数を最初に紹介して関数の取り扱いに習熟し，最小限の極限値を直観的に把握させた後，直ちに微分係数と導関数を導入し，計算と応用を解説しました．微分方程式の概念を (言葉だけですが) 早めに導入し，解の概念を把握できるように心掛けました．積分の計算も，煩雑なものは避け，概念が直観的に理解できるよう叙述しました．多変数関数の偏微分，重積分についても同じ考え方でわかりやすさを心掛け，基本的な練習問題を数多く取り入れました．

　大まかな講義の心づもりとして，第1章，第2章，第3章の大半を半期，復習もかねて第3章の残りと，第4章，第5章を半期，さらに第6章で半期という授業計画が立てられるよう内容を選んだつもりです．それぞれの学期ごとの講義の目安を，第 n 講として示しました．

――そして皆さんに――

　第7章で取り上げた内容は，高校でも習った事柄ですが，単に公式の復習だけでなく，複素数の指数関数や双曲線関数などにも言及しました．第8章には，講義時間の関係で本文からは省いた内容を，オムニバス形式で取り上げました．授業を担当する先生が進度に応じて講義されたり，興味を持った学生が進んで勉強する際の参考になればよいと思います．

　節末の問題と章末の演習問題は，基本的な計算問題を中心に少し多めの問題数を用意しました．演習の時間が十分にとれないのが現状ですから，宿題やレポートの問題にも利用できるでしょう．

　このような考え方で，従来とはかなり異なる叙述を試みましたので，説明の順序や方法に不十分な点があったり，独りよがりな点があると思われます．これまでの準備段階で貴重なご意見を頂いた諸先生方や出版社の方に感謝するとともに，今後も講義で利用して下さる担当者や学生の皆さんのご批判やご叱正を期待しています．

　2006 年 12 月

著者一同

目　　次

第 1 章

基本的な関数とその性質

1.1　逆 3 角関数 (第 1 講)

これまでいろいろな関数を勉強してきた. 1 次関数 $y = ax + b$, 2 次関数 $y = ax^2 + bx + c$, 分数関数 $y = \dfrac{ax + b}{cx + d}$, 無理関数 $y = \sqrt{ax + b}$ などは加減乗除の四則演算と根号 $\sqrt{}$ を用いて表される関数である. さらに, 3 角関数 $y = \sin x$, $y = \cos x$, $y = \tan x$ や指数関数 $y = e^x$, 対数関数 $y = \log x$ も習った. 今後, 3 角関数の変数 x はラジアン, 指数関数の底は, 自然対数の底 $e = 2.718281828\cdots$ を用いる. ラジアンや e については, それぞれ, 定義 7.4 (p. 179), 定義 8.3 (p. 199) に解説がある.

指数関数と対数関数は, §7.2 に説明があるように

$$e^{\log x} = x, \quad \log e^x = x$$

の関係をみたしている. このように,

$$f(g(x)) = x, \quad g(f(x)) = x$$

をみたす関数 $f(x)$, $g(x)$ を互いに**逆関数**であるという. $y = x^2$ $(x \geqq 0)$ に対しては $y = \sqrt{x}$ が逆関数になっている.

それでは, なじみ深い 3 角関数の逆関数はどうなっているのだろうという疑問が湧く.

$y = \sin x$ の逆関数について考えよう．y の値が与えられたとして，

$$y = \sin x$$

を x について解きたいのであるが，これまでに知っている式では書き表せない．グラフで考えると，$|y| \leqq 1$ ならば $y = \sin x$ をみたす x が存在することがわかる．あるいは，単位円上で Y 座標 y をもつ点の角度 x を求めると考えてもよい．3角関数の定義を示した図 7.5 (p. 180) を見て考えてほしい．

しかし，3角関数の周期性と対称性から，$y = \sin x$ をみたす x は無限個存在して1つには定まらない．関数であるからには，与えられた変数の値に対して，対応する関数の値は1つに定まらなければならないから，どれかを選ばなければならない．

標準的な定め方は，$|y| \leqq 1$ に対して $y = \sin x$ となる x を $-\dfrac{\pi}{2} \leqq x \leqq \dfrac{\pi}{2}$ の範囲で定めるものである．この値を，$x = \arcsin y$ と表す．関数の習慣に従って，独立変数を x と書き，関数の値を y と書いて，もう一度定義を書けば，次のようになる．

定義 1.1　$|x| \leqq 1$ に対して

$$y = \arcsin x$$

であるとは，y が

$$x = \sin y \qquad \left(-\frac{\pi}{2} \leqq y \leqq \frac{\pi}{2} \right)$$

をみたすときをいう．arcsin は，アークサインと読む．

例題 1.1.1　$\arcsin\left(\dfrac{\sqrt{2}}{2} \right)$ の値を求めよ．

解　$\sin x = \dfrac{\sqrt{2}}{2}$ となる x には，$\dfrac{\pi}{4}, \dfrac{3\pi}{4}, \dfrac{9\pi}{4}, \dfrac{11\pi}{4}$ などがある．このような x を一般的に表すと $x = n\pi + (-1)^n \dfrac{\pi}{4}$ $(n = 0, \pm 1, \pm 2, \cdots)$ であり，$\sin x = \dfrac{\sqrt{2}}{2}$

をみたす x は無限個あるが，$-\dfrac{\pi}{2} \leqq x \leqq \dfrac{\pi}{2}$ の範囲にある値は $\dfrac{\pi}{4}$ であるから，

$$\arcsin\left(\frac{\sqrt{2}}{2}\right) = \frac{\pi}{4}$$

である．

$y = \arcsin x$ のグラフは，$y = \sin x$ のグラフを $-\dfrac{\pi}{2} \leqq y \leqq \dfrac{\pi}{2}$ の範囲だけで描いておき，直線 $y = x$ に関して対称になるようにすればよい．この範囲では $y = \sin x$ のグラフは単調増加 (右上がり) になっているから，$y = \arcsin x$ のグラフも単調増加である．

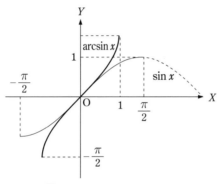

図 **1.1**　$\arcsin x$ のグラフ

$y = \cos x$ の逆関数も同様に考えて定義することができる．$0 \leqq x \leqq \pi$ の範囲で $y = \cos x$ のグラフは単調減少 (右下がり) であるから，逆関数を定めることができる．すなわち，

定義 1.2　$|x| \leqq 1$ に対して

$$y = \arccos x$$

であるとは，y が

$$x = \cos y \qquad (0 \leqq y \leqq \pi)$$

をみたすときをいう．

$y = \tan x$ の逆関数も同様に考えて定義することができる．$-\dfrac{\pi}{2} < x < \dfrac{\pi}{2}$ の範囲で $y = \tan x$ のグラフは単調増加であり，この範囲で $-\infty < x < \infty$ であるから，逆関数を定めることができる．

定義1.3　任意の $x \in \mathbb{R}$ に対して

$$y = \arctan x$$

であるとは，y が

$$x = \tan y \qquad \left(-\dfrac{\pi}{2} < y < \dfrac{\pi}{2}\right)$$

をみたすときをいう．

　ここで用いた記号を説明する．実数の全体 (数直線) を $\mathbb{R}$ で表す．x が実数であることを $x \in \mathbb{R}$ と表している．この記号は今後もしばしば用いる．

　$y = \arccos x$ と $y = \arctan x$ のグラフは図 1.2 のようになっている．

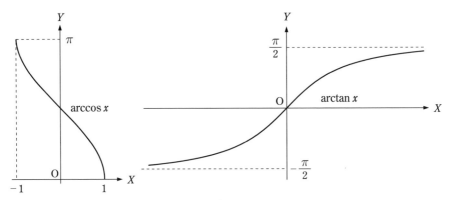

図**1.2**　$\arccos x$ と $\arctan x$ のグラフ

(余裕があるときの話題) 記号について説明する．逆3角関数を表す記号として，$\arcsin x$, $\arccos x$, $\arctan x$ の代わりにそれぞれ，$\sin^{-1} x$, $\cos^{-1} x$, $\tan^{-1} x$ という記号もよく用いられる．この記号は，逆数 $e^{-1} = \dfrac{1}{e}$ との類似から $\sin^{-1} x$ などが $\dfrac{1}{\sin x}$ などと誤解されることがあるので本書では用いなかった．コンピュータ言語では，$\arcsin x$ は `arcsin(x)`, `asin(x)` などの記号が用いられる．

問題 1.1.1　次の関数の値を求めよ.

(1) $\arcsin\left(\dfrac{1}{2}\right)$　　(2) $\arcsin\left(-\dfrac{\sqrt{3}}{2}\right)$　　(3) $\arcsin(-1)$

(4) $\arccos\left(-\dfrac{\sqrt{2}}{2}\right)$　　(5) $\arccos\left(\dfrac{\sqrt{3}}{2}\right)$　　(6) $\arccos 0$

(7) $\arctan\left(\dfrac{1}{\sqrt{3}}\right)$　　(8) $\arctan\left(-\sqrt{3}\right)$　　(9) $\arctan 1$

問題 1.1.2　$\cos\left(\dfrac{\pi}{2}-\theta\right)=\sin\theta$ を用いて，次の関係式を示せ.

$$\arcsin x + \arccos x = \frac{\pi}{2}$$

1.2　関数のグラフと連続性，極限の概念 (第 2 講)

　これまでに取り扱った関数のグラフを思い起こすと，$y=x^2$ や $y=\sin x$ などのグラフは数直線 $\mathbb{R}$ 全体の上で切れ目なくつながっている. 図 7.6 (p. 182) を参照してほしい. グラフがこのように切れ目なくつながっているとき，その関数は**連続**であるという. 関数 $f(x)$ のグラフが $x=a$ で連続であることは，x がどんどん a に近づくとき対応する関数の値 $f(x)$ も $f(a)$ にいくらでも近づくことである，と言い表すことができる. $y=\log x$ や $y=\arcsin x$ は数直線全体で定義されているわけではないが，$x>0$ や $-1\leqq x\leqq 1$ という，それぞれの定義域上で考えれば，グラフは切れ目なくつながっている. このようなときにも，関数はその定義域上で連続であるという.

例題 1.2.1　$y=\dfrac{1}{x}$ や $y=\tan x$ は $x=0$ や $x=n\pi+\dfrac{\pi}{2}$ $(n=0,\pm1,\pm2,\cdots)$ という孤立した点を除いて定義されている関数で，これらの点を除いたそれぞれの区間上でグラフは切れ目なくつながっている. これらも定義域上で連続な関数である. ▮

　これらのグラフを数直線全体で考えてみると，定義されていない点の両側で一方は限りなく大きくなり，他方は限りなく小さくなっていて，全体としてみると

グラフが途切れているように見える.

これに対し $y = \dfrac{\sin x}{x}$ も $x = 0$ では定義できない関数である. この関数の値は次の表のようである.

x	$\dfrac{\sin x}{x}$	x	$\dfrac{\sin x}{x}$
0.900000	0.870363	0.200000	0.993347
0.800000	0.896695	0.100000	0.998334
0.700000	0.920311	0.050000	0.999583
0.600000	0.941071	0.025000	0.999896
0.500000	0.958851	0.012500	0.999974
0.400000	0.973546	0.006250	0.999993
0.300000	0.985067	0.003125	0.999998

この数表と対称性から, グラフは図 1.3 のようになる.

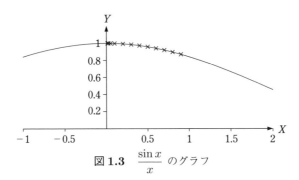

図 1.3　$\dfrac{\sin x}{x}$ のグラフ

このグラフは, 連続な曲線の中から1点を除いただけであるように見える. つまり, x をだんだんと0に近づけていくと $\dfrac{\sin x}{x}$ の値はいくらでも1に近づく. このことを, $x \to 0$ のときの $\dfrac{\sin x}{x}$ の極限値は1であるといい,

$$\lim_{x \to 0} \frac{\sin x}{x} = 1 \tag{1.1}$$

と表す. $x \to 0$ というときには, 右からも左からも, どのように0に近づけてもよい.

定義 1.4　一般に, 関数 $y = f(x)$ について, $x \to x_0$ とするとき関数の値 $f(x)$ がいくらでも一定の値 α に近づくならば, $x \to x_0$ のときに $f(x)$ の**極限**が存在する, あるいは, $x \to x_0$ のときの $f(x)$ の**極限値**は α であるといい, $\displaystyle\lim_{x \to x_0} f(x) = \alpha$ と表す.

このように, 関数の極限値は, その点で関数が定義できなくても考えられる概念であり, たとえ定義されていたとしてもその値 $f(x_0)$ とは直接関連しない概念である. もちろんいつでも極限値が, 有限な値で存在するわけではない. たとえば $\tan x$ については $x \to \dfrac{\pi}{2}$ のときの極限が存在しない.

関数の極限値については, 次の性質が成り立つ.

定理 1.1　$\displaystyle\lim_{x \to x_0} f(x) = \alpha$, $\displaystyle\lim_{x \to x_0} g(x) = \beta$ であり, k を定数とするとき,

(1) $\displaystyle\lim_{x \to x_0} kf(x) = k\alpha$

(2) $\displaystyle\lim_{x \to x_0} (f(x) + g(x)) = \alpha + \beta$

(3) $\displaystyle\lim_{x \to x_0} f(x)g(x) = \alpha\beta$

(4) $\displaystyle\lim_{x \to x_0} \dfrac{f(x)}{g(x)} = \dfrac{\alpha}{\beta}$ 　　$(\beta \neq 0)$

が成り立つ.

次の 2 つの例題で求める極限値は, 次節で微分係数を求める際に利用する.

例題 1.2.2　定数 a に対して, h を変数とする関数

$$\frac{(a+h)^2 - a^2}{h}$$

を考え, $h \to 0$ のときの極限値を調べよう. 式の形を見ると $h = 0$ では定義できないが,

$$\frac{(a+h)^2 - a^2}{h} = \frac{a^2 + 2ah + h^2 - a^2}{h} = 2a + h$$

と計算できるので, $h \to 0$ のときの極限値は

$$\lim_{h \to 0} \frac{(a+h)^2 - a^2}{h} = 2a$$

であることが，ただちにわかる．

例題 1.2.3 $\dfrac{e^x - 1}{x}$ の $x = 0$ 付近での値は，次の表のようになっている．

x	$\dfrac{e^x - 1}{x}$	x	$\dfrac{e^x - 1}{x}$
0.100000	1.051709	0.000195	1.000100
0.050000	1.025421	-0.000195	0.999902
0.025000	1.012604	-0.000391	0.999805
0.012500	1.006276	-0.000781	0.999609
0.006250	1.003131	-0.001563	0.999219
0.003125	1.001564	-0.003125	0.998439
0.001563	1.000781	-0.006250	0.996882
0.000781	1.000390	-0.012500	0.993776
0.000391	1.000195	-0.025000	0.987604

この表から，

$$\lim_{x \to 0} \frac{e^x - 1}{x} = 1 \tag{1.2}$$

と推測できる．

関数 $y = f(x)$ について，x をどんどん大きくするときの極限も考えることがある．x をどんどん大きくするとき，$f(x)$ がいくらでも一定の値 α に近づくならば，$x \to \infty$ のとき（∞ は無限大と読む）に $f(x)$ の極限値は α であるといい，$\lim\limits_{x \to \infty} f(x) = \alpha$ と表す．同様に $\lim\limits_{x \to -\infty} f(x)$ も考えられる．

例題 1.2.4 $x \to \dfrac{\pi}{2}\ \left(x < \dfrac{\pi}{2}\right)$ のときに $\tan x \to \infty$ であることを，逆関数で考えると

$$\lim_{x \to \infty} \arctan x = \frac{\pi}{2}$$

である (図 1.2 参照)．極限値が $\lim\limits_{x\to\infty} f(x) = \alpha$ であることは関数のグラフで考えると，グラフ上の点をどんどん右にいくとき，グラフの Y 軸の値がいくらでも a に近づくことである．

指数関数のグラフ (図 7.2, p.176) を見ると

$$\lim_{x\to\infty} e^{-x} = \lim_{x\to\infty} \frac{1}{e^x} = 0$$

であることがわかる．また，数列の極限値，例題 8.1.5 (2) (p.195) から類推できるように

$$\lim_{x\to\infty} xe^{-x} = 0$$

である．この証明は，例題 8.2.2 (p.204) を参照してほしい．

連続でない関数の代表的なものを紹介しよう．

$$y = \operatorname{sgn} x = \begin{cases} 1 & x > 0 \text{ のとき} \\ 0 & x = 0 \text{ のとき} \\ -1 & x < 0 \text{ のとき} \end{cases}$$

は**符号関数**と呼ばれ，

$$y = \begin{cases} 1 & x \geqq 0 \text{ のとき} \\ 0 & x < 0 \text{ のとき} \end{cases}$$

は**ヘビサイド関数**と呼ばれている．

グラフが階段形になる代表的なものに，**ガウス記号**を用いて表される関数

$$y = [x] = x \text{ を超えない最大の整数}$$

がある．

問題 1.2.1　極限値 $\lim\limits_{h\to 0} \dfrac{(a+h)^3 - a^3}{h}$ を求めよ．

問題 1.2.2 次の極限値を求めよ.

(1) $\displaystyle\lim_{x\to 0}\frac{\sin 2x}{x}$

(2) $\displaystyle\lim_{x\to 0}\frac{\cos x - 1}{x^2}$

(3) $\displaystyle\lim_{x\to 0}\frac{\tan x}{x}$

(4) $\displaystyle\lim_{x\to 0}\frac{\log(1+x)}{x}$

1.3 演習問題 (第2講)

—— 演習問題 **A** ——

問題 1 $y = x^3$ の逆関数を求めよ. 逆関数がどの範囲で定義できるか考察せよ.

問題 2 次の関係式を示せ.

(1) $-\arcsin x = \arcsin(-x)$

(2) $-\arctan x = \arctan(-x)$

(3) $\arccos(-x) = \pi - \arccos x$

問題 3 次の関数のグラフを1つの X-Y 平面上に描け.

(1) $y = x$ $\qquad y = e^x$ $\qquad\qquad\qquad y = \log x$

(2) $y = x$ $\qquad y = x^2 \quad (x \geqq 0)$ $\qquad\qquad y = \sqrt{x}$

(3) $y = x$ $\qquad y = \sin x \quad \left(-\dfrac{\pi}{2} \leqq x \leqq \dfrac{\pi}{2}\right)$ $\qquad y = \arcsin x$

(4) $y = x$ $\qquad y = \cos x \quad (0 \leqq x \leqq \pi)$ $\qquad y = \arccos x$

(5) $y = x$ $\qquad y = \tan x \quad \left(-\dfrac{\pi}{2} < x < \dfrac{\pi}{2}\right)$ $\qquad y = \arctan x$

問題 4 次の極限値を求めよ.

(1) $\displaystyle\lim_{h\to 0}\frac{(a+h)^2 + (a-h)^2 - 2a^2}{h^2}$

(2) $\displaystyle\lim_{h\to 0}\frac{(a+h)^3 + (a-h)^3 - 2a^3}{h^2}$

(3) $\displaystyle\lim_{h\to 0}\frac{\sin(a+h) + \sin(a-h) - 2\sin a}{h^2}$

(4) $\displaystyle\lim_{h\to 0}\frac{e^{a+h} + e^{a-h} - 2e^a}{h^2}$

— 演習問題 **B** —

問題 1 次の実数値関数の定義域と値域を求めよ.

(1) $f(x) = \arcsin \sqrt{1 - x^2}$　　　　(2) $f(x) = \arctan \sqrt{1 - x^2}$

問題 2 一般に, $y = f(x)$ と $y = g(x)$ が逆関数であるとき, 2 つの関数のグラフは, 直線 $y = x$ に対して対称であることを示せ.

問題 3 $0 < x < 1$ とする. 3 辺の長さが $1, x, \sqrt{1 - x^2}$ の直角 3 角形を考えて次の等式を示せ.

(1) $\arcsin x + \arccos x = \dfrac{\pi}{2}$　　　　(2) $\arcsin x = \arctan \left(\dfrac{x}{\sqrt{1 - x^2}} \right)$

(3) $\sin (\arccos x) = \cos (\arcsin x)$

問題 4 $\arcsin x$ の定義域上で, 次の関係式が成立することを示せ.

$$\arcsin x = 2 \arctan \sqrt{\frac{1 + x}{1 - x}} - \frac{\pi}{2}$$

第 2 章

1 変数関数の微分法

　日常生活の中で「出生率が以前に比べて低下している」,「今年の予算の伸び率は昨年に比べて何パーセント」などと,「なんとか率」という言葉がよく用いられる. これらは, 人口が年々変化していく様子や, 予算が昨年に比べてどれだけ変化したかという「変化の様子」を表している. 出生率や予算などは, 年度ごとに考えるものであるから, 時間変数 (ここでは年度) の関数になっている. このような「変化の様子」を記述する統一的な考え方について調べよう.

　変数や関数の値について, 具体的な「時間」や「金額」といった単位を考えずに, 数学的な関数についてその「変化の様子」を調べる.

2.1　微分係数と導関数 (第 3 講)

　関数 $y = f(x)$ の変化の様子を考える. 変数 x が $x = a$ から $x = a + h$ まで変化するとき, 対応する関数の値は $f(a)$ から $f(a + h)$ まで変化する. この間の変化率 (変化の割合) は,

$$\frac{f(a + h) - f(a)}{h}$$

によって求められる. これを $x = a$ から $x = a + h$ までの $y = f(x)$ の**平均変化率**という. $x = a$ を固定して考えると, 平均変化率は, h の関数である. $h \to 0$ としたときの極限を考えよう. §1.2 (p. 5) で考えた関数の極限の考え方が適用できる.

定義 2.1 平均変化率で $h \to 0$ としたときの極限値が存在するときに (いつでも存在するとは限らない), $f(x)$ は点 $x = a$ で**微分可能**であるといい, その極限値を

$$f'(a) = \lim_{h \to 0} \frac{f(a+h) - f(a)}{h} \tag{2.1}$$

と表して, 関数 $y = f(x)$ の $x = a$ における**微分係数**という.

　微分係数 $f'(a)$ は, 平均変化率の極限値であるから, $x = a$ での「瞬間の変化率」とでもいうべきものである.

　微分係数の意味は, グラフで考えるとよくわかる. $y = f(x)$ 上の 2 点 A$(a, f(a))$, H$(a + h, f(a + h))$ を結ぶ直線 AH の傾きが, この区間での平均変化率を表している. $h \to 0$ とすることは点 H が A にどんどん近づくことである. このとき, 直線 AH はある直線にいくらでも近づいていくことがグラフから見てとれる. その直線は, 点 A の近くに限ると A でのみグラフと共通点をもつ. この直線を, $x = a$ での**接線**という. 正確には, グラフ上の点 $(a, f(a))$ における接線というべきであろうが, 誤解のないときには, 簡単に $x = a$ における接線, という. すなわち, 微分係数 $f'(a)$ は $x = a$ での接線の傾きを表している.

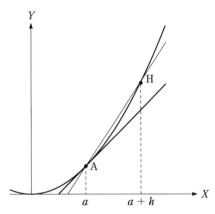

図 2.1 接線と平均変化率のグラフ

定理 2.1   関数 $y = f(x)$ が微分可能であるとき，$x = a$ における接線の方程式は

$$y = f'(a)(x - a) + f(a) \tag{2.2}$$

である．

証明   接線は点 $(a, f(a))$ を通り，傾き $f'(a)$ の直線であるから，その方程式は (2.2) と表される．

(**余裕があるときの話題**) 微分係数の考え方は自然科学のいろいろなところで現れる．たとえば，等速直線運動をしている点 A の運動は，時刻 $t = 0$ のときの位置を u_0，速度を v とすると $vt + u_0$ と表される．この関数のグラフは直線で，その傾きが速度を表している．上で考えた平均変化率も微分係数も，この傾きであることは明らかであろう．一般に，関数 $u(t)$ が考えている点の時刻 t での位置を表しているときには，その微分係数 $u'(t)$ は，その時刻での速度を表している．

例題 2.1.1   関数 $y = x^2$ の $x = 1$ における微分係数は，定義式 (2.1) と例題 1.2.2 (p. 7) を用いると

$$f'(1) = \lim_{h \to 0} \frac{(1 + h)^2 - 1}{h} = \lim_{h \to 0}(2 + h) = 2$$

と計算できる．したがって，$x = 1$ での接線の方程式は $y = 2x - 1$ である．

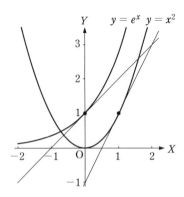

図 2.2　関数と接線のグラフ $y = x^2$，$y = e^x$

例題 2.1.2　関数 $y = e^x$ の $x = 0$ における微分係数は，定義式から

$$f'(0) = \lim_{h \to 0} \frac{e^h - 1}{h}$$

である．この極限は，例題 1.2.3 (p. 8) で数値例を示したように 1 であることがわかるから $f'(0) = 1$ である．したがって，$x = 0$ での接線の方程式は $y = x + 1$ と求められる．　▌

(余裕があるときの話題) 次の例題が示すように，すべての関数の勝手な点で微分係数が定まるわけではない．

例題 2.1.3　関数 $y = |x|$ を考え，$a = 0$ ととる．このとき平均変化率は

$$\frac{|0 + h| - |0|}{h} = \frac{|h|}{h} = \begin{cases} 1 & h > 0 \text{ のとき} \\ -1 & h < 0 \text{ のとき} \end{cases}$$

となっているので，$h \to 0$ のときの極限値は定まらない．グラフで考えると，$y = |x|$ のグラフが $x = 0$ では「かど」をもつので，接線が 1 本には定まらないことと対応している．このように，微分係数が定まらない点では，$y = f(x)$ のグラフは，「かど」のようになっていると考えられる．ただし，すべての関数のグラフが，目に見えるように描けるわけではないので，あまり直観的な議論に頼りすぎることは危険である．　▌

　これ以後，本書においては，連続で，微分係数が定まるような関数を主に考えることにする．したがって，定理の仮定においてもいちいちそのことを断らないことが多い．次の節でわかるように，これまで考えてきたような，数式で表される関数は (関数が定義されている範囲で) ほとんど微分係数が存在する．

問題 2.1.1　$f(x) = \sin x$ について，$f'(0)$ を求めよ．また，$x = 0$ での接線の方程式を求めよ．

問題 2.1.2　$f(x) = e^{2x}$ について，$f'(0)$ を求めよ．また，$x = 0$ での接線の方程式を求めよ．

問題 2.1.3　$f(x) = \sin x$ について，$f'\left(\dfrac{\pi}{2}\right)$ を求めよ．また，$x = \dfrac{\pi}{2}$ での接線の方程式を求めよ．

問題 2.1.4　$f(x) = e^x$ について，$a \in \mathbb{R}$ に対して $f'(a)$ を求めよ．

2.2 導関数の公式 (第 4 講)

前節では各点 $x = a$ ごとに微分係数 $f'(a)$ を考えてきたが，a に対して値 $f'(a)$ を対応させることも 1 つの関数になっている．そこで，この関数を $f(x)$ の**導関数**と呼ぶことにする．今後，x での微分係数 $f'(x)$ と f の導関数を区別せず，同じものだと考えることが多い．

関数の習慣に従って，変数を x と書く．$y = f(x)$ のとき，その導関数はまた

$$f', \quad f'(x), \quad \frac{df}{dx}, \quad \frac{df(x)}{dx}, \quad y', \quad \frac{dy}{dx}$$

のようにいろいろな記号で表される．力学などでは，変数が時間変数 t のとき，導関数を $\dot{y}$ のようにも表す．

導関数の最も基本的な性質を述べる．今後，関数の和，定数倍について

$$(f + g)(x) = f(x) + g(x), \quad (kf)(x) = kf(x) \quad (k \text{ は定数})$$

と約束する．

次の定理は，極限の性質 (定理 8.4) (p. 200) に基づくものである．

定理 2.2　導関数の線形性　2 つの関数 $y = f(x), y = g(x)$ の導関数をそれぞれ $f'(x), g'(x)$ とし，k を定数とする．このとき，

(1)　$(kf)'(x) = kf'(x)$

(2)　$(f + g)'(x) = f'(x) + g'(x)$

が成り立つ．

証明　定義に従うと，平均変化率は

$$\frac{(kf)(x + h) - (kf)(x)}{h} = k\frac{f(x + h) - f(x)}{h}$$

であるから，$h \to 0$ として (1) が得られる．(2) も同様である．

いろいろな関数の導関数を求めよう．主な関数の導関数の公式は，付録 A.2 (p. 244) にまとめてあるので，利用してほしい．導関数を求めることを，関数を**微分する**ともいう．微分係数の定義式に基づいて計算するだけでなく，導関数の計算についての基本的な性質も調べて，それらを利用する．

例題 2.2.1 (x^n の導関数)　定数関数の導関数が恒等的に 0 の値をとる関数であることに注意しておこう. また, x^2 の導関数は前章の例題 1.2.2 (p. 7) での計算を参考にすると $2x$ である. また, x^3 の導関数は, 定義に従って平均変化率を求め, **2 項定理**を用いて展開して計算すると $3x^2$ となる. 一般に, 自然数 $n = 1, 2, \cdots$ に対して x^n の導関数は

$$(x^n)' = nx^{n-1} \tag{2.3}$$

となる. ∎

この性質と定理 2.2 から, すべての多項式の導関数を計算することができる.

例題 2.2.2 (e^x の導関数)　指数関数の導関数は

$$(e^x)' = e^x \tag{2.4}$$

である. このことは例題 1.2.3 (p. 8) で述べた極限値

$$\lim_{h \to 0} \frac{e^h - 1}{h} = 1$$

から導かれる. すなわち, 微分しても同じ関数である. これは e を底とする指数関数の著しい特徴である. 単に指数関数というときに, 特別な数 e を底とする理由もここにある. ∎

次に, 3 角関数の導関数を求めよう.

例題 2.2.3 ($\sin x, \cos x$ の導関数)　極限値 (1.1) (p. 6) を用いると

$$(\sin x)' = \cos x \tag{2.5}$$

が得られる. 実際, 加法定理から得られる公式を用いて, 平均変化率が

$$\frac{\sin(x+h) - \sin x}{h} = \frac{2\cos\left(x + \dfrac{h}{2}\right)\sin\dfrac{h}{2}}{h} = \cos\left(x + \frac{h}{2}\right)\frac{\sin\dfrac{h}{2}}{\dfrac{h}{2}}$$

と計算でき，(1.1) で求めた極限値 $\displaystyle \lim_{h \to 0} \frac{\sin h}{h} = 1$ を用いると，$h \to 0$ のとき右辺は $\cos x$ に収束するからである．また

$$(\cos x)' = -\sin x \tag{2.6}$$

であることは，

$$\frac{\cos(x+h) - \cos x}{h} = -\frac{2}{h} \sin\left(x + \frac{h}{2}\right) \sin\frac{h}{2}$$

から得られる．

$\tan x$ の導関数を求めるには，次の一般的な性質から導くのが便利である．関数の積と商について，

$$(fg)(x) = f(x)g(x), \qquad \frac{f}{g}(x) = \frac{f(x)}{g(x)} \quad (g(x) \neq 0)$$

と定義する．

定理 2.3　積と商の導関数　次の公式が成り立つ．

(1)　$(fg)'(x) = f'(x)g(x) + f(x)g'(x)$

(2)　$\left(\dfrac{f}{g}\right)'(x) = \dfrac{f'(x)g(x) - f(x)g'(x)}{g(x)^2} \quad (g(x) \neq 0)$

証明　(1) を示すには，平均変化率の式を

$$\frac{f(x+h)g(x+h) - f(x)g(x)}{h}$$

$$= \frac{f(x+h)g(x+h) - f(x)g(x+h)}{h} + \frac{f(x)g(x+h) - f(x)g(x)}{h}$$

と変形しておいて，$h \to 0$ の極限を考えればよい．(2) も

$$\frac{1}{h}\left\{\frac{f(x+h)}{g(x+h)} - \frac{f(x)}{g(x)}\right\} = \frac{1}{h}\frac{f(x+h)g(x) - f(x)g(x+h)}{g(x+h)g(x)}$$

$$= \frac{1}{g(x+h)g(x)}\left\{\frac{f(x+h) - f(x)}{h}g(x) - f(x)\frac{g(x+h) - g(x)}{h}\right\}$$

と計算して，$h \to 0$ の極限をとればよい．

例題 2.2.4 (tan x の導関数) 商の導関数の公式から

$$(\tan x)' = \frac{1}{\cos^2 x} = \sec^2 x \tag{2.7}$$

が得られる. 実際, $\tan x = \dfrac{\sin x}{\cos x}$ に商に関する導関数の公式を適用して,

$$\left(\frac{\sin x}{\cos x} \right)' = \frac{\cos^2 x - \sin x(-\sin x)}{\cos^2 x} = \frac{1}{\cos^2 x}$$

と求められる. また, $\sec x = \dfrac{1}{\cos x}$ より後半の関係式は明らかである. ∎

例題 2.2.5 ($f(\alpha x)$ の導関数) e^{2x} の導関数を定義に従って計算すると

$$\frac{e^{2(x+h)} - e^{2x}}{h} = 2\frac{e^{2(x+h)} - e^{2x}}{2h} \to 2e^{2x} \quad (h \to 0)$$

であるから $(e^{2x})' = 2e^{2x}$ となる. 一般に定数 α に対して関数 $f(\alpha x)$ を微分すると

$$(f(\alpha x))' = \alpha f'(\alpha x) \tag{2.8}$$

となる. ∎

問題 2.2.1 次の関数の導関数を求めよ.

(1) $x^3 - 6x^2 + 4x - 2$ (2) $(x^2 + 1)(2x - 1)$

(3) $\dfrac{3x + 2}{2x + 1}$ (4) $xe^x - e^x$

(5) $x\sin x + \cos x$ (6) $e^x \cos x$

(7) $\dfrac{1}{x^4}$ (8) $\dfrac{\sin x}{x}$

問題 2.2.2 次の関数の導関数を求めよ.

(1) $e^{2x} - e^{-x}$ (2) $\sin 3x - \cos 2x$

(3) $x^2 e^{-3x}$ (4) $\tan \dfrac{x}{2}$

(5) $-\dfrac{1}{5}e^{-x}(\sin 2x + 2\cos 2x)$ (6) $-2\dfrac{\cos \frac{x}{2}}{\cos \frac{x}{2} + \sin \frac{x}{2}}$

問題 2.2.3 $\sinh x = \dfrac{e^x - e^{-x}}{2}$, $\cosh x = \dfrac{e^x + e^{-x}}{2}$, $\tanh x = \dfrac{\sinh x}{\cosh x}$ とする.
次の関数の導関数を求めよ. これらの関数を**双曲線関数**という. 双曲線関数
についての詳しいことは, §7.4 を参照せよ.

    (1) $\sinh x$ (2) $\cosh x$ (3) $\tanh x$

2.3 合成関数と逆関数の導関数 (第5講)

いままでの公式と導関数の性質からも, いろいろな関数の導関数を求めること
ができる. それでは, $e^{\sin x}$ のような関数を微分するにはどうすればよいだろう?
これは, 2つの関数 e^x と $\sin x$ が「入れ子」になっている. すなわち, 変数を書
き換えて, $z = e^y$ と $y = \sin x$ と考えると, まず変数 x から $\sin x$ によって y
の値が定まり, これを用いて $z = e^y$ によって z の値が定まっている. 途中に挟
まっている y を経由して, z は x によって定まる関数になっていると考えれば
よい. 一般に2つの関数 $z = f(y), y = g(x)$ によって, $z = f(g(x))$ として得
られる関数を**合成関数**という. 合成関数は $f(g(x)) = (f \circ g)(x)$ とも表される.
変数の関係を, 次のよう考えるとわかりやすい.

$$x \xrightarrow{\ g\ } y \xrightarrow{\ f\ } z$$

合成関数の導関数は, それぞれの導関数を用いて次のように求められる. 積の
導関数と誤解しないようにしよう.

> **定理 2.4 合成関数の導関数** 次の公式が成り立つ.
>
> $$(f \circ g)'(x) = (f(g(x)))' = f'(g(x))g'(x)$$

証明 直観的には

$$\frac{f(g(x+h)) - f(g(x))}{h} = \frac{f(g(x+h)) - f(g(x))}{g(x+h) - g(x)} \frac{g(x+h) - g(x)}{h}$$

において, $h \to 0$ の極限をとればよい. 分母が0になるときには, もう少し注意深い議
論が必要である. ∎

この定理より, 上に挙げた関数 $e^{\sin x}$ を微分するには

$$\left(e^{\sin x}\right)' = e^{\sin x}(\sin x)' = e^{\sin x}\cos x$$

とすればよい．また，3 つ以上の関数が入れ子になった合成関数も考えられるが，この導関数も上の定理を順次適用すれば導関数を求めることができる．

$f(x)$ と $g(x)$ が逆関数の関係にあるとき，$x = f(g(x))$ である．右辺は合成関数であるから，上の定理の証明のアイデアを利用して g の導関数を f の導関数で表すことができる．すなわち，次の定理が成立する．

定理 2.5　逆関数の導関数　f と g が逆関数であれば，$f'(g(x)) \neq 0$ のとき g も導関数をもち，

$$g'(x) = \frac{1}{f'(g(x))}$$

が成立する．

証明　$f(g(x)) = x$ であるから，両辺を微分して

$$f'(g(x))g'(x) = 1$$

が成り立つ．これは定理の主張に他ならない．　∎

例題 2.3.1 ($\log x$ の導関数)　$\log x$ の導関数を求めるには，$\log x$ が e^x の逆関数であることを利用する．定理 2.5 より

$$(\log x)' = \frac{1}{e^{\log x}} = \frac{1}{x} \tag{2.9}$$

が得られる．さらに符号に注意すると $(\log |x|)' = \dfrac{1}{x}$ $(x \neq 0)$ が得られる．　∎

例題 2.3.2 (x^a の導関数)　$x^a = e^{a \log x}$ であることに注意して，合成関数に対する導関数の公式を用いると，実数 a について

$$(x^a)' = ax^{a-1} \tag{2.10}$$

が成り立つこともわかる．　∎

また，逆 3 角関数の導関数も求められる．

例題 2.3.3 (arcsin x, arccos x, arctan x の導関数)　次の公式

$$(\arcsin x)' = \frac{1}{\sqrt{1 - x^2}} \qquad (-1 < x < 1) \tag{2.11}$$

$$(\arccos x)' = -\frac{1}{\sqrt{1 - x^2}} \qquad (-1 < x < 1) \tag{2.12}$$

$$(\arctan x)' = \frac{1}{1 + x^2} \tag{2.13}$$

が成り立つ.

実際, 定理 2.5 より,

$$(\arcsin x)' = \frac{1}{\cos(\arcsin x)}$$

であるが, さらに $|\arcsin x| \leqq \dfrac{\pi}{2}$ より $\cos(\arcsin x) \geqq 0$ であるから

$$\cos(\arcsin x) = \sqrt{1 - \sin^2(\arcsin x)} = \sqrt{1 - x^2}$$

と計算できるので, (2.11) が成り立つ. (2.12) も同様に計算できる. また,

$$(\arctan x)' = \cos^2(\arctan x) = \frac{1}{1 + \tan^2(\arctan x)}$$

と計算すると, (2.13) が得られる.　∎

　逆 3 角関数の導関数が 3 角関数ではなく, 代数式で表される関数であることが奇妙に思われるかも知れないが, このようになっている.

注意 2.1　ここで導関数の記号について再考しよう. 関数 $y = f(x)$ の導関数の書き方にはいろいろあるが, $\dfrac{dy}{dx} = f'(x)$ である. これを $dy = f'(x)\,dx$ と表して, $y = f(x)$ の **微分** と呼ぶことにする. この記号を用いて, これまでの諸公式が次のように理解できる.

(1)　$dy = f'(x)\,dx$ を dx で「わり算」すると, 導関数の関係式 $\dfrac{dy}{dx} = f'(x)$ が得られる.

(2)　$z = f(y)$, $y = g(x)$ の合成関数 $z = f(g(x))$ の微分は，それぞれの微分が $dz = f'(y)\,dy$, $dy = g'(x)\,dx$ だから $dz = f'(y)g'(x)\,dx$ である．これより，合成関数の導関数の公式 $\dfrac{dz}{dx} = f'(g(x))g'(x)$ が得られる．

(3)　$y = f(x)$ の逆関数 $x = f^{-1}(y)$ の微分は，$f'(x) \neq 0$ のとき，$y = f(x)$ の微分 $dy = f'(x)\,dx$ から $dx = \dfrac{1}{f'(x)}\,dy$ となる．これより，逆関数の導関数の公式 $\dfrac{dx}{dy} = \dfrac{1}{f'(x)}$ が得られる．

このように dy, dx をあたかも普通の数のように取り扱って計算できるので，このような記号の使い方に慣れると大変便利である．この記号は今後も折に触れて利用することにする．

問題 2.3.1　次の関数の導関数を求めよ．

(1) $(2x + 1)^3$

(2) $\dfrac{1}{(2 - 3x)^4}$

(3) $\sqrt{x} + \dfrac{1}{\sqrt{x}}$

(4) $\sqrt{4 - x^2}$

(5) e^{1-3x}

(6) $\sin\left(\dfrac{\pi}{4} - 2x\right)$

(7) $x \log x - x$

(8) $\dfrac{\log x}{x}$

問題 2.3.2　次の関数の導関数を求めよ．

(1) $\arcsin x + \arccos x$

(2) $\dfrac{1}{a} \arctan \dfrac{x}{a}$　$(a \neq 0)$

(3) $\arcsin \dfrac{x}{a}$　$(a > 0)$

(4) $\arctan x + \arctan \dfrac{1}{x}$

(5) $2 \arcsin \sqrt{x}$

(6) $\arctan \dfrac{1 + x}{1 - x}$

問題 2.3.3　次の関数の導関数を求めよ．

(1) $(x^2 + 1)^3(3x + 2)$

(2) $\left((x^5 + 1)^4 + 2\right)^3$

(3) $-\dfrac{\sqrt{x^2 + 1}}{x}$

(4) $e^{\sin(2x+1)}$

$$\text{(5)} \quad \log\left|\frac{x-1}{x+1}\right| \qquad\qquad\qquad \text{(6)} \quad \log\left|\tan\frac{x}{2}\right|$$

問題 2.3.4 $\left(\sqrt{x}\right)' = \dfrac{1}{2\sqrt{x}}$ であることを，$y = \sqrt{x}$ が $y = x^2 \ (x > 0)$ の逆関数であることを用いて示せ．

2.4　高次導関数，微分方程式の概念 (第6講)

導関数も1つの関数であるから，その導関数が考えられる．もとの関数から考えれば2回微分したことになる．これを順次繰り返せば，高次の導関数が考えられる．詳しく述べると，次のようになる．

定義 2.2 関数 $y = f(x)$ の導関数 $f'(x)$ をもう1度微分して得られる関数を $f(x)$ の**第2次導関数**といい $f''(x)$ と表す．第2次導関数はまた

$$f'', \quad f''(x), \quad \frac{d^2 f}{dx^2}, \quad \frac{d^2 f(x)}{dx^2}, \quad y'', \quad \frac{d^2 y}{dx^2}$$

のようにも書き表される．第2次導関数は，単に**2次導関数**とも，**(第)2階導関数**とも呼ばれる．

第2次を表す数字の2のつく位置が，分母と分子 (のようなもの) で異なっていることに注意してほしい．詳しくは説明しないが，歴史的，理論的な意味があって必ずこのように書く．

例題 2.4.1 具体的な関数について，第2次導関数の意味を説明する．関数 $u(t)$ が時間変数 t により点の位置を表す運動を記述しているときには，導関数 $u'(t)$ が速度，第2次導関数 $u''(t)$ は加速度を表している．力学の基本法則であるニュートンの運動法則は，「物体の受ける力は，加速度と質量の積に等しい」と表されるから，第2次導関数は応用上も非常に大事な概念である．

また，抵抗，コイル，コンデンサがつながれた電気回路を流れる電流の強さは，「任意の閉回路に沿ってのすべての電圧降下の総和は0である」という，キルヒホッフの法則をみたす．この法則は，電荷 $Q(t)$ とその微分 $Q'(t), Q''(t)$ を用いて表される．

いろいろな関数の第 2 次導関数は, §2.2 で述べた導関数の公式を用いれば求めることができる.

例題 2.4.2 $y = \sin x$ とすると, $y' = \cos x$ であるから, $y'' = -\sin x$ である.

このことから $y = \sin x$ は, 関係式 $y'' + y = 0$ をみたしていることがわかる.

定義 2.3 関数 y について, その導関数を含んだ関係式を, **微分方程式**という. 微分方程式をみたす関数を, その微分方程式の**解**という.

つまり, 上で確かめた関係式は,「$y = \sin x$ は微分方程式 $y'' + y = 0$ の解である」と言い表される. 第 2 次導関数を含んでいるので, 2 階微分方程式ともいう.

例題 2.4.3 関数 $y = e^{-x}\sin x$ は, 微分方程式 $y'' + 2y' + 2y = 0$ の解であることを示せ.

解 $y' = e^{-x}(\cos x - \sin x)$, $y'' = -2e^{-x}\cos x$ であるから, 微分方程式に代入すると $y'' + 2y' + 2y = 0$ である.

先に述べたように, 多くの自然法則は導関数を用いて記述されるので, 自然法則は微分方程式で記述されるといっても過言ではない. 与えられた微分方程式から解を求めることは, この意味からも大変重要な問題である. いま学んでいる微分積分や行列と行列式の理論は, 今後微分方程式の解法や理論を学ぶときに欠かせない知識となる. しかし本節では解法には立ち入らず, 演習問題としていくつかの関数が与えられた微分方程式をみたすことを確かめるにとどめる. 簡単な微分方程式の解法については, 第 4 章で触れる.

「第 2 次」導関数が考えられるなら, 「第 3 次」導関数も考えられる.

定義 2.4 一般に, 関数 $y = f(x)$ の第 n 次導関数 $f^{(n)}(x)$ は

$$f^{(n)}(x) = \left(f^{(n-1)}(x)\right)' \qquad (n = 2, 3, \cdots)$$

により，順次帰納的に定義される．第 n 次導関数を総称して，**高次導関数**という．

たくさんのダッシュを f の肩に書くわけにはいかないので，微分の次数をカッコで囲んで肩に書くことにする (指数と間違わないようカッコをつけている)．また，

$$f^{(n)}, \quad f^{(n)}(x), \quad \frac{d^n f}{dx^n}, \quad \frac{d^n f(x)}{dx^n}, \quad y^{(n)}, \quad \frac{d^n y}{dx^n}$$

のようにも書き表される．以後，考える関数は必要な階数だけ微分可能であるとする．

いくつかの関数では，その関数の性質を利用すると第 n 次導関数が実際に求められる．

例題 2.4.4 $y = \sin x$ とすると

$$y' = \cos x, \quad y'' = -\sin x, \quad y^{(3)} = -\cos x, \quad y^{(4)} = \sin x = y$$

となり，巡回することがわかるから，

$$(\sin x)^{(n)} = \begin{cases} \sin x & (n = 4k) \\ \cos x & (n = 4k+1) \\ -\sin x & (n = 4k+2) \\ -\cos x & (n = 4k+3) \end{cases}$$

と求められる．あるいは

$$\cos x = \sin\left(x + \frac{\pi}{2}\right)$$

に注意すると

$$(\sin x)^{(n)} = \sin\left(x + \frac{n\pi}{2}\right)$$

であることがわかる．この 2 つは同じ結果を表している． ▮

導関数の性質のうちで，線形性は高次導関数についても成り立つ．

定理 2.6　f, g の第 n 次導関数と定数 k に対して，次の公式が成り立つ．

(1)　$(kf)^{(n)}(x) = kf^{(n)}(x)$

(2)　$(f+g)^{(n)}(x) = f^{(n)}(x) + g^{(n)}(x)$

関数の積に対する高次導関数の公式は少し複雑になる．すなわち，次の定理が成り立つ．

定理 2.7　ライプニッツの定理

$$\frac{d^n fg}{dx^n} = (fg)^{(n)} = \sum_{k=0}^{n} {}_nC_k f^{(n-k)} g^{(k)}$$

が成り立つ．ただし，$f^{(0)} = f, g^{(0)} = g$ としている．ここで，${}_nC_k$ は異なる n 個のものから k 個を取り出す組み合わせの数で，

$$_nC_k = \frac{n!}{k!(n-k)!}, \quad {}_nC_0 = 1, \quad {}_nC_n = 1$$

である．記号 ${}_nC_k$ は $\binom{n}{k}$ とも表され，**2 項係数**と呼ばれる．

この定理は，**2 項定理**

$$(a+b)^n = \sum_{k=0}^{n} {}_nC_k a^{n-k} b^k$$

とすこぶるよく似た形をしている．証明もよく似ている．

証明　$n=1$ のときには，定理の結果は $(fg)' = f'g + fg'$ であるから，定理 2.3 (p. 18) により成立している．$n=2,3$ のときを実際に確かめると，定理の結果が一般の時にも成り立つと推測できる．

(余裕があるときの話題) 正確に証明しようとすると，数学的帰納法による．n のときに成り立つと仮定すると 2 項係数の関係式

$$_nC_k + {}_nC_{k-1} = {}_{n+1}C_k$$

を用いて

$$(fg)^{(n+1)} = \frac{d}{dx}(fg)^{(n)}$$

$$= \frac{d}{dx} \sum_{k=0}^{n} {}_nC_k f^{(n-k)} g^{(k)}$$

$$= \sum_{k=0}^{n} {}_n\mathrm{C}_k \left(f^{(n-k+1)} g^{(k)} + f^{(n-k)} g^{(k+1)} \right)$$

$$= \sum_{k=0}^{n} {}_n\mathrm{C}_k f^{(n-k+1)} g^{(k)} + \sum_{k=1}^{n+1} {}_n\mathrm{C}_{k-1} f^{(n-k+1)} g^{(k)}$$

$$= {}_n\mathrm{C}_0 f^{(n+1)} g^{(0)} + \sum_{k=1}^{n} \left({}_n\mathrm{C}_k + {}_n\mathrm{C}_{k-1} \right) f^{(n-k+1)} g^{(k)} + {}_n\mathrm{C}_n f^{(0)} g^{(n+1)}$$

$$= {}_{n+1}\mathrm{C}_0 f^{(n+1)} g^{(0)} + \sum_{k=1}^{n} {}_{n+1}\mathrm{C}_k f^{(n-k+1)} g^{(k)} + {}_{n+1}\mathrm{C}_{n+1} f^{(0)} g^{(n+1)}$$

と計算でき，$n+1$ の場合にも成立することが得られる．総和記号 $\sum$ の中の添え字をうまく書き換えて計算していることに注意してほしい．

問題 2.4.1 次の関数の第 n 次導関数を求めよ．

(1) e^x 　　　　　　　　　　　　　　(2) $\cos x$

(3) x^n 　$(n = 1, 2, \cdots)$ 　　　　　(4) $\log(1 + x)$

(5) x^α 　$(\alpha \in \mathbb{R}, \alpha \neq 1, 2, \cdots)$ 　　(6) e^{ax+b} 　　　$(a, b$ は定数$)$

問題 2.4.2 次の関数が，与えられた微分方程式の解であることを確かめよ．ただし，A, B は定数とする．

(1) $y = A \sin x + B \cos x$ 　　　　　　$y'' + y = 0$

(2) $y = Ae^{-x} + Be^{2x}$ 　　　　　　　$y'' - y' - 2y = 0$

(3) $y = (Ax + B)e^{3x}$ 　　　　　　　$y'' - 6y' + 9y = 0$

(4) $y = Ae^{-x} \sin 2x + Be^{-x} \cos 2x$ 　　$y'' + 2y' + 5y = 0$

問題 2.4.3 $u_n(x) = e^x \dfrac{d^n}{dx^n}(x^n e^{-x})$ を $n = 1, 2, 3$ のときに具体的に求めよ．また，それらは微分方程式 $xu_n'' + (1-x)u_n' + nu_n = 0$ をみたすことを確かめよ．u_n を**ラゲールの多項式**という．この事実は一般の $n = 1, 2, \cdots$ に対しても成立する．

2.5　関数の近似，テイラーの定理 (第 7 講)

関数 $y = f(x)$ の変化の様子は $f(x)$ の導関数や高次導関数を用いていろいろ
な方法で記述できる.

定理 2.8　平均値の定理　関数 $y = f(x)$ は閉区間 $[a, b]$ 上で定義された連続
関数で，開区間 (a, b) で微分可能であるとする. このとき，
$$f'(c) = \frac{f(b) - f(a)}{b - a}$$
となる点 c が (a, b) 内に少なくとも 1 つ存在する.

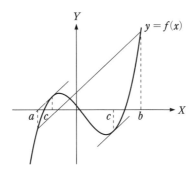

図 2.3　平均値の定理の図

この定理は，グラフからその意味は明らかである. グラフの両端を結ぶ線分と
平行な接線が，必ず存在することを主張している. この定理を次のように表現す
ることもできる. その表現をみれば，微分係数が常に 0 の関数は定数に限ること
がわかる.

系 2.1　定理と同じ仮定の下に，$x \in (a, b]$ に対して
$$f(x) = f(a) + f'(a + \theta(x - a))(x - a) \tag{2.14}$$
が成立するような $\theta \in (0, 1)$ が存在する. 特に，常に $f'(x) = 0$ ならば，その関
数は定数である.

曲線 $y = f(x)$ の $x = a$ における接線 $y = f'(a)(x - a) + f(a)$ は，グラフか

ら見てとれるように，$x = a$ の近くではもとの関数のグラフとほぼ重なっている．

$$f(x) = f(a) + f'(a)(x - a) + R_2(x) \qquad (2.15)$$

と表すと，$R_2(x)$ は $R_2(a) = 0$ をみたし，$x = a$ の近くではほぼ 0 に等しい．このようなとき，$f(a) + f'(a)(x - a)$ は $f(x)$ を $x = a$ の近く（近傍）で**近似**しているといい，$R_2(x)$ を**誤差**と呼ぶ．

この近似は 1 次関数による近似である．

もっと精度のよい，高次の近似多項式を得るために，関数

$$f(x) = x^n$$

を例にとって考えてみよう．2 項定理より

$$x^n = (a + (x - a))^n = a^n + na^{n-1}(x - a) + \frac{n(n-1)}{2}a^{n-2}(x - a)^2 + \cdots \qquad (2.16)$$

であり，$na^{n-1} = f'(a)$ であるから，(2.15) の $R_2(x)$ にあたるものは，ここでは

$$R_2(x) = \frac{n(n-1)}{2}a^{n-2}(x - a)^2 + \frac{n(n-1)(n-2)}{3!}a^{n-3}(x - a)^3 + \cdots$$

と，2 次式以上の多項式になっている．$|x - a|$ が小さくて，たとえば $|x - a| = 0.1$ のときには，$|x - a|^2$ はもっと小さい 0.01 になるから，$R_2(x)$ を誤差と考えることができるのである．(2.16) で

$$\frac{n(n-1)}{2}a^{n-2} = \frac{f''(a)}{2}$$

であることに注意すると $(x - a)^3$ 以下の部分を誤差と考えて

$$x^n = a^n + na^{n-1}(x - a) + \frac{n(n-1)}{2}a^{n-2}(x - a)^2 + R_3(x)$$

$$= f(a) + f'(a)(x - a) + \frac{f''(a)}{2}(x - a)^2 + R_3(x) \qquad (2.17)$$

と表すことができる．これを繰り返せばもっと高次の近似多項式も考えることができる．

この事実は，一般の関数 $f(x)$ についても成り立つことが知られている．

そのおおよその様子を知るために $a = 0$ として考えてみよう．$x = 0$ の近くで

$f(x)$ が 2 次の近似多項式 $\alpha + \beta x + \gamma x^2$ をもち，(2.17) のように

$$f(x) = \alpha + \beta x + \gamma x^2 + R_3(x)$$

が成り立つとしてみよう．これを微分すると

$$f'(x) = \beta + 2\gamma x + R_3'(x)$$

$$f''(x) = 2\gamma + R_3''(x)$$

である．ここで，$R_3(x)$ が誤差と考えられるということは x の 3 次以上の高次多項式になっていることで，$x = 0$ で $R_3(0) = R_3'(0) = R_3''(0) = 0$ が成り立ち，

$$\alpha = f(0), \quad \beta = f'(0), \quad \gamma = \frac{f''(0)}{2}$$

が得られる．すなわち，$f(x)$ の 2 次の近似多項式は

$$f(0) + f'(0)x + \frac{f''(0)}{2}x^2$$

である．詳しく述べると，次の定理が成り立つ．

定理 2.9　テイラーの定理　関数 $f(x)$ に対して次のような表示式が成立する．
(1)　$f(x) = f(a) + f'(a)(x - a) + R_2(x)$
(2)　$f(x) = f(a) + f'(a)(x - a) + \dfrac{f''(a)}{2}(x - a)^2 + R_3(x)$
　　　一般には，次の関係式が成り立つ．
(3)　$f(x) = f(a) + f'(a)(x - a) + \cdots + \dfrac{f^{(n-1)}(a)}{(n-1)!}(x - a)^{n-1} + R_n(x)$

　　ここでは誤差項の具体的な表示式については述べない．詳しい証明も省略する．これらについては，定理 3.6 (p.61)，定理 8.7 (p.201) を参照してほしい．

　　この定理は，$a = 0$ の場合が応用上よく利用される．その場合はマクローリンの定理とも呼ばれる．

系 2.2　マクローリンの定理　関数 $f(x)$ に対して次のような表示式が成立する．
(1)　$f(x) = f(0) + f'(0)x + R_2(x)$
(2)　$f(x) = f(0) + f'(0)x + \dfrac{1}{2}f''(0)x^2 + R_3(x)$
　　　一般には，次の関係式が成り立つ．

(3)　$f(x) = f(0) + f'(0)x + \cdots + \dfrac{f^{(n-1)}(0)}{(n-1)!} x^{n-1} + R_n(x)$

例題 2.5.1 　マクローリンの定理から，次の表示式が成り立つ.

(1) $e^x = 1 + x + \dfrac{1}{2} x^2 + R_3(x)$

(2) $\sin x = x + R_3(x)$

　誤差が十分に小さければ，マクローリンの定理で求めた 1 次式や 2 次式の値が関数の値の近似値として利用できる. 応用上では，次のような近似式がよく用いられる.

例題 2.5.2 　上の例題 2.5.1 で得られたように，$\sin x$ の $x = 0$ の近くでの 2 次の近似多項式は x である. 誤差 $R_3(x)$ を省略して両者がほとんど等しいことを，記号 $\approx$ を用いて

$$\sin x \approx x \qquad (|x| \text{ は十分小}) \tag{2.18}$$

と表すことが多い. 同じように考えて

$$\sqrt{1 + x^2} \approx 1 + \frac{x^2}{2} \qquad (|x| \text{ は十分小}) \tag{2.19}$$

も得られる.

　これらの近似式が，どのくらいの精度で近似できているかを，数値例によって示す.

x	$\sin x$	$1 + \dfrac{x^2}{2}$	$\sqrt{1 + x^2}$
0.01	0.009999833334	1.000050000	1.000049999
0.1	0.09983341665	1.005000000	1.004987562
0.5	0.4794255386	1.125000000	1.118033989
1.0	0.8414709848	1.500000000	1.414213562

近似の様子は, グラフを描いてみても理解できる. 図 2.4 は, $y = x$ と $y = \sin x$, $y = 1 + \dfrac{x^2}{2}$ と $y = \sqrt{1 + x^2}$ のグラフを描いたもので, グラフの重なり方から, 近似の様子が読みとれる.

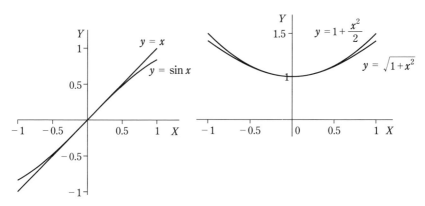

図 **2.4**　近似式の精度

テイラーの定理やマクローリンの定理で得られる近似多項式と, もとの関数のグラフを重ねてみると, 多項式の次数が上がるごとに近似の精度が高くなっていく様子がみてとれる. 第 8 章の図 8.4 (p.206) を参考にしてほしい.

問題 2.5.1　次の関数のマクローリンの定理による 2 次多項式の近似式を求めよ.

   (1) $\cos x$　　　(2) $e^{-x} \sin x$　　　(3) $\dfrac{1}{\sqrt{1 + x}}$　　　(4) $\cosh x$

2.6　関数の増減とグラフ (第 8 講)

  関数の性質を知る上で, そのグラフを描いてみることは大変有効である.

  ここでは, これまでに学んだ微分積分の知識が, 関数のグラフの形状とどのように関連しているかをまとめて考察しよう. コンピュータを用いると与えられた関数のグラフを描いてみることができる. しかし, ここで述べるような理論的な事柄を理解していると, コンピュータで描かれたグラフから, より多くの情報を読みとることができるだろう.

  まず, 極大・極小について考えよう. 関数が極大 (極小) であるとは, 次をみたすときをいう.

定義 2.5　関数 $y = f(x)$ が $x = a$ で**極大値**をとるとは，a のある近傍の $x\,(\neq a)$ に対して $f(x) < f(a)$ となるときをいう．同様に，関数 $y = f(x)$ が $x = a$ で**極小値**をとるとは，a のある近傍の $x\,(\neq a)$ に対して $f(x) > f(a)$ となるときをいう．極大値，極小値をまとめて，**極値**という．

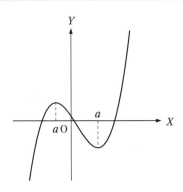

図 2.5　極値の図

このような極大・極小点はどのようにして見つけることができるだろうか?

そのために，極値をとる点では接線の傾きが 0 になっていることに注目する．すなわち，次の定理が成立する．グラフを考えれば，ほとんど明らかなことであろう．

定理 2.10　関数 $y = f(x)$ が点 a において微分可能で，$x = a$ で極大値または極小値をとるとすると，$f'(a) = 0$ が成り立つ．

証明　$f(x)$ が $x = a$ で極大値をとる場合を考えよう．十分小さな実数 h に対して $f(a) > f(a + h)$ が成立している．$h > 0$ のときには

$$\frac{f(a + h) - f(a)}{h} < 0$$

であるから，$f'(a) \leqq 0$ が成り立つ．一方，$h < 0$ のときには

$$\frac{f(a + h) - f(a)}{h} > 0$$

であるから，$f'(a) \geqq 0$ が成立する．これらの 2 つのことから，$f'(a) = 0$ でなければならない．

$f(x)$ が極小値をとる場合も同様に考えればよい．

この定理の逆が成立しないことにも注意しよう. たとえば関数 $y = x^3$ では $x = 0$ において $f'(0) = 0$ であるが極値をとらない. しかし, ともかく, $f'(a) = 0$ の関係式から極値の候補となる点 a を求めることができる.

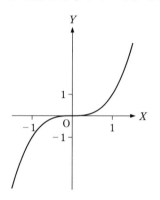

図 2.6　$y = x^3$ の図

微分係数が接線の傾きを表しているから, その正・負が関数のグラフの増加・減少を表している. このことを, 用語を定めて, 正確に述べよう.

定義 2.6　関数 $y = f(x)$ が区間 (a, b) 上で**単調増加**であるとは, $a < x_1 < x_2 < b$ に対して $f(x_1) \leqq f(x_2)$ が成立するときをいう. これに対して, $a < x_1 < x_2 < b$ に対して $f(x_1) \geqq f(x_2)$ が成立するとき, $f(x)$ は**単調減少**であるという. $f(x)$ のグラフで考えると, 単調増加 (減少) であることは, グラフが右上がり (右下がり) になっていることを表している.

すなわち, 次の定理が成立する.

定理 2.11　関数 $y = f(x)$ が区間 (a, b) において微分可能で, $f'(x) \geqq 0$ とすると, $f(x)$ はこの区間上で単調増加, すなわち $x_1 < x_2$ ならば $f(x_1) \leqq f(x_2)$ が成り立つ. 同様に $f'(x) \leqq 0$ ならば, $f(x)$ は単調減少である.

証明　$f'(x) \geqq 0$ の場合を示そう. $x_1 < x_2$ とする. 系 2.1 より, ある $c \in (x_1, x_2)$ に対して

$$f(x_2) - f(x_1) = f'(c)(x_2 - x_1) \geqq 0$$

となり, $f(x)$ は単調増加であることが得られる.

導関数が連続な範囲で考えよう．導関数の値が 0 になる点を求めると，それらで区切られた区間上では導関数の符号は一定である．これらの情報をまとめると関数が極値をとるかどうかが判定できる．このときには次の例題で示すように，増減表をつくって考えると便利である．

例題 2.6.1　関数 $y = (x + 1)^2 e^{-x}$ について，増減表を用いて関数の増減を調べて，グラフを描け．

解
$$y' = (1 - x^2)e^{-x}$$

であるから，$y' = 0$ となる x は $x = \pm 1$ である．これらの点で区切られる区間 $x < -1, -1 < x < 1, 1 < x$ での y' の符号から y の増減を判定するには，次のような表を考えればよい．

x	$x < -1$	$x = -1$	$-1 < x < 1$	$x = 1$	$1 < x$
y'	$-$	0	$+$	0	$-$
y	$\searrow$	極小	$\nearrow$	極大	$\searrow$

この増減表と，$y(-1) = 0, y(0) = 1, \lim\limits_{x \to \infty} y(x) = 0$ に注意すると，グラフは図 2.7 のようになる．

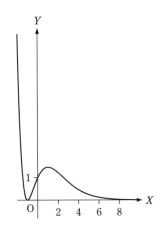

図 **2.7**　$y = (x + 1)^2 e^{-x}$ のグラフ

(余裕があるときの話題) さらに，第2次導関数を調べることで関数のもっと詳しい性質を調べることができる．グラフの凹凸も判定することができる．

定義 2.7　関数 $f(x)$ が区間 (a,b) の任意の2点 x_1, x_2 と任意の $\theta \in (0,1)$ に対して

$$f(\theta x_1 + (1-\theta)x_2) \leqq \theta f(x_1) + (1-\theta)f(x_2)$$

が成り立つとき，$f(x)$ は (a,b) で**下に凸**であるという．考えている区間全体で下に凸である関数を**凸関数**という．また，$-f(x)$ が下に凸であるとき $f(x)$ は**上に凸**であるという．

例題 2.6.2　2次関数 $y = ax^2$ のグラフは，$a > 0$ のときに下に凸であるから，このとき関数 $y = ax^2$ は凸関数である．

　この定義の不等式の意味は，次の図 2.8 を見れば明らかである．関数が凸関数であることは，関数が微分可能でなくても定義できるため，応用上の観点からも重要で，凸関数の性質は深く研究されている．

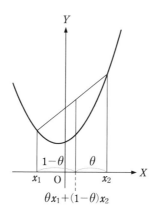

図 2.8　凸関数の図

　ここでは微分可能な関数と凸関数の関係について述べよう．

定理 2.12　関数 $y = f(x)$ が区間 (a,b) において2次導関数をもち，$f''(x) > 0$ とすると，$f(x)$ はこの区間で下に凸である．また $f''(x) < 0$ ならば関数のグラフは上に凸である．

証明　テイラーの定理 (定理 2.9) を用いて，関数 $f(x)$ の2次の近似多項式を x_0 においてつくると，

$$f(x) \approx f(x_0) + f'(x_0)(x - x_0) + \frac{f''(x_0)}{2}(x - x_0)^2$$

であり，$(x - x_0)$ の 2 次関数である．2 次の項の係数は仮定から正なので，近似関数のグラフは下に凸となる．もとの関数のグラフも，$x = x_0$ の近くではほとんど同じなので，やはり下に凸である． ▌

例題 2.6.3 $x = a$ の左右で関数 $y = f(x)$ の凸性が変化するとき，グラフ上の点 $(a, f(a))$ を**変曲点**という．変曲点は，関数の 2 次導関数の正負を調べればわかる．

3 次関数 $f(x) = x(x + 1)(x - 2)$ を考えると，$f''(x) = 6x - 2$ である．$a = \dfrac{1}{3}$ の左ではグラフは上に凸で，右では下に凸である．したがって，$\left(\dfrac{1}{3}, -\dfrac{20}{27} \right)$ が変曲点である． ▌

ここまでで述べてきたことは，微分を通じて知ることのできる関数のグラフの局所的な性質である．

これらの局所的な性質に加えて，大域的な性質を知り，代表的な点での関数の値を知れば，グラフの概形を知ることができる．大域的な性質はいろいろ考えられるが，たとえば次のような性質があげられる．詳しい用語の説明は省く．

(1) 関数の定義域．たとえば，$y = \sqrt{x}$ では $x \geqq 0$，$y = \log x$ では $x > 0$ であることなど．

(2) Y 軸対称性 (偶関数)，原点対称性 (奇関数)，ある直線や点に関する対称性など様々な対称性．

(3) 関数の周期性．

(4) 不連続点，微分できない点などの特異点の存在．

(5) $x \to \pm\infty$ のときの極限や，不連続点に近づくときの極限などの漸近挙動や振動の様子など．極限値を求めるときには，例題 8.1.5 (p.195) で述べた極限値が役立つことがある．

問題 2.6.1 次の関数の増減を調べ，グラフの概形を描け．

(1) $y = x^3 + \dfrac{3}{2}x^2 - 6x + \dfrac{1}{2}$ 　　(2) $y = \dfrac{3}{2}x^4 - 2x^3 - 6x^2 - 3$

(3) $y = \dfrac{x}{1 + x^2}$ 　　(4) $y = 1 + x - \log x$

(5) $y = xe^{-\frac{x^2}{2}}$ 　　(6) $y = \sin x + \dfrac{1}{2}\sin 2x$

2.7　演習問題 (第 9 講)

— 演習問題 **A** —

問題 1　次の関数を微分せよ.

(1) $3x^4 + x^3 + 4x^2 - 2x + 5$

(2) $x^{\frac{5}{2}} + x^{-\frac{5}{2}}$

(3) $(x^2 + 1)^2 (x + 5)$

(4) $\dfrac{x^2 + 2x + 3}{x - 1}$

(5) $e^{\frac{3}{2}x^2}$

(6) $\cos(1 - x)$

問題 2　次の関数を微分せよ.

(1) $x \arctan x - \dfrac{1}{2} \log(1 + x^2)$

(2) $(x^2 - x + 1)e^x$

(3) $e^{x^2} \sin x$

(4) $x(\log x)^2$

(5) $\dfrac{e^{2x}}{e^x + e^{-x}}$

(6) $\dfrac{\sin x}{\sin x + \cos x}$

問題 3　$u_n(x) = (-1)^n e^{x^2} \dfrac{d^n}{dx^n}\left(e^{-x^2}\right)$ を $n = 1, 2, 3$ のときに具体的に求めよ.
また, それらは微分方程式 $u_n'' - 2xu_n' + 2nu_n = 0$ をみたすことを確かめ
よ. この u_n を**エルミートの多項式**という.

問題 4　次の関数のマクローリンの定理による 2 次多項式の近似式を求めよ.

(1) $\arcsin x$　　　(2) $\sinh x$　　　(3) $\log(1 + x)$　　　(4) $\arctan x$

問題 5　次の関数の指定された点における接線の方程式を求めよ.

(1) $f(x) = x^2$　$(x = 1, 2)$

(2) $f(x) = \sqrt{x}$　$(x = 1, 4)$

(3) $f(x) = e^x$　$(x = 0, 1)$

(4) $f(x) = \tan x$　$\left(x = 0, \dfrac{\pi}{4}\right)$

問題 6　次の関数のグラフの概形を描け.

(1) $y = e^{-\frac{x}{2}} \sin x$

(2) $y = x^2 + \dfrac{1}{x}$

(3) $y = x - \cos\left(x - \dfrac{\pi}{2}\right)$

(4) $y = x\sqrt{3 - x}$

— 演習問題 **B** —

問題 1 次の関数を微分せよ.

(1) 2^x

(2) $\log_2 x$

(3) $-\dfrac{1 + \log x}{x}$

(4) $\dfrac{1}{2} \log \left| \dfrac{e^x - 1}{e^x + 1} \right|$

(5) $-\dfrac{1}{3} \sin^2 x \cos x - \dfrac{2}{3} \cos x$

(6) $\dfrac{1}{2} \tan^2 x + \log |\cos x|$

(7) $\arcsin \dfrac{2x - 1}{3}$

(8) $2 \arctan \sqrt{\dfrac{x + 1}{2 - x}}$

(9) $\log \left(x + \sqrt{x^2 + 1} \right)$

(10) $2 \log \left(\sqrt{x + 1} + \sqrt{x - 2} \right)$

問題 2 次の関数を微分せよ.

(1) $(2x^2 - 2x + 1)e^{2x}$

(2) $\left(\dfrac{1 + x}{1 - x} \right)^3$

(3) $\sqrt[3]{(2x + 3)^2}$

(4) $\dfrac{x}{x + \sqrt{x^2 + 1}}$

(5) $\log \sqrt{\dfrac{1 + \sin x}{1 - \sin x}}$

(6) $\arcsin \dfrac{x}{\sqrt{1 + x^2}}$

(7) $\dfrac{1}{2} \left(x\sqrt{1 - x^2} + \arcsin x \right)$

(8) $\dfrac{1}{2} \left(x\sqrt{1 + x^2} + \log \left(x + \sqrt{1 + x^2} \right) \right)$

(9) $\arctan \left(\dfrac{1 + \sin x}{\cos x} \right)$

(10) $\sqrt{x(1 - x)} - \arctan \sqrt{\dfrac{1 - x}{x}}$

問題 3 変数変換によって,微分方程式がより簡単な方程式に変換できることがある.

(1) $y = y(x)$ が $x^2 \dfrac{d^2 y}{dx^2} + x \dfrac{dy}{dx} + \omega^2 y = 0$ をみたしているとき,$x = e^t$ によって変数を x から t に変換すると $u(t) = y(e^t)$ は $\dfrac{d^2 u}{dt^2} + \omega^2 u = 0$ をみたすことを示せ.

(2) $y = y(x)$ が $(1 - x^2) \dfrac{d^2 y}{dx^2} - x \dfrac{dy}{dx} + \omega^2 y = 0$ をみたしているとき,$x = \cos t$ によって変数を x から t に変換すると $u(t) = y(\cos t)$ は $\dfrac{d^2 u}{dt^2} + \omega^2 u = 0$

をみたすことを示せ.

問題 4   次の関数の第 n 次導関数を求めよ.

(1) $\dfrac{1}{x^2 - 1}$ (2) $x^2 \sin x$

第3章

1変数関数の積分法

3.1 定積分，その意味と微分との関係 (第10講)

関数 $y = f(x)$ が閉区間 $[a, b]$ において連続で，$f(x) > 0$ をみたすとする．すなわち，関数のグラフが X 軸の上側にあるとする．区間 $[a, b]$ 上でこの関数を考えると，X 軸，関数のグラフと区間の両端の垂直線 $x = a$, $x = b$ で囲まれた図形ができる．

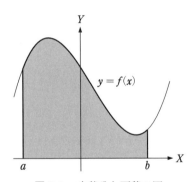

図 3.1 定積分と面積の図

定義 3.1 関数 $y = f(x)$ のグラフと X 軸，区間の両端 $x = a$, $x = b$ で囲まれた図形の面積を，関数 $f(x)$ の区間 $[a, b]$ 上での**定積分**と呼び，

$$\int_a^b f(x)\,dx \tag{3.1}$$

と表す．ただし，$f(x)$ のグラフが X 軸の下側にあるときには，面積は負である
と考える．

　理論的には，「面積」とは何かという問いに答えてはいないので，この定義の方
法は十分ではない．

　長方形の面積は「たて × よこ」であるから，考えている図形を縦に細長い長
方形に分割して面積を求め，それらを足しあわせればよいであろう．積分の記号
$\int_a^b f(x)\,dx$ にある dx は，細長い長方形の横の長さを表していて，$f(x)\,dx$ が細
長い長方形の面積と考えればよい．記号 $\int_a^b$ は，それらを a から b まで足しあ
わせることを象徴している．

　詳しい定積分の定義については，§8.3 を参照してほしい．

注意 3.1　記号について 1 つ注意をする．

$$\int_a^b f(x)\,dx, \qquad \int_a^b f(t)\,dt$$

の 2 つはどちらも同じ，関数 f の定積分の値 (同じ図形の面積) を表している．
関数の変数はどんな記号を書いても，関数の「はたらき」は同じであるからであ
る．このように，場合に応じて積分記号の中の変数を，別の記号で書くといろい
ろの計算に都合がよいことがある．

　次に述べる一連の性質は，図形の面積の性質から考えれば自明の事柄である．

定理 3.1　**定積分の基本的性質**　次の関係式が成立する．

(1) $\displaystyle\int_a^b kf(x)\,dx = k\int_a^b f(x)\,dx$　（k は定数）

(2) $\displaystyle\int_a^b (f(x)+g(x))\,dx = \int_a^b f(x)\,dx + \int_a^b g(x)\,dx$

(3) 区間 $[a,b]$ 上で $f(x) \leqq g(x)$ であるならば，

$$\int_a^b f(x)\,dx \leqq \int_a^b g(x)\,dx$$

(4) $\left| \displaystyle\int_a^b f(x)\,dx \right| \leqq \displaystyle\int_a^b |f(x)|\,dx$

(5) $\displaystyle\int_a^b f(x)\,dx = \displaystyle\int_a^c f(x)\,dx + \displaystyle\int_c^b f(x)\,dx$

証明 (4) 以外は図形の面積の性質から明らかであろう. (4) は, X 軸の下側にある図形を上側に折り返した図形が $|f(x)|$ のグラフであることからわかる. ∎

注意 3.2 定理の (5) において, c が $a < c < b$ をみたしているときには, 結論は定積分の意味から考えて明らかである. さらに, $c < a$ のときには,

$$\int_a^c f(x)\,dx = -\int_c^a f(x)\,dx$$

と約束しておくと, (5) は任意の実数 $c \in \mathbb{R}$ についても成立する. 今後もこの約束をしておくことにする. また,

$$\int_a^a f(x)\,dx = 0$$

と約束する. ∎

注意 3.3 定積分の値を「面積」と考えたのは, X 軸と Y 軸の目盛りの表す単位が「長さ」と考えた場合の話である. X 軸が時間を, Y 軸が速度を表す単位系であるなら, 積分値は, 道のりを表している. また, X 軸が時間を, Y 軸が電力 (ワット) を表しているなら, 積分値は電力量を表し, その値にしたがって電気料金を払う仕組みになっている. このように, 積分値は応用上でも様々の場面で用いられている. ∎

次の定理は, **積分の平均値定理**と呼ばれている. 図 3.2 を見ながら証明を考えて, その意味を理解してほしい.

定理 3.2　積分の平均値定理　関数 $f(x)$ は $[a, b]$ 上で連続とする．このとき

$$\int_a^b f(x)\,dx = f(\xi)(b-a)$$

をみたす $\xi \in (a, b)$ が存在する．

証明　$[a, b]$ 上で $m \leqq f(x) \leqq M$ となる定数 $m,\ M$ が存在する．定数 k に対して底辺 $[a, b]$, 高さ k の長方形を考える．面積について

$$m(b-a) \leqq \int_a^b f(x)\,dx \leqq M(b-a)$$

であるから，定数 k を M から図の上で少しずつ下にずらしていくと，ある値 k_0 で

$$k_0(b-a) = \int_a^b f(x)\,dx$$

となるはずである．そのときに，$k_0 = f(\xi)$ となる $\xi \in (a, b)$ が存在するので，定理が成立している．

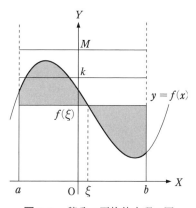

図 3.2　積分の平均値定理の図

　定積分することと微分することの関係を調べよう．定積分を考える区間の右端を変数と考えて，区間 $[a, x]$ での関数 f の定積分を考えよう．この節では，f は連続関数であるとする．この値を x を変数とする関数と考えて

$$G(x) = \int_a^x f(t)\,dt$$

と書き，f の**不定積分**という．$G(x)$ の性質を調べよう．いまは区間の右端の値
を x と書いているので，積分記号の中の変数には x を用いないで t と書いてい
る．積分記号の中の変数はどんな記号を書いても，定積分の意味は同じであると
いう上での注意 3.1 がここで役に立つ．今後，積分記号の中の変数は，適宜の記
号を用いる．

　$G(x)$ を x について微分してみよう．すなわち，$G(x)$ の平均変化率

$$\frac{G(x+h) - G(x)}{h}$$

を考えて，$h \to 0$ のときの極限を考えるのである．このとき，x は固定して考え
ている．定積分が，関数のグラフのつくる図形の面積であったことを用いて，こ
の平均変化率を調べよう．

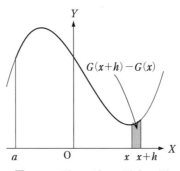

図 3.3　$G(x+h) - G(x)$ の図

　$h > 0$ のときは，図 3.3 からわかるように，$G(x+h) - G(x)$ は $[a, x+h]$ 上
にできる図形の面積から，$[a, x]$ 上にできる図形の面積を引いたものだから，小
さな区間 $[x, x+h]$ 上にできる細長い図形の面積である．さらに，積分の平均値
の定理 3.2 から，ある $x < \xi < x+h$ に対して

$$\frac{G(x+h) - G(x)}{h} = \frac{1}{h}\int_x^{x+h} f(t)\,dt = f(\xi)$$

が成り立つ．$h < 0$ のときも同様である．

　ξ の値は具体的にはわからないが，いまは $x < \xi < x+h$ という情報だけで十

分である．どんどん $h \to 0$ とすると，ξ もいくらでも x に近づく．すなわち，

$$\lim_{h \to 0} \frac{G(x+h) - G(x)}{h} = f(x)$$

であり，これで $G(x)$ の x での微分係数が求まった．x を変数と考えると，次の定理が得られた．

定理 3.3　関数 $f(x)$ は連続であるとし，$G(x)$ を $f(x)$ の不定積分とする．このとき

$$G'(x) = f(x)$$

が成り立つ．

さて，別の方向からこの関係式を眺めることにしよう．天下り式ではあるが，もう 1 つ用語を定義する．

定義 3.2　$F'(x) = f(x)$ が成り立つとき，$F(x)$ は $f(x)$ の**原始関数**であるという．

例題 3.1.1　$(\sin x)' = \cos x$ であるから，$\sin x$ は $\cos x$ の原始関数である．また，$(\sin x + 1)' = \cos x$ でもあるから，$\sin x + 1$ もまた同じ $\cos x$ の原始関数である．

先の定理 3.3 から，不定積分は原始関数の 1 つである，ということがわかる．ほかにも原始関数があるかも知れないので，もう少し慎重に考えよう．勝手に選んだ f の原始関数 F を考えよう．この F と，先に原始関数であることのわかった f の不定積分 G とを比較しよう．両者の差をとって微分すると

$$(G(x) - F(x))' = G'(x) - F'(x) = f(x) - f(x) = 0$$

であるから，系 2.1 (p. 29) により，$G(x) - F(x) = $ 定数 であることがわかる．

この定数の正体を探ろう．$G(x) = \displaystyle\int_a^x f(t)\,dt$ であるから，定数を K と書け

ば関係式は

$$\int_a^x f(t)\,dt - F(x) = K$$

と表されている．x はどんな数でもこの関係式が成り立つのであるから，特別に $x = a$ としてみよう．$\int_a^a f(t)\,dt = 0$ であるから，$K = -F(a)$ であることがわかった．定理としてまとめると次のようになる．

定理 3.4　微分積分学の基本定理　$f(x)$ の原始関数 $F(x)$ に対して

$$\int_a^b f(x)\,dx = F(b) - F(a)$$

が成り立つ．

　この定理は，**微分積分学の基本定理**と呼ばれている．微分することと積分することが，和と差，積と商のようにちょうど逆の関係になっていることを表している，もっとも基本的な定理である．この定理は，このように理論的に重要であるばかりでなく，定積分を計算する重要な方法を教えてくれている．すなわち，左辺の定積分を計算したいなら，右辺の引き算を計算すればよいというのである．しかも，原始関数でありさえすれば，どれを使ってもよいというのである．

例題 3.1.2　定積分

$$\int_0^1 x^2\,dx$$

の値を求めよ．

解　導関数の関係式 $(x^3)' = 3x^2$ を思い出せば，被積分関数 x^2 の原始関数が $\dfrac{x^3}{3}$ であることがわかるので，

$$\int_0^1 x^2\,dx = \left[\frac{x^3}{3}\right]_0^1 = \frac{1}{3}$$

と求められる．

ここで書いたように，原始関数を [　] で囲んで表示し，積分区間を右上と右下に書いておくと，計算や検算に便利である．

例題 3.1.3 直線 $y = x$ と放物線 $y = x^2$ とで囲まれた図形の面積を求めよ.

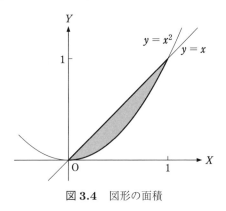

図 3.4 図形の面積

解 2 つの関数のグラフを描いて考えると，求める図形の面積 S は定積分

$$S = \int_0^1 (x - x^2)\, dx$$

で求められることがわかる. $x - x^2$ の原始関数は $\dfrac{x^2}{2} - \dfrac{x^3}{3}$ であるから，

$$S = \int_0^1 (x - x^2)\, dx = \left[\frac{x^2}{2} - \frac{x^3}{3} \right]_0^1$$

$$= \frac{1}{2} - \frac{1}{3} = \frac{1}{6}$$

と計算できる.

　積分区間が無限区間の場合にも定積分を拡張して考える. これを**広義積分**という. たとえば，区間 $[a, \infty)$ 上での広義積分は，

$$\int_a^\infty f(x)\, dx = \lim_{T \to \infty} \int_a^T f(x)\, dx$$

と定義される. $f(x) > 0$ の場合には $x = a$, $y = f(x)$, X 軸で囲まれる，無限にのびた図形の面積を表している. 実際の計算は，$f(x)$ の不定積分を $F(x)$ とす

ると

$$\int_a^\infty f(x)\,dx = \lim_{T\to\infty}\int_a^T f(x)\,dx = \lim_{T\to\infty}\left[F(x)\right]_a^T = \lim_{T\to\infty}F(T) - F(a)$$

とすればよい. ただし, 極限値が存在しないときには, 広義積分の値は存在しないと考える (**発散する**ともいう).

また, $f(x)$ が積分区間の端点 a や b で値をもたないときも, 定積分を拡張して

$$\int_a^b f(x)\,dx = \lim_{\substack{\varepsilon\to 0 \\ \varepsilon>0}}\int_{a+\varepsilon}^b f(x)\,dx$$

$$\int_a^b f(x)\,dx = \lim_{\substack{\varepsilon\to 0 \\ \varepsilon>0}}\int_a^{b-\varepsilon} f(x)\,dx$$

と考える. これも広義積分と呼ばれる. 詳しくは, §8.4 を参照してほしい.

例題 3.1.4　次のように計算できる.

$$\int_0^\infty e^{-x}\,dx = \left[-e^{-x}\right]_0^\infty = 1$$

これまでは原始関数と不定積分を区別して述べてきたが, ここまでの説明が理解できれば, これ以後両者をことさら区別する必要はないだろう. また, 不定積分 (原始関数) の積分区間の左端も, どの点を選んでも原始関数としては同じである. このため, $f(x)$ の不定積分を表すときに, 積分区間を書かずに

$$\int f(x)\,dx$$

と表すことが多い. さらに, 原始関数には定数の差があってもよいことから

$$\int f(x)\,dx + C$$

と書いて, C を**積分定数**と呼ぶ習慣もある.

問題 3.1.1　微分の公式を思い出して, 次の関数の不定積分を求めよ.

(1) $4x^3 - 4x$　　(2) $x\sqrt{x}$　　(3) $\cos(1+x)$　　(4) $\dfrac{1}{x+1}$

問題 3.1.2 次の定積分 (広義積分) の値を求めよ.

$$(1) \int_1^2 (x^3 - x^4)\, dx \qquad (2) \int_0^1 \sqrt{x}\, dx \qquad (3) \int_0^\pi \sin x\, dx$$

$$(4) \int_3^4 \frac{dx}{x+2} \qquad (5) \int_0^1 \frac{1}{\sqrt{x}}\, dx \qquad (6) \int_1^\infty \frac{dx}{x^2}$$

3.2 積分の計算 (第 11 講)

　微分積分学の基本定理によって,定積分 (広義積分) の値を求めるには原始関数を知ればよいことがわかった.実際に原始関数を求めるにあたっては,いろいろなテクニックが知られているので,その中から代表的なものを紹介し,計算練習する.もっとも基本的な事柄は,導関数の公式を思い出すことである.

3.2.1 直接法

　原始関数を求めるもっとも基本的な方法は,導関数の公式を思い出し,それが利用できるよう与えられた被積分関数を変形することである.定数を調整したり,カッコの展開や 3 角関数の公式を利用した変形も役立つことが多い.

例題 3.2.1 次の不定積分を求めよ.

$$(1) \int \sqrt{x-1}\, dx \qquad (2) \int e^{-x}\, dx \qquad (3) \int \sin 2x\, dx$$

$$(4) \int \frac{dx}{(x+2)^3} \qquad (5) \int 2^x\, dx \qquad (6) \int \frac{dx}{\left(\frac{x}{2}\right)^2 + 1}$$

解 (1) $\left((x-1)^{3/2}\right)' = \dfrac{3}{2}\sqrt{x-1}$ だから,$\sqrt{x-1} = \dfrac{2}{3}\left((x-1)^{3/2}\right)'$ であることを用いて

$$\int \sqrt{x-1}\, dx = \int \frac{2}{3}\left((x-1)^{3/2}\right)'\, dx = \frac{2}{3}(x-1)^{3/2}$$

と計算できる.

(2) $\left(e^{-x}\right)' = -e^{-x}$ だから,$e^{-x} = -\left(e^{-x}\right)' = \left(-e^{-x}\right)'$ であることを用いて

$$\int e^{-x}\, dx = \int \left(-e^{-x}\right)'\, dx = -e^{-x}$$

と計算できる.

(3) $(\cos 2x)' = -2\sin 2x$ だから，$\sin 2x = \left(-\dfrac{1}{2}\cos 2x\right)'$ であることを用いて

$$\int \sin 2x \, dx = \int \left(-\frac{1}{2}\cos 2x\right)' dx = -\frac{1}{2}\cos 2x$$

と計算できる.

(4) $\left(\dfrac{1}{(x+2)^2}\right)' = -\dfrac{2}{(x+2)^3}$ だから，$\dfrac{1}{(x+2)^3} = \left(-\dfrac{1}{2}\dfrac{1}{(x+2)^2}\right)'$ であるこ とを用いて

$$\int \frac{dx}{(x+2)^3} = \int \left(-\frac{1}{2}\frac{1}{(x+2)^2}\right)' dx = -\frac{1}{2}\frac{1}{(x+2)^2}$$

と計算できる. ここで用いたように $\displaystyle\int \frac{1}{(x+2)^3} \, dx$ を簡略に $\displaystyle\int \frac{dx}{(x+2)^3}$ と表 すことがある.

(5) $(2^x)' = 2^x \log 2$ だから，$2^x = \dfrac{(2^x)'}{\log 2}$ であることを用いて

$$\int 2^x \, dx = \int \frac{(2^x)'}{\log 2} \, dx = \frac{2^x}{\log 2}$$

と計算できる.

(6) $\left(\arctan\dfrac{x}{2}\right)' = \dfrac{\frac{1}{2}}{1+\left(\frac{x}{2}\right)^2}$ だから，$\dfrac{1}{\left(\frac{x}{2}\right)^2+1} = \left(2\arctan\dfrac{x}{2}\right)'$ であることを 用いて

$$\int \frac{dx}{\left(\frac{x}{2}\right)^2+1} = \int 2\left(\arctan\frac{x}{2}\right)' dx = 2\arctan\frac{x}{2}$$

と計算できる.

注意 3.4　求められた不定積分は，微分して検算してみるとよい.

例題 3.2.2　次の不定積分を求めよ.

(1) $\displaystyle\int \frac{dx}{\sqrt{1-x^2}}$　　　　　　(2) $\displaystyle\int \frac{dx}{\sqrt{a^2-x^2}}$　　　$(a > 0)$

解 (1) 導関数の公式から,

$$\int \frac{dx}{\sqrt{1-x^2}} = \arcsin x$$

である.

(2) $\sqrt{a^2-x^2} = a\sqrt{1-\left(\dfrac{x}{a}\right)^2}$ であることに注意して,

$$\int \frac{dx}{\sqrt{a^2-x^2}} = \arcsin\left(\frac{x}{a}\right)$$

である. ∎

(余裕があるときの話題) これとよく似た関係式を紹介する. $\log\left(x+\sqrt{1+x^2}\right)$ を微分すると $\dfrac{1}{\sqrt{1+x^2}}$ となるので

$$\int \frac{dx}{\sqrt{1+x^2}} = \log\left(x+\sqrt{1+x^2}\right)$$

である. この関数は双曲線関数の逆関数になっていて $\operatorname{arcsinh} x$ と表される. 逆双曲線関数については, §7.4 を参照してほしい.

問題 3.2.1 次の不定積分を求めよ.

(1) $\displaystyle\int (x-1)^{2/3}\,dx$　　　(2) $\displaystyle\int (2x+1)^{-1/4}\,dx$　　　(3) $\displaystyle\int \sinh x\,dx$

(4) $\displaystyle\int \frac{dx}{3x+2}$　　　(5) $\displaystyle\int \frac{dx}{\sqrt{2-x^2}}$　　　(6) $\displaystyle\int \frac{dx}{2+x^2}$

問題 3.2.2 3 角関数の公式を用いて関数を変形し, 次の関数の不定積分を求めよ.

(1) $\sin^2 x$　　　(2) $\tan^2 x$　　　(3) $\sin 4x\cos 3x$　　　(4) $\cos 4x\cos 3x$

問題 3.2.3 次の広義積分の値を求めよ.

(1) $\displaystyle\int_1^\infty xe^{-x^2}\,dx$　　　(2) $\displaystyle\int_1^\infty x^{-3/2}\,dx$

(3) $\displaystyle\int_0^1 x^{-1/3}\,dx$　　　(4) $\displaystyle\int_0^1 \frac{dx}{(1-x)^{2/3}}$

3.2.2 対数微分

合成関数の微分法を用いて, $\log |f(x)|$ の微分が

$$(\log |f(x)|)' = \frac{f'(x)}{f(x)}$$

となることを利用する, 対数微分の方法と呼ばれるテクニックも有効である. 次の例題を参考にしてほしい.

例題 3.2.3　次の不定積分を求めよ.

$$(1)\ \int \frac{x}{x^2+1}\,dx \qquad\qquad (2)\ \int \tan x\,dx$$

解　(1) $(x^2+1)' = 2x$ だから

$$\int \frac{x}{x^2+1}\,dx = \frac{1}{2}\int \frac{2x}{x^2+1}\,dx = \frac{1}{2}\int \frac{(x^2+1)'}{x^2+1}\,dx = \frac{1}{2}\log(x^2+1)$$

と求められる.

(2) $\tan x = \dfrac{\sin x}{\cos x}$ と $(\cos x)' = -\sin x$ であるから

$$\int \tan x\,dx = \int \frac{\sin x}{\cos x}\,dx = -\int \frac{-\sin x}{\cos x}\,dx = -\int \frac{(\cos x)'}{\cos x}\,dx$$

$$= -\log |\cos x|$$

と求められる.

　さらに, 被積分関数が $f(x)f'(x)$ の形のときには,

$$\left(f(x)^2\right)' = 2f(x)f'(x)$$

であることを利用して, 次の例題のように原始関数が求められる. この事実は, 次節で詳しく述べる置換積分の特別の場合と考えられる.

例題 3.2.4　$\sin x \cos x = \sin x (\sin x)'$ であるから

$$\int \sin x \cos x\,dx = \frac{1}{2}\sin^2 x$$

と求められる. この例題はまた, 例題 3.2.1 (3) (p. 51) のように考えて

$$\int \sin x \cos x \, dx = \int \frac{1}{2} \sin 2x \, dx = -\frac{1}{4} \cos 2x$$

と計算することもできる. 一見異なって見える 2 つの原始関数が得られたが,

$$-\frac{1}{4} \cos 2x = -\frac{1}{4}(1 - 2\sin^2 x) = \frac{1}{2} \sin^2 x - \frac{1}{4}$$

であるから, 定数だけの違いであり, どちらも $\sin x \cos x$ の原始関数になっている.

問題 3.2.4 次の不定積分を求めよ.

(1) $\displaystyle\int \frac{3}{2x-1} \, dx$

(2) $\displaystyle\int \frac{8x-2}{2x^2-x+2} \, dx$

(3) $\displaystyle\int \frac{1}{x \log x} \, dx$

(4) $\displaystyle\int \frac{\cos x}{\sin x} \, dx$

(5) $\displaystyle\int (2x^2 - x + 2)(8x - 2) \, dx$

(6) $\displaystyle\int \frac{\log x}{x} \, dx$

3.3 積分の計算—部分分数展開— (第 12 講)

次の例題のように, 分数式を分母の因数を用いて簡単な分数式で表すことを**部分分数に展開する**という. 多項式のわり算をしておけば, 分子の次数は分母の次数より低いとしても一般性を失わないから, 次の例題の考え方は応用範囲が広い.

例題 3.3.1 次の等式が成立する.

$$\frac{1}{x^2-1} = \frac{1}{2}\left(\frac{1}{x-1} - \frac{1}{x+1}\right)$$

解 この係数を見つけるには, 分母を因数分解して

$$\frac{1}{x^2-1} = \frac{A}{x-1} + \frac{B}{x+1}$$

とおき, 両辺に $(x-1)^2$ をかけると, x の恒等式

$$1 = A(x+1) + B(x-1)$$

を得るから，係数を比較して $A = -B = \dfrac{1}{2}$ を求めることができる．あるいは，この恒等式で，$x = 1$ とおくと $A = \dfrac{1}{2}$ が，$x = -1$ とおくと $B = -\dfrac{1}{2}$ が得られると考えてもよい.

例題 3.3.2　次の不定積分を求めよ.

(1) $\displaystyle \int \frac{x^3 + 2x^2 - x - 1}{x^2 - 1}\, dx$　　　　(2) $\displaystyle \int \frac{4}{(x-1)^2(x+1)}\, dx$

(3) $\displaystyle \int \frac{x - 1}{(x+1)(x^2+1)}\, dx$

解　(1) 多項式のわり算と，例題 3.3.1 により，

$$\int \frac{x^3 + 2x^2 - x - 1}{x^2 - 1}\, dx$$

$$= \int \left\{ x + 2 + \frac{1}{2}\left(\frac{1}{x-1} - \frac{1}{x+1} \right) \right\} dx$$

$$= \frac{x^2}{2} + 2x + \frac{1}{2}\{ \log|x-1| - \log|x+1| \}$$

$$= \frac{x^2}{2} + 2x + \frac{1}{2}\log\left| \frac{x-1}{x+1} \right|$$

と計算できる.

(2) 分母の因数分解が 2 次以上の因数を含む場合には，因数の次数に応じた個数の部分分数を考えて，係数を定めればよい.

$$\frac{4}{(x-1)^2(x+1)} = \frac{2}{(x-1)^2} - \frac{1}{x-1} + \frac{1}{x+1}$$

が成り立つ．係数を定めるには

$$\frac{4}{(x-1)^2(x+1)} = \frac{A}{(x-1)^2} + \frac{B}{x-1} + \frac{C}{x+1}$$

とおいて，両辺に $(x-1)^2(x+1)$ をかけて，x の恒等式

$$4 = A(x+1) + B(x-1)(x+1) + C(x-1)^2$$

から，係数を定めればよい．展開して係数を比較する方法が一般的であろう.

(余裕があるときの話題) 巧妙な方法としては，$x = -1$ とおいて C が求まり，$x = 1$ とおいて A が求められる．さらに，関係式を x で微分した関係式に $x = 1$ を代入すると B が得られる．

ゆえに，次のように不定積分が求められる．

$$\int \frac{4}{(x-1)^2(x+1)} \, dx = \int \left(\frac{2}{(x-1)^2} - \frac{1}{x-1} + \frac{1}{x+1} \right) dx$$

$$= \log \left| \frac{x+1}{x-1} \right| - \frac{2}{x-1}$$

(3) 分母が実数の範囲で 1 次式の積に因数分解できないので，2 次式の因数を分母にする項では，分子を (1 次低い) 1 次式とおいて係数を求める．すなわち，

$$\frac{x-1}{(x+1)(x^2+1)} = \frac{Ax+B}{x^2+1} + \frac{C}{x+1}$$

とおく．両辺に $(x+1)(x^2+1)$ をかけて，x の恒等式

$$x - 1 = (Ax+B)(x+1) + C(x^2+1)$$

から，係数 A, B, C を求めればよい．計算すると

$$\frac{x-1}{(x+1)(x^2+1)} = \frac{x}{x^2+1} - \frac{1}{x+1}$$

が得られるから，不定積分は

$$\int \frac{x-1}{(x+1)(x^2+1)} \, dx = \int \left(\frac{x}{x^2+1} - \frac{1}{x+1} \right) dx$$

$$= \frac{1}{2} \log(x^2+1) - \log|x+1|$$

$$= \frac{1}{2} \log \frac{x^2+1}{(x+1)^2}$$

と求められる．

問題 3.3.1 次の不定積分を求めよ．

(1) $\displaystyle \int \frac{2x-3}{(x-1)(x+2)} \, dx$ 　(2) $\displaystyle \int \frac{x+1}{(x-1)^2(x-2)} \, dx$

(3) $\displaystyle \int \frac{2x+9}{x(x^2+9)} \, dx$ 　(4) $\displaystyle \int \frac{2x^2+4x-1}{2x^2+3x-2} \, dx$

3.4   部分積分 (第 13 講)

部分積分の方法は，積の微分公式の積分版とでもいうべき，次のような公式が成り立つことを利用する方法である．

定理 3.5   部分積分の公式   次の関係式が成り立つ．

$$\int_a^b f(x)g'(x)\,dx = \left[f(x)g(x)\right]_a^b - \int_a^b f'(x)g(x)\,dx$$

また，不定積分の形で書くと

$$\int f(x)g'(x)\,dx = f(x)g(x) - \int f'(x)g(x)\,dx$$

となる．

微分が $g'(x)$ から $f'(x)$ に「引っ越している」ことが，この公式の御利益である．$\int f(x)g'(x)\,dx$ の計算が直接できなくても，$\int f'(x)g(x)\,dx$ なら計算できるときに利用できる．

この公式が成り立つことは，次のようにしてわかる．

証明   まず，積の微分公式

$$(f(x)g(x))' = f'(x)g(x) + f(x)g'(x)$$

を

$$f(x)g'(x) = (f(x)g(x))' - f'(x)g(x)$$

と書き換えておいて，両辺を積分すると $\int (f(x)g(x))'\,dx = f(x)g(x)$ であることから公式が成り立つ．

この公式の使い方を具体例で見てみよう．被積分関数を 2 つの関数の積と考えるのであるが，どちらを $f(x)$ と考え，どちらを $g'(x)$ と考えるかが問題である．どちらと考えてもできる場合もあるし，うまく選ばなければならない場合もある．

例題 3.4.1   次の不定積分を求めよ．

(1) $\displaystyle\int x\cos x\,dx$ (2) $\displaystyle\int \log x\,dx$

解　(1) x を $f(x)$, $\cos x$ を $g'(x)$ と考えて部分積分の公式を適用する.

$$\int x \cos x \, dx = \int x(\sin x)' \, dx = x \sin x - \int \sin x \, dx = x \sin x + \cos x$$

この例題では $f(x)$ と $g'(x)$ を逆に考えたのでは, うまくいかない.

(2) 被積分関数は, 一見しただけでは 2 つの関数の積にはなっていないが, $\log x = 1 \times \log x = (x)' \times \log x$ と考えて部分積分の公式を適用する.

$$\int \log x \, dx = \int (x)' \log x \, dx = x \log x - \int x \frac{1}{x} \, dx = x \log x - x$$

このように, $\log x$ のような基本的な関数でも, 原始関数を求めようとすると工夫が必要になる.

問題 3.4.1　次の不定積分を求めよ.

(1) $\displaystyle\int x \sin x \, dx$　　　　(2) $\displaystyle\int x^2 \cos x \, dx$　　　　(3) $\displaystyle\int x^2 e^x \, dx$

(4) $\displaystyle\int x^2 \log x \, dx$　　　　(5) $\displaystyle\int \log(x+1) \, dx$　　　　(6) $\displaystyle\int (\log x)^2 \, dx$

　無限区間上の広義積分の値を, 部分積分を利用して求めることができる場合がある.

例題 3.4.2　次の広義積分の値を求めよ.

$$\int_1^\infty x e^{-x} \, dx$$

解
$$\int_1^\infty x e^{-x} \, dx = \left[x(-e^{-x}) \right]_1^\infty - \int_1^\infty (x)'(-e^{-x}) \, dx$$
$$= e^{-1} + \int_1^\infty e^{-x} \, dx$$
$$= e^{-1} + \left[-e^{-x} \right]_1^\infty = 2e^{-1}$$

である. ここで, $\displaystyle\lim_{x \to \infty} x e^{-x} = 0$, $\displaystyle\lim_{x \to \infty} e^{-x} = 0$ を用いた. 後者は明らかであるが, 前者の極限値については §8.2.2 (p. 204) を参照してほしい.

問題 3.4.2 次の広義積分を求めよ.

(1) $\displaystyle\int_0^\infty xe^{-x/2}\,dx$ (2) $\displaystyle\int_1^\infty x^2 e^{-x}\,dx$

また，部分積分を 2 回 (以上) 繰り返して，求める原始関数についての関係式を導く方法もある.

例題 3.4.3 次の不定積分を求めよ.

(1) $\displaystyle\int e^x \sin x\,dx$ (2) $\displaystyle\int \sqrt{1-x^2}\,dx$

解 (1) 求める原始関数を $F(x)$ とおくと

$$F(x) = \int (e^x)' \sin x\,dx$$

$$= e^x \sin x - \int e^x \cos x\,dx$$

$$= e^x \sin x - \left\{ e^x \cos x + \int e^x \sin x\,dx \right\}$$

$$= e^x \sin x - e^x \cos x - F(x)$$

であるから

$$\int e^x \sin x\,dx = \frac{e^x}{2}(\sin x - \cos x)$$

と求められる. この不定積分は，$\sin x = (-\cos x)'$ と考えて部分積分しても求められるが，2 回目の部分積分のときにこの 2 つの考え方を混同させてはいけない.

(2) 求める原始関数を $F(x)$ とおくと

$$F(x) = \int (x)' \sqrt{1-x^2}\,dx = x\sqrt{1-x^2} - \int \frac{-x^2}{\sqrt{1-x^2}}\,dx$$

$$= x\sqrt{1-x^2} - \left\{ \int \frac{1-x^2}{\sqrt{1-x^2}}\,dx - \int \frac{dx}{\sqrt{1-x^2}} \right\}$$

$$= x\sqrt{1-x^2} - F(x) + \arcsin x$$

であるから

$$\int \sqrt{1-x^2}\,dx = \frac{1}{2}\left(x\sqrt{1-x^2} + \arcsin x\right)$$

と求められる. また, この積分は次節で述べる置換積分によっても求めることができる (例題 3.6.3).

問題 3.4.3 次の不定積分を求めよ.

(1) $\displaystyle\int e^x \cos x\,dx$　　　　　　　　(2) $\displaystyle\int e^x \sin 2x\,dx$

(3) $\displaystyle\int e^{-kx} \cos(\omega x + \alpha)\,dx$　　　(4) $\displaystyle\int \sqrt{1+x^2}\,dx$

問題 3.4.4 次の広義積分を求めよ.

(1) $\displaystyle\int_0^\infty e^{-x} \sin x\,dx$　　　　　　(2) $\displaystyle\int_0^\infty e^{-x} \cos 2x\,dx$

　(**余裕があるときの話題**) 部分積分を用いて, テイラーの定理 2.9 (p. 31), 定理 8.7 (p. 201) の剰余項 (誤差項) を積分で表すことができる.

定理 3.6 　関数 $f(x)$ が n 回微分可能とする. このとき

$$f(b) = \sum_{k=0}^{n-1} \frac{(b-a)^k}{k!} f^{(k)}(a) + \int_a^b \frac{(b-t)^{n-1}}{(n-1)!} f^{(n)}(t)\,dt$$

が成立する. すなわち, 誤差項 $R_n(b)$ は

$$R_n(b) = \int_a^b \frac{(b-t)^{n-1}}{(n-1)!} f^{(n)}(t)\,dt$$

と表される.

証明 　まず, $f(b) = f(a) + \displaystyle\int_a^b f'(t)\,dt$ であるから $n=1$ のときには成り立つ. 次のように計算すると $n=2$ の場合が得られる.

$$f(b) = f(a) + \int_a^b f'(t)\,dt$$

$$= f(a) + \int_a^b \left(-(b-t)\right)' f'(t)\,dt$$

$$= f(a) + \left[-(b-t)f'(t)\right]_a^b + \int_a^b (b-t)f''(t)\,dt$$

$$= f(a) + (b-a)f'(a) + \int_a^b (b-t)f''(t)\,dt$$

一般には，$R_k(b)$ を順次部分積分すればよい.

3.5　演習問題——その 1——(第 14,15 講)

—— 演習問題 **A** ——

問題 1　次の不定積分を求めよ.

(1) $\displaystyle\int (2x + x^2 - 4x^4)\,dx$

(2) $\displaystyle\int \frac{2x+3}{x^2}\,dx$

(3) $\displaystyle\int (2x-3)^4\,dx$

(4) $\displaystyle\int \frac{dx}{(1-3x)^5}$

(5) $\displaystyle\int \sqrt{5x+2}\,dx$

(6) $\displaystyle\int \frac{dx}{2x+1}$

問題 2

(1) $\displaystyle\int \sin\left(3x + \frac{\pi}{6}\right)\,dx$

(2) $\displaystyle\int \cos(2-3x)\,dx$

(3) $\displaystyle\int e^{2-4x}\,dx$

(4) $\displaystyle\int \cosh \frac{x}{2}\,dx$

(5) $\displaystyle\int \frac{dx}{\sqrt{1-4x^2}}$

(6) $\displaystyle\int \frac{dx}{x^2+9}$

問題 3　次の定積分 (広義積分) の値を求めよ.

(1) $\displaystyle\int_{-1}^{2} (3x^2 + x - 2)\,dx$

(2) $\displaystyle\int_{-2}^{-1} (y+1)^3\,dy$

(3) $\displaystyle\int_0^{\frac{\pi}{2}} \cos 2\theta\,d\theta$

(4) $\displaystyle\int_0^{\pi} \sin(\pi - 5t)\,dt$

(5) $\displaystyle\int_0^1 \frac{s}{1+s^2}\,ds$

(6) $\displaystyle\int_0^{\frac{1}{\sqrt{2}}} \frac{d\theta}{\sqrt{1-\theta^2}}$

(7) $\displaystyle\int_0^{\infty} \frac{dz}{1+z^2}$

(8) $\displaystyle\int_{-\frac{\pi}{4}}^{\frac{\pi}{4}} \varphi \sin\varphi\,d\varphi$

(9) $\displaystyle\int_0^1 t^2 e^t \, dt$　　　　　　　　　　(10) $\displaystyle\int_1^e \log x \, dx$

問題 4　次の不定積分を求めよ.

(1) $\displaystyle\int \frac{x-1}{(x+3)(x-2)} \, dx$　　　　　(2) $\displaystyle\int \frac{x^3+2x^2-2}{(x+2)(x-1)} \, dx$

(3) $\displaystyle\int \frac{x^2}{(x+1)^2(x+3)} \, dx$　　　　(4) $\displaystyle\int \frac{2}{x(x^2+4)} \, dx$

問題 5　次の不定積分を求めよ.

(1) $\displaystyle\int \frac{e^x}{1+e^x} \, dx$　　　　　　　　(2) $\displaystyle\int \cos x(1+\sin x) \, dx$

(3) $\displaystyle\int \sinh x \cosh x \, dx$　　　　　　(4) $\displaystyle\int \tanh x \, dx$

(5) $\displaystyle\int \frac{\log x}{x^2} \, dx$　　　　　　　　(6) $\displaystyle\int \arctan x \, dx$

— 演習問題 **B** —

問題 1　次の不定積分を求めよ.

(1) $\displaystyle\int \frac{x}{\sqrt{2x+1}} \, dx$　　　　　　(2) $\displaystyle\int x\cos^2 x \, dx$

(3) $\displaystyle\int \frac{dx}{\sqrt{1+x}+\sqrt{x}}$　　　　　(4) $\displaystyle\int \frac{x^3}{x^4+1} \, dx$

(5) $\displaystyle\int \frac{\sin^2 x}{1+\cos x} \, dx$　　　　　(6) $\displaystyle\int \frac{\sin x}{1+\cos x} \, dx$

(7) $\displaystyle\int \frac{\arcsin x}{\sqrt{1-x^2}} \, dx$　　　　(8) $\displaystyle\int x(\log x)^2 \, dx$

問題 2　$\displaystyle I_n = \int_0^{\frac{\pi}{2}} \sin^n x \, dx \ (n=0,1,2,\cdots)$ とおく.

(1)　I_0, I_1 を求めよ.

(2)　$n \geqq 2$ のとき, 部分積分して $I_n = \dfrac{n-1}{n} I_{n-2}$ を示せ.

(3)　$n \geqq 2$ が偶数の場合と，$n \geqq 3$ が奇数の場合にわけて

$$\int_0^{\pi/2} \sin^n x \, dx = \begin{cases} \dfrac{(n-1)(n-3)\cdots 1}{n(n-2)\cdots 2}\dfrac{\pi}{2} & n : 偶数 \\[2mm] \dfrac{(n-1)(n-3)\cdots 2}{n(n-2)\cdots 3} & n : 奇数 \end{cases}$$

を示せ．

(4)　$I_2, I_3\ I_4, I_5$ を求めよ．

問題 3　自然数 m, n に対して，次の関係式が成り立つことを示せ．

$$\int_{-\pi}^{\pi} \sin mx \, dx = \int_{-\pi}^{\pi} \cos mx \, dx = 0$$

$$\int_{-\pi}^{\pi} \sin mx \sin nx \, dx = \int_{-\pi}^{\pi} \cos mx \cos nx \, dx = \begin{cases} 0 & (m \neq n) \\ \pi & (m = n) \end{cases}$$

$$\int_{-\pi}^{\pi} \sin mx \cos nx \, dx = 0$$

問題 4　初速 v_0 で垂直上方に投げ上げられた物体の運動を考える．空気などの抵抗を無視すると，この物体の t 秒後の速度 $v(t)$ は

$$v(t) = v_0 - gt$$

で表される．ここで，g は重力加速度 $(g = 9.8\,\text{m/s}^2)$ である．力学で学んだように，t 秒後のこの物体の高さ $h(t)$ は

$$h(t) = \int_0^t v(s) \, ds$$

で求められる．

(1)　$h(t)$ を t の式で表せ．

(2)　この物体の最高到達点の高さを求めよ．

3.6　置換積分 (第 1 講)

　置換積分は，積分変数の変数変換とも呼ばれている．これは合成関数の微分公式を積分に応用したものである．

$f(x)$ の原始関数を $F(x)$ と表し，合成関数の微分公式

$$\frac{d}{dt}F(g(t)) = F'(g(t))g'(t)$$

に注目する．両辺の不定積分をとると

$$\int \frac{d}{dt}F(g(t))\,dt = \int F'(g(t))g'(t)\,dt$$

すなわち

$$F(g(t)) = \int f(g(t))g'(t)\,dt$$

である．ここで，$g(t)$ をひとまとめにして $x = g(t)$ と表すと，左辺は $F(x)$，すなわち $f(x)$ の原始関数であるから

$$\int f(x)\,dx = \int f(g(t))\frac{dx}{dt}\,dt = \int f(g(t))g'(t)\,dt$$

となる．

　定積分においては，この変換式によって積分の区間も変換される．

　これまでの考察を，定理として述べておく．

定理 3.7　置換積分の公式　被積分関数 $f(x)$ において，$x = g(t)$ と変換すると

$$\int f(x)\,dx = \int f(g(t))g'(t)\,dt$$

が成り立つ．定積分については，

$$\int_a^b f(x)\,dx = \int_\alpha^\beta f(g(t))g'(t)\,dt$$

となる．ここで，$a = g(\alpha)$, $b = g(\beta)$ である．

　この関係式は，$f(x)$ の不定積分が $\displaystyle\int f(g(t))g'(t)\,dt$ のように t の式の不定積分で求められることを表している．

注意 3.5　$x = g(t)$ と置換するとき，被積分関数に $g'(t)$ が加わることに注意しよう．これは $x = g(t)$ の微分が $dx = g'(t)\,dt$ と表されるから，左辺の積分記号内の dx をこの関係式で置き換えたと理解すればよい．注意 2.1 (p. 22) で述べた微分の記号がここでも有効に利用されている．

右辺を計算して求められる関数は，t の関数である．変換の式 $x = g(t)$ を用いて x の式に書き換えられれば $f(x)$ の原始関数が求められたことになる．ときには x の式には書き換えられない複雑な式になることもある．そのときには t を用いて間接的に原始関数が求められたと理解すればよい．

実際にどのように $g(t)$ をとればよいかについて，具体例で見てみよう．基本的には「ひとかたまり」を置き換えることである．x のひとかたまりの式を t とおいてみるのである．公式の $x = g(t)$ とは逆関数を考えることになるが，このように考えることも多い．このとき $g'(t)$ が加わることを念頭に置いて考える．前節で述べた，対数微分や $f(t)f'(t)$ の形の積分は，この置換積分の特別な場合と考えられる．

例題 3.6.1　次の不定積分は，被積分関数の「ひとかたまり」を新しい変数に置き換えて，計算できる．

$$\int \frac{x}{4x^2 - 4ax + a^2}\,dx = \int \frac{x}{(2x-a)^2}\,dx$$

$$t = 2x - a \text{ とおくと，}$$
$$x = (t+a)/2,\ dt = 2\,dx \text{ であるから}$$

$$= \int \frac{t+a}{2} \frac{1}{t^2} \frac{dt}{2} = \frac{1}{4} \int \left(\frac{1}{t} + \frac{a}{t^2} \right) dt$$

$$= \frac{1}{4} \left(\log |t| - \frac{a}{t} \right)$$

$$= \frac{1}{4} \left(\log |2x - a| - \frac{a}{2x - a} \right).$$

例題 3.6.2　次の不定積分を求めよ．

(1) $\displaystyle\int (2x+1)(x^2+x-1)^2\,dx$ 　　　(2) $\displaystyle\int x e^{-2x^2}\,dx$

(3) $\displaystyle\int \sin x \cos x\,dx$ 　　　(4) $\displaystyle\int \frac{x+1}{(x^2+2x+2)^2}\,dx$

解　(1) $x^2 + x - 1 = t$ とおくと，$(2x+1)\,dx = dt$ より

$$\int (2x+1)(x^2+x-1)^2\,dx = \int t^2\,dt = \frac{1}{3}t^3 = \frac{1}{3}(x^2+x-1)^3$$

と求められる.

(2) $-2x^2 = t$ とおくと, $-4x\,dx = dt$ より, 次のように計算できる.

$$\int xe^{-2x^2}\,dx = \int e^t \frac{-dt}{4} = -\frac{1}{4}e^t = -\frac{1}{4}e^{-2x^2}$$

(3) この積分は, 例題 3.2.4 ですでに取り上げているが, 置換積分で考えても計算できる. $\sin x = t$ とおくと, $\cos x\,dx = dt$ であるから

$$\int \sin x \cos x\,dx = \int t\,dt = \frac{1}{2}t^2 = \frac{1}{2}\sin^2 x$$

となる.

(4) $x^2 + 2x + 2 = t$ とおくと, $2(x+1)\,dx = dt$ より

$$\int \frac{x+1}{(x^2+2x+2)^2}\,dx = \int \frac{1}{t^2}\frac{dt}{2} = -\frac{1}{2}\frac{1}{t} = -\frac{1}{2}\frac{1}{x^2+2x+2}$$

と求められる.

問題 3.6.1 次の不定積分を求めよ.

(1) $\displaystyle\int \left(x+\frac{1}{2}\right)(x^2+x+1)^2\,dx$ 　　　(2) $\displaystyle\int x^2 e^{x^3+2}\,dx$

(3) $\displaystyle\int \sin^2 x \cos x\,dx$ 　　　(4) $\displaystyle\int \frac{x}{1+x^4}\,dx$

(5) $\displaystyle\int x\sqrt{x-1}\,dx$ 　　　(6) $\displaystyle\int \frac{x^2}{\sqrt{1-x^6}}\,dx$

(ヒント:(4) $t = x^2$　(5) $t = x-1$　(6) $t = x^3$ を試みよ.)

例題 3.6.3 定積分の例を挙げる. 置換積分により, 新しい変数についての定積分になるから, 不定積分を元の変数に戻す必要はない.

$$\int_0^1 \sqrt{1-x^2}\,dx = \int_0^{\pi/2} \sqrt{1-\sin^2 t}\cos t\,dt$$

$x = \sin t$ とおくと $dx = \cos t\,dt$ であり,

$x = 1 \leftrightarrow t = \pi/2,\, x = 0 \leftrightarrow t = 0$ と対応するから

$$= \int_0^{\pi/2} \cos^2 t \, dt$$

$$= \int_0^{\pi/2} \frac{\cos 2t + 1}{2} \, dt$$

$$= \frac{1}{2} \left[\frac{1}{2} \sin 2t + t \right]_0^{\pi/2} = \frac{\pi}{4}$$

この例題により，原点を中心とする半径 1 の円の面積の $\frac{1}{4}$ の値 が求められた．半径 r の円の面積は，相似形の面積が相似比の 2 乗であることから，πr^2 である．また，この被積分関数に対する不定積分は，例題 3.4.3 でも計算した．そこでの結果に直接代入してもよい．

問題 3.6.2　次の定積分の値を求めよ．

(1) $\displaystyle\int_4^5 (4 - x)^3 \, dx$

(2) $\displaystyle\int_{3\pi/2}^{2\pi} \cos^2 x \sin x \, dx$

(3) $\displaystyle\int_0^1 x e^{x^2} \, dx$

(4) $\displaystyle\int_2^3 (2x - 1)^3 \, dx$

(5) $\displaystyle\int_{2\pi/9}^{\pi/3} \sin\left(3x - \frac{\pi}{2}\right) \, dx$

(6) $\displaystyle\int_0^1 4x e^{2x^2} \, dx$

3.7　演習問題—その 2—(第 2 講)

— 演習問題 **A** —

問題 1　次の不定積分を求めよ．

(1) $\displaystyle\int x e^{x^2} \, dx$

(2) $\displaystyle\int \sin^3 x \cos x \, dx$

(3) $\displaystyle\int x \sqrt{1 + x^2} \, dx$

(4) $\displaystyle\int \frac{x}{\sqrt{1 - x^2}} \, dx$

(5) $\displaystyle\int \frac{x}{(x^2 + 1)^4} \, dx$

(6) $\displaystyle\int \sin x \, e^{\cos x} \, dx$

問題 2　次の不定積分を，カッコ内の置換によって求めよ．

(1) $\displaystyle\int x^5 e^{x^3} \, dx \qquad (x^3 = t)$

(2) $\displaystyle\int \frac{dx}{1+e^x}$ $\qquad (e^x = t)$

(3) $\displaystyle\int \frac{\log x}{x(1+\log x)}\, dx$ $\qquad (\log x = t)$

(4) $\displaystyle\int e^{\sqrt{x}}\, dx$ $\qquad (\sqrt{x} = t)$

(5) $\displaystyle\int \frac{dx}{(1-x^2)^{3/2}}$ $\qquad (x = \sin t)$

(6) $\displaystyle\int \frac{dx}{\sin^2 x \cos^2 x}$ $\qquad (\tan x = t)$

(7) $\displaystyle\int \frac{\sin^3 x}{1+\cos^2 x}\, dx$ $\qquad (\cos x = t)$

(8) $\displaystyle\int \frac{dx}{x\sqrt{x^2+1}}$ $\qquad \left(\sqrt{x^2+1} = t\right)$

問題 3　置換積分により次の定積分の値を求めよ.

(1) $\displaystyle\int_0^1 \frac{1-x^3}{\sqrt{4x-x^4+1}}\, dx$ $\qquad$ (2) $\displaystyle\int_0^1 \frac{dx}{e^x+e^{-x}}$

(3) $\displaystyle\int_0^{\frac{\pi}{2}} \frac{\sin x}{1+\cos^2 x}\, dx$ $\qquad$ (4) $\displaystyle\int_0^{\frac{\pi}{2}} \sin^3 x\, dx$

問題 4　次の定積分の値を求めよ.

(1) $\displaystyle\int_0^1 \frac{(1-x)^2}{\sqrt{x}}\, dx$ $\qquad$ (2) $\displaystyle\int_1^\infty \frac{(x-1)^2}{x^4}\, dx$

(3) $\displaystyle\int_0^\infty x^3 e^{-x^2}\, dx$ $\qquad$ (4) $\displaystyle\int_0^1 \log x\, dx$

— 演習問題 **B** —

問題 1　次の不定積分を求めよ.

(1) $\displaystyle\int \sin^2 x \cos^3 x\, dx$ $\qquad$ (2) $\displaystyle\int \arcsin x\, dx$

(3) $\displaystyle\int \frac{e^x}{\sqrt{1+e^{-2x}}}\, dx$ $\qquad$ (4) $\displaystyle\int \log(1+x^2)\, dx$

(5) $\displaystyle\int \frac{dx}{1+\sqrt{x}}$ $\qquad$ (6) $\displaystyle\int \frac{x^2}{(x^2+1)^2}\, dx$

問題 2　次の問に答えよ.

(1)　$\tan\dfrac{x}{2} = t$ とおくと

$$\cos x = \frac{1-t^2}{1+t^2}, \quad \sin x = \frac{2t}{1+t^2}, \quad \frac{dx}{dt} = \frac{2}{1+t^2}$$

となることを示せ.

(2)　$\tan\dfrac{x}{2} = t$ と置換して, 次の不定積分を求めよ.

(i)　$\displaystyle\int \frac{dx}{1+\cos x+\sin x}$　　　　　(ii)　$\displaystyle\int \frac{dx}{(1+\cos x)^2}$

問題 3

(1)　$f(x)$ は $[0,\infty)$ で連続かつ真に単調増加 (グラフが真に右上がり) とし, $f(0)=0$ とする. このとき $a>0, b>0$ に対して不等式

$$ab \leqq \int_0^a f(x)\,dx + \int_0^b f^{-1}(y)\,dy$$

が成り立つことを, 各項が表す図形の面積を考えることにより示せ. ただし, $x=f^{-1}(y)$ は $y=f(x)$ の逆関数である. 等号が成り立つのはどのような場合か考えよ.

(2)　$p>1, \dfrac{1}{p}+\dfrac{1}{q}=1$ とする. (1) で $f(x)=x^{p-1}$ として不等式

$$ab \leqq \frac{a^p}{p} + \frac{b^q}{q}$$

を示せ. 等号が成り立つのはどのような場合か考えよ.

第4章

簡単な微分方程式の解法

第2章でいくつかの関数が微分方程式の解になることを見てきた．そこでも述べたように，多くの自然現象は微分方程式を用いて表現される．自然現象の法則が，位置，速度，質量やエネルギーなどの自然界を記述する量の時刻や空間に関する変化の割合について記述されているからである．

ここでは，与えられた微分方程式から解を求める方法をいくつか紹介する．詳しくは，微分方程式の講義で学ぶ．

4.1 1階線形微分方程式 (第3講)

放射性元素は，崩壊して別の元素に変化していくが，その時間的な変化の割合は，現在の元素量に比例することが知られている．時刻 t での放射性元素の量を $u(t)$ とすると，その変化の割合は $u'(t)$ であり，比例定数を a とすると，放射性元素の崩壊の法則は

$$u'(t) = -au(t) \tag{4.1}$$

と表される．これは $u(t)$ を未知関数とする微分方程式である．右辺の係数がマイナスであるのは，崩壊して物質量が減少していくことを表している．この関係式から $u(t)$ を求めれば，時刻 t における物質の量がわかる．この理論は，考古学資料の年代推定にも利用されている．

このように，未知関数 $u(t)$ とその導関数を含む関係式を**微分方程式**，微分方程式をみたす関数を**解**という．

(4.1) の解は，次のように求めることができる．注意 2.1 (p. 22) で説明した微分の記号がここでも役立つ．

(4.1) は

$$\frac{du}{dt} = -au$$

とも表せるので，$du = -au\,dt$ と書き換える．u も変数と考えて

$$\frac{du}{u} = -a\,dt$$

と変形して，両辺に積分記号をつけて，各々を計算すると

$$\int \frac{du}{u} = \int (-a)\,dt$$

より，

$$\log|u| = -at + C$$

が得られる．C は不定積分の積分定数にあたる任意定数である．これから，

$$|u| = e^C e^{-at}$$

であるが，C が任意定数であるから e^C も任意定数になりうる．左辺の絶対値も任意定数に含めることができ，結局

$$u = Ae^{-at} \tag{4.2}$$

が得られる．新しい任意定数を A と表した．

関数 $u(t) = Ae^{-at}$ は (代入して確かめられるように) 確かに (4.1) の解になっている．(4.2) のように，任意定数を含む微分方程式の解を**一般解**という．このように，一般解は無限個の解を表すが，その中である条件をみたす特別の解を求めたいこともある．たとえば，(4.1) で時刻 $t = t_0$ における物質の量が A_0 と知られているときには，

$$u(t_0) = Ae^{-at_0} = A_0$$

より，$A = A_0 e^{at_0}$ であり，

$$u(t) = A_0 e^{-a(t-t_0)}$$

が，この条件をみたす微分方程式の解である．このように，t を変数とする微分方程式の解のなかで $t = t_0$ での条件 $u(t_0) = A_0$ をみたす解を求める問題を，**初期値問題**という．このほかにも，特別な条件を付加した微分方程式の解を求める問題が考えられるが，ここでは一般解と初期値問題に限定して考察する．

未知関数 $u(t)$ に関する微分方程式

$$\frac{du}{dt} + pu = q(t) \tag{4.3}$$

を **1 階線形微分方程式**という．p は定数，$q(t)$ は与えられた関数である．特に $q(t) = 0$ のときには，方程式は

$$\frac{du}{dt} + pu = 0 \tag{4.4}$$

となるが，これを**斉次方程式**という．

斉次方程式は，(4.1) と同じであるから，一般解は

$$u(t) = Ae^{-pt}$$

である．

$q(t) \neq 0$ の場合を，**非斉次方程式**という．この一般解は，次のように発見的に考えるとよい．この方法を**定数変化法**という．A を関数と考えて

$$u(t) = A(t)e^{-pt}$$

が (4.3) をみたすとして，$A(t)$ の関係式を導く．積の微分より，

$$u'(t) = A'(t)e^{-pt} - pA(t)e^{-pt}$$

$$= \left(A'(t) - pA(t) \right) e^{-pt}$$

であり，方程式 (4.3) に代入して

$$A'(t)e^{-pt} = q(t)$$

を得る．これより

$$A'(t) = q(t)e^{pt}$$

であるから，これを積分して

$$A(t) = \int q(t)e^{pt}\,dt + C$$

である．したがって，非斉次方程式 (4.3) の一般解が

$$u(t) = e^{-pt}\left(\int q(t)e^{pt}\,dt + C\right) \tag{4.5}$$

と表される．

注意 4.1 (4.5) の右辺の $\int q(t)e^{pt}\,dt$ で用いた記号 t は，$q(t)e^{pt}$ の不定積分を t の関数として表すことを意味している．不定積分を区間 $[t_0, t]$ 上での定積分と考えて

$$u(t) = e^{-pt}\left(\int_{t_0}^{t} q(s)e^{ps}\,ds + C\right)$$

と書けばその意味が明らかになる．t_0 は任意定数 C に含められるので，任意にとれる．e^{-pt} を積分記号の中に入れて，$e^{-pt}e^{pt} = 1$ などと計算してはいけない． ▮

初期条件 $u(t_0) = A_0$ をみたす初期値問題の解は

$$u(t) = e^{-pt}\left(\int_{t_0}^{t} q(s)e^{ps}\,ds + C\right)$$

において，$t = t_0$ とすると

$$A_0 = Ce^{-pt_0}$$

であるから

$$u(t) = e^{-pt}\left(\int_{t_0}^{t} q(s)e^{ps}\,ds + A_0 e^{pt_0}\right)$$

と求められる．

例題 4.1.1 次の微分方程式の初期値問題の解を求めよ．

$$\frac{du}{dt} + 2u = e^{-3t}, \quad u(0) = 1.$$

解 (4.5) より，一般解が

$$u(t) = e^{-2t} \left(\int e^{-3t} e^{2t} \, dt + C \right)$$

$$= e^{-2t} \left(-e^{-t} + C \right)$$

$$= Ce^{-2t} - e^{-3t}$$

と求められる．定数 C は，初期条件 $u(0) = 1$ から $C = 2$ と求められるので，初期値問題の解は

$$u(t) = 2e^{-2t} - e^{-3t}$$

である．

問題 4.1.1 次の微分方程式の一般解を求めよ．

(1) $\dfrac{du}{dt} + 3u = e^{-2t}$ 　　　　　(2) $\dfrac{du}{dt} - 2u = e^{2t}$

(3) $\dfrac{du}{dt} - u = t + 1$ 　　　　　(4) $\dfrac{du}{dt} + u = \sin t$

問題 4.1.2 次の初期値問題の解を求めよ．

(1) $\dfrac{du}{dt} - 4u = e^{3t}, \quad u(0) = 1$ 　　(2) $\dfrac{du}{dt} + u = t^2, \quad u(0) = 3$

(3) $\dfrac{du}{dt} - u = \cos t, \quad u(0) = 0$ 　　(4) $\dfrac{du}{dt} + 2u = t^2 e^{-2t}, \quad u(0) = -1$

問題 4.1.3 $u_1(t), u_2(t)$ を斉次方程式 (4.4) の解とするとき，

$$u(t) = c_1 u_1(t) + c_2 u_2(t)$$

も斉次方程式の解であることを示せ．c_1, c_2 は定数である．解についてこの性質が成立することが，線形方程式と呼ばれる所以である．

問題 4.1.4 $u_1(t)$ が斉次方程式 (4.4)，$u_2(t)$ が非斉次方程式 (4.3) の解であるとき，

$$u(t) = c u_1(t) + u_2(t)$$

は，非斉次方程式の解であることを示せ．c は定数である．

4.2 2階定数係数線形方程式 (第4講)

問題 2.4.2 (p. 28) で確かめたように, $u(t) = e^{2t}$, $u(t) = e^{-t}$ は微分方程式 $u'' - u' - 2u = 0$ の解である.

定数 a, b を用いて表された, $u(t)$ を未知関数とする微分方程式

$$u''(t) + au'(t) + bu(t) = 0 \tag{4.6}$$

を **2階定数係数線形微分方程式**という.

関数 $e^{\lambda t}$ について

$$(e^{\lambda t})' = \lambda e^{\lambda t}, \quad (e^{\lambda t})'' = \lambda^2 e^{\lambda t}$$

であるから, 方程式 (4.6) に代入して

$$(\lambda^2 + a\lambda + b)e^{\lambda t} = 0$$

となる. λ が2次方程式

$$\lambda^2 + a\lambda + b = 0 \tag{4.7}$$

の解であれば, $u(t) = e^{\lambda t}$ が (4.6) の解になる. この事実を利用して (4.6) の解を求めることができる.

定義 4.1 2階定数係数線形微分方程式 (4.6) に対して, 2次方程式 (4.7) をこの微分方程式の**特性方程式**という.

特性方程式の解の状況に対応して, (4.6) の解が求められる.

定理 4.1 2階定数係数線形微分方程式 (4.6) の解は, 次のように求められる. このようにして求められる2つの解の組を, **基本解**という.

(i) (4.7) が, 2つの実数解 λ_1, λ_2 ($\lambda_1 \neq \lambda_2$) をもつときは,

$$u_1(t) = e^{\lambda_1 t}, \quad u_2(t) = e^{\lambda_2 t}$$

が, (4.6) の基本解である.

(ii) (4.7) が, 重解 λ をもつときは,

$$u_1(t) = e^{\lambda t}, \quad u_2(t) = te^{\lambda t}$$

が, (4.6) の基本解である.

(iii)　(4.7) が, 2つの複素数解 $\lambda = \alpha \pm \beta i$ をもつときは,

$$u_1(t) = e^{\alpha t} \sin \beta t, \quad u_2(t) = e^{\alpha t} \cos \beta t$$

が, (4.6) の基本解である.

証明　(i) は, それぞれを微分して方程式に代入し, λ_1, λ_2 が特性方程式の解であることを用いればよい. (ii) の u_1 も同様である. u_2 が微分方程式の解であることは, 特性方程式の重解が $\lambda = -\dfrac{a}{2}$ であることに注意すればよい. $u_2'' + au_2' + bu_2 = (\lambda^2 + a\lambda + b) \, te^{\lambda t} + (2\lambda + a)e^{\lambda t}$ である. (iii) は $u_1 = e^{\alpha t} \sin \beta t$ を微分方程式に代入すると, $u_1'' + au_1' + bu_1 = \{(\alpha^2 - \beta^2) + a\alpha + b\} e^{\alpha t} \sin \beta t + \beta(2\alpha + a)e^{\alpha t} \cos \beta t$ となることと, $\lambda = \alpha \pm \beta i$ が複素数解であることから $\lambda^2 + a\lambda + b = 0$ が $(\alpha^2 - \beta^2 + a\alpha + b) \pm \beta(2\alpha + a)i = 0$ と表されることを用いればよい. $u_2 = e^{\alpha t} \cos \beta t$ についても同様である. 複素数については, §7.1 を参照してほしい. ∎

定理 4.2　方程式 (4.6) の 2つの解 u_1, u_2 について, A, B を定数とするとき

$$u(t) = Au_1(t) + Bu_2(t)$$

も (4.6) の解である. このことを**重ね合わせの原理**といい, 基本解 u_1, u_2 を用いてこのように表せる解を**一般解**という. この性質が, 線形方程式と呼ばれる所以である.

証明　それぞれ微分したものを, 方程式に代入すればよい. ∎

例題 4.2.1　次の微分方程式の一般解を求めよ.

(1) $u''(t) + u'(t) - 6u(t) = 0$　　　　(2) $u''(t) - 4u'(t) + 4u(t) = 0$

(3) $u''(t) - 4u'(t) + 13u(t) = 0$

解　(1) 特性方程式は $\lambda^2 + \lambda - 6 = 0$ で, その解は $\lambda_1 = 2$, $\lambda_2 = -3$ と, 異なる 2つの実数解である. したがって一般解は, A, B を任意定数として

$$u(t) = Ae^{2t} + Be^{-3t}$$

である.

(2) 特性方程式は $\lambda^2 - 4\lambda + 4 = 0$ で, その解は $\lambda = 2$ と重解である. したがって一般解は, A, B を任意定数として

$$u(t) = (A + Bt)e^{2t}$$

である.

(3) 特性方程式は $\lambda^2 - 4\lambda + 13 = 0$ で, その解は $\lambda = 2 \pm 3i$ と, 複素数解である. したがって一般解は, A, B を任意定数として

$$u(t) = e^{2t}(A\cos 3t + B\sin 3t)$$

である. ∎

　2 階微分方程式では, 一般解は 2 つの任意定数を含むので, これらを定めるための初期条件は 2 つ必要である.

例題 4.2.2　$u(t)$ が時刻 t での物体の位置を表すとすると, $u'(t)$ は速度, $u''(t)$ は加速度を表す. 微分方程式

$$u'' + k^2 u = 0 \qquad (k > 0)$$

は, 物体に加わる力がその位置に比例して, 引き戻す力として働いていることを表すニュートンの運動方程式で, フックの法則によるバネの運動は, このように微分方程式を用いて表現できる.

　特性方程式は

$$\lambda^2 + k^2 = 0$$

であるから, $\lambda = \pm ki$ である. したがって, 基本解は

$$u_1(t) = \sin kt, \quad u_2(t) = \cos kt$$

と求められ, 一般解は, 任意定数 A, B を用いて

$$u(t) = A\sin kt + B\cos kt \tag{4.8}$$

と表される.

初期条件

$$u(0) = A_0, \quad u'(0) = 0 \tag{4.9}$$

をみたす解を求めよう．この初期条件は，時刻 $t = 0$ において A_0 の位置で，静かに (速度を与えずに) 手を離すことを表してる．

(4.8) に $t = 0$ を代入して (4.9) を用いると，$u' = kA \cos kt - kB \sin kt$ より

$$A_0 = B, \quad 0 = kA$$

である．したがって，初期条件 (4.9) をみたす初期値問題の解は

$$u(t) = A_0 \cos kt$$

と求められる．これは，振幅 A_0，周期 $\dfrac{2\pi}{k}$ の往復運動である．振幅や周期については，§ 7.3 に解説がある．

問題 4.2.1　次の微分方程式の一般解を求めよ．

(i)　(1) $u''(t) - u'(t) - 2u(t) = 0$　(2) $u''(t) - 4u'(t) + u(t) = 0$

(ii)　(1) $u''(t) + 2u'(t) + u(t) = 0$　(2) $9u''(t) - 12u'(t) + 4u(t) = 0$

(iii)　(1) $u''(t) - 2u'(t) + 5u(t) = 0$　(2) $4u''(t) + 9u(t) = 0$

問題 4.2.2　次の初期値問題の解を求めよ．

(1) $u''(t) - 5u'(t) = 0, \quad u(0) = -1, \quad u'(0) = 5$

(2) $4u''(t) + 4u'(t) + u(t) = 0, \quad u(0) = 2, \quad u'(0) = 1$

(3) $u''(t) - 4u'(t) + 8u(t) = 0, \quad u(0) = 3, \quad u'(0) = -2$

問題 4.2.3　例題 4.2.2 において，時刻 $t = 0$ において，$u(0) = 0$ の位置で初速 $u'(0) = v_0$ を与えたときの解を求めよ．

4.3 演習問題 (第 5 講)

— 演習問題 **A** —

問題 1 次の微分方程式の一般解を求めよ.

$$(1)\ \frac{du}{dt} = u \qquad\qquad (2)\ \frac{du}{dt} = -3u \qquad\qquad (3)\ \frac{du}{dt} = 5u$$

$$(4)\ \frac{du}{dt} = -2u \qquad\qquad (5)\ \frac{du}{dt} = 4u \qquad\qquad (6)\ \frac{du}{dt} = -6u$$

問題 2 次の微分方程式の一般解を求めよ.

$$(1)\ \frac{du}{dt} - u = t^2 \qquad (2)\ \frac{du}{dt} + 3u = e^{-t} \qquad (3)\ \frac{du}{dt} - 5u = 5$$

$$(4)\ \frac{du}{dt} + 2u = e^{-2t} \qquad (5)\ \frac{du}{dt} - 4u = \cos t \qquad (6)\ \frac{du}{dt} + 6u = e^{-5t}\sin t$$

問題 3 次の初期値問題の解を求めよ.

$$(1)\ \frac{du}{dt} + u = e^{2t}, \quad u(0) = 1 \qquad\qquad (2)\ \frac{du}{dt} - 2u = 1, \quad u(0) = 0$$

$$(3)\ \frac{du}{dt} + 3u = \sin t, \quad u(\pi) = 0 \qquad\qquad (4)\ \frac{du}{dt} - 3u = t, \quad u\left(\frac{1}{3}\right) = \frac{7}{9}$$

$$(5)\ \frac{du}{dt} + 2u = t^3 e^{-2t}, \quad u(2) = 0$$

$$(6)\ \frac{du}{dt} + u = \frac{1}{1 + e^t}, \quad u(0) = 2\log 2$$

問題 4 次の微分方程式の一般解を求めよ.

$$(1)\ u''(t) - u(t) = 0 \qquad\qquad (2)\ u''(t) + u(t) = 0$$

$$(3)\ u''(t) - 6u'(t) + 9u(t) = 0 \qquad (4)\ u''(t) - 5u'(t) = 0$$

$$(5)\ u''(t) + 2u'(t) + 3u(t) = 0 \qquad (6)\ 4u''(t) + 4u'(t) + u(t) = 0$$

$$(7)\ u''(t) + u'(t) + 2u(t) = 0 \qquad (8)\ 2u''(t) + 5u'(t) - 3u(t) = 0$$

問題 5 次の初期値問題の解を求めよ.

$$(1)\ u''(t) + u'(t) - 6u(t) = 0, \quad u(0) = 1, \quad u'(0) = 1$$

$$(2)\ u''(t) + u(t) = 0, \quad u(\pi) = 1, \quad u'(\pi) = 1$$

$$(3)\ 4u''(t) - 4u'(t) + u(t) = 0, \quad u(0) = 2, \quad u'(0) = 0$$

(4) $u''(t) + 4u'(t) + 13u(t) = 0, \quad u(0) = 2, \quad u'(0) = -1$

(5) $u''(t) + 4u'(t) - u(t) = 0, \quad u(0) = 0, \quad u'(0) = 1$

(6) $u''(t) + 6u'(t) + 9u(t) = 0, \quad u(1) = 0, \quad u'(1) = 1$

── 演習問題 **B** ──

問題 1　次の問に答えよ．(2) は時間が十分に経過したときの状態を考えることに相当する．

(1)　初期値問題

$$mu' = -ku + mg, \qquad u(0) = v_0$$

の解 $u = u(t)$ を求めよ．ただし，m, k, g は正の定数である．

(2)　$\lim_{t \to \infty} u(t)$ を求めよ．

問題 2　カッコの中の関数が次の微分方程式の解になるように定数 A, B, C の値を定めよ．

(1) $u'' - 2u' - 8u = e^{2t}$ 　　$(u = Ae^{2t})$

(2) $u'' + 4u = t^2$ 　　$(u = At^2 + Bt + C)$

(3) $u'' + k^2 u = \sin \omega t, \quad k \neq \omega$ 　　$(u = A \sin \omega t + B \cos \omega t)$

(4) $u'' + k^2 u = \sin kt$ 　　$\left(u = t(A \sin kt + B \cos kt) \right)$

問題 3　**(微分方程式の境界値問題)** 区間の両端で条件を与えられた微分方程式

$$u'' + k^2 u = 0 \quad (k > 0), \qquad u(0) = u(\pi) = 0 \qquad (*)$$

について次の問に答えよ．

(1)　$(*)$ が 0 でない解をもつための k の条件を求めよ．

(2)　(1) が成り立っているときに，$(*)$ の 0 でない解を求めよ．

第5章

多変数関数の偏微分

　関数は，いろいろな値をとりうる変数の数式で表されている．また，変数が与えられたとき，この数式によって1つの値が対応する規則が与えられていると考えてもよい．これまでは変数の個数が1つの関数を考えて，微分積分を通じて関数の性質を調べてきた．

　この章では，2つ以上の変数をもつ関数を考え，その微分はどのようなものかを解説し，関数の性質を調べる．専門分野で用いる関数を考えても平面上の点 (x, y) における質量分布 $\rho(x, y)$ や，時刻 t のときに平面上の点 (x, y) における質点の速度 $v(t, x, y)$ のようにいくつもの変数に関係した量を考えることが大切であることはいうまでもない．

5.1　空間内の直線と平面 (第6講)

　空間内の点 P は，3つの実数の組 (x, y, z) を座標として表すことができる．これを P(x, y, z) と表す．また，(x, y, z) は，原点 O$(0, 0, 0)$ を始点，P(x, y, z) を終点とするベクトル $\overrightarrow{\mathrm{OP}}$ を表すと考えることもできる．「行列と行列式」の講義内容も参考にしてほしい．

　まず，空間内の直線を表す方程式を求めよう．点 (x_0, y_0, z_0) を通り，ベクトル (α, β, γ) の方向をもつ直線を考える．この直線上の点 P(x, y, z) は，t をパラメータ (媒介変数) として

$$\begin{cases} x - x_0 = t\alpha \\ y - y_0 = t\beta \\ z - z_0 = t\gamma \end{cases}$$

と表される. また,

$$\frac{x - x_0}{\alpha} = \frac{y - y_0}{\beta} = \frac{z - z_0}{\gamma} \tag{5.1}$$

とも表される. ただし, α, β, γ のうちいずれかが 0 であれば, たとえば $\gamma = 0$ のときには $z = z_0$ と考える.

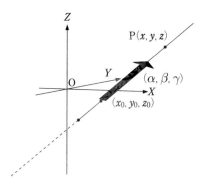

図 5.1 空間直線と方向ベクトルの図

　平面は, 基点となる 1 点と, 2 つの方向ベクトルが与えられれば定まる. この考え方で, 点 $\boldsymbol{u_0} = (x_0, y_0, z_0)$ を通り, 2 つのベクトル $\boldsymbol{a} = (\alpha_1, \beta_1, \gamma_1)$, $\boldsymbol{b} = (\alpha_2, \beta_2, \gamma_2)$ によって定まる平面上の点 $\boldsymbol{u} = (x, y, z)$ は, t, s をパラメータとして

$$\boldsymbol{u} - \boldsymbol{u_0} = t\boldsymbol{a} + s\boldsymbol{b}$$

と表せる. 成分で書くと

$$\begin{cases} x - x_0 = t\alpha_1 + s\alpha_2 \\ y - y_0 = t\beta_1 + s\beta_2 \\ z - z_0 = t\gamma_1 + s\gamma_2 \end{cases} \tag{5.2}$$

である. (5.2) のはじめの 2 式を連立 1 次方程式と考えて t, s を求めると

$$t = \frac{(x - x_0)\beta_2 - (y - y_0)\alpha_2}{\alpha_1\beta_2 - \alpha_2\beta_1}, \quad s = \frac{(x - x_0)\beta_1 - (y - y_0)\alpha_1}{\alpha_2\beta_1 - \alpha_1\beta_2}$$

である (分母が 0 になるときは, 他の 2 式の組み合わせを考えればよい). これを

第3式に代入すると，平面の方程式

$$(\beta_1\gamma_2-\beta_2\gamma_1)(x-x_0)+(\alpha_2\gamma_1-\alpha_1\gamma_2)(y-y_0)+(\alpha_1\beta_2-\alpha_2\beta_1)(z-z_0) = 0 \quad (5.3)$$

が得られる．また，平面は基点となる1点と，あるベクトルに直交するという条件でも特徴づけられる．この考え方によれば，点 (x_0, y_0, z_0) を通り，ベクトル (p, q, r) に直交する平面の方程式は，ベクトルの内積を考えて

$$p(x - x_0) + q(y - y_0) + r(z - z_0) = 0$$

となる．この式を (5.3) と比較すると，ベクトル

$$(\beta_1\gamma_2 - \beta_2\gamma_1,\ \alpha_2\gamma_1 - \alpha_1\gamma_2,\ \alpha_1\beta_2 - \alpha_2\beta_1)$$

が，ベクトル a, b と直交する，すなわち (5.3) で表される平面と直交するベクトル (法線ベクトル) であることがわかる．

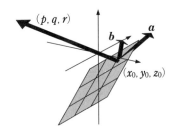

図 5.2　平面と方向ベクトル，法線ベクトルの図

問題 5.1.1　次の直線の方程式を求めよ．

(1)　点 $(-2, 1, 0)$ を通り，ベクトル $(-3, 2, 5)$ の方向をもつ直線．

(2)　点 $(1, 2, -1)$ を通り，Y 軸に平行な直線．

(3)　2点 $(1, -3, 4), (-2, 5, 3)$ を通る直線．

問題 5.1.2　次の平面の方程式を求めよ．

(1)　点 $(-3, 1, 2)$ を通り，2つのベクトル $(-2, 0, 1), (1, -3, 5)$ によって定まる平面．

(2)　点 $(1, 0, -4)$ を通り，ベクトル $(-3, 4, 2)$ に直交する平面．

(3)　3点 $(3, -1, 2), (-2, 0, 4), (1, -3, 5)$ を通る平面．

(4)　点 $(-1, 2, 1)$ を通り，Y-Z 平面 (Y 軸と Z 軸でできる平面) に平行な平面 (2 つの考え方で求めよ).

問題 5.1.3　(1)　直線 $\dfrac{x-1}{2} = \dfrac{y+3}{-1} = \dfrac{z-2}{-4}$ と点 $(2, -4, 3)$ を含む平面の方程式を求めよ.

(2)　2 直線 $x - 2 = \dfrac{y+1}{-1} = z - 3,\ \dfrac{x+1}{-1} = \dfrac{y-5}{4} = \dfrac{z+1}{-2}$ は交わることを示し，これらを含む平面の方程式を求めよ.

問題 5.1.4　2 平面 $3x - 2y + z + 5 = 0,\ x - 4y + 3z - 3 = 0$ の共通部分の直線の方程式を求めよ.

5.2　2 変数関数のグラフと曲面，連続性 (第 7 講)

　これ以後，主に 2 変数の関数 $z = f(x, y)$ を取り扱う. これまでの 1 変数関数の微分積分と類似した部分と，2 変数関数を考えるときにはじめて出会う新しい考え方のどちらにも注意を払いながら講義を進める. 3 個以上の変数をもつ関数 $y = f(x_1, x_2, \cdots, x_n)$ も，2 変数の関数と同じように考えることができる.

　2 変数関数のグラフは，どのように表されるだろうか？　まず 1 変数関数 $y = f(x)$ のグラフがどのように描かれたかを考え直してみよう. $y = f(x)$ のグラフは X-Y 平面内の曲線となり，微分係数によって接線の傾きが求められた. 変数 (x, y) を X-Y 平面上の点と考え，その点での関数の値 $f(x, y)$ を Z 座標とする 3 次元空間の 1 点 (x, y, z) が，グラフ上の点である. 平面上の各点ごとにこれを行うと，平面上の曲面ができる.

　これが，$z = f(x, y)$ のグラフである. 図 5.3 に表されているように，網目模様を用いると，グラフの立体的な様子がうまく描かれる. それではこの網目の線は，何を表しているのだろうか？　ある y_1 を固定して，x を変数と考えた曲線 $f(x, y_1)$ を Y 座標が y_1 の X-Z 平面と平行な平面内に描くことができる. y_1 の値をいくつか決めると，平行な曲線が描ける. 同様に，x_1 を固定して，y を変数と考えた曲線 $z = f(x_1, y)$ を X 座標が x_1 の Y-Z 平面と平行な平面内に描き，x_1 の値を変えて何本か描く. これは，先ほどの曲線たちとは，異なる方向に

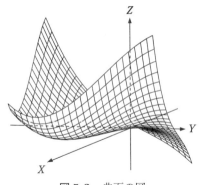

図 5.3　曲面の図

並んだ曲線たちである．これらの 2 種類の曲線たちが，網の目のようになって，図 5.3 では関数 $z = f(x, y)$ のグラフを表しているのである．

定数 k を定めると，$f(x, y) = k$ をみたす点 (x, y) の全体は，X-Y 平面の曲線である．これを**等高線**という．等高線の考え方は，地形図ですでにおなじみである．地形の高低を曲面と考えると，その様子は等高線で表される．関数のグラフも，極値 (§5.8 参照) や等高線を調べることでその様子を知ることができる．

例題 5.2.1　2 変数関数 $z = x^2 + y^2$ のグラフを考えよう．

$y = y_0$ を固定して x を変数とする関数 z を考えると，曲線 $z = x^2 + y_0^2$ のグラフは $x = 0$, $z = y_0^2$ を頂点とする下に凸な放物線である．同様に $x = x_0$ を固定したときも放物線である．これらの放物線の頂点は，X 軸上では曲線 $z = x^2$ に沿って変化し，Y 軸上では曲線 $z = y^2$ に沿って変化する．

また，この関数では，等高線は $z = r^2$(定数) となる点 (x, y) のことで，原点 $(x, y) = (0, 0)$ を中心とする半径 r の円であるから，関数 $z = x^2 + y^2$ のグラフは Z 軸を中心軸とする回転面であることがわかる．その断面は，たとえば $y = 0$ として，放物線 $z = x^2$ である．すなわち，この関数のグラフは放物線 $z = x^2$ を，Z 軸を軸にして回転して得られる回転面である．図 5.4 は，2 つの考え方で描いたグラフである．

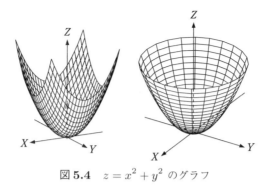

図 **5.4**　$z = x^2 + y^2$ のグラフ

例題 5.2.2　2変数関数 $z = \sin(x+y)$ のグラフを考えよう.

　$x = x_0$ を固定しても, $y = y_0$ を固定しても, 断面として得られる曲線は $z = \sin x$ のグラフ (を平行移動したグラフ) であり, 図 5.5 のようになる. この関数では, $x + y = k$(定数) が等高線であるから, $z = \sin x$ のグラフが直線 $x + y = 0$ の方向に平行移動していくときに得られる曲面である.

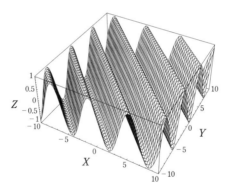

図 **5.5**　$z = \sin(x+y)$ のグラフ

問題 5.2.1　関数 $f(x,y) = x^2 - y^2$ の等高線 $x^2 - y^2 = 0$, $x^2 - y^2 = \pm 1$, $x^2 - y^2 = \pm 2$ を平面内に描いて, 関数 $z = x^2 - y^2$ のグラフがつくる曲面を想像せよ.

グラフが切れ目なくつながるような関数を，**連続関数**と呼ぶことは 1 変数関数のときと同様である．もう少し数学の言葉を用いると，次のように述べられる．

定義 5.1　点 (x,y) がどんどん (x_0,y_0) に近づくとき，関数の値 $f(x,y)$ が，$f(x_0,y_0)$ にいくらでも近づくときに，関数 $z = f(x,y)$ は**連続**であるという．

(余裕があるときの話題) 図 5.6 ではグラフに「破れ」が生じている．連続でない関数のグラフは，このように何らかの「破れ」がある．

連続性について，注意しなければならないことがある．(x,y) が (x_0,y_0) に近づくとは，どの方向から近づくことも許して考えなければいけない．たとえば，グラフが図 5.6 のようになる関数は，$(0,0)$ の点で考えて，連続ではない．しかし，(x,y) を Y 軸上で $(0,0)$ に近づける限り，

$$\lim_{y \to 0} f(0,y) = f(0,0)$$

が成立している．$(x,0)$ を X 軸上で $(0,0)$ に近づければ，右からと左からで極限の値が異なり，連続性が成立していないことがグラフから見てとれる．

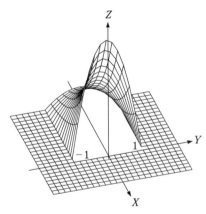

図 5.6　区間 $(0,-1) - (0,1)$ で切れ目のあるグラフ

グラフが具体的に描けないような複雑な関数の連続性を議論するには，極限を用いる考え方に頼らざるを得ない．このようなときには，特に注意が必要である．

連続関数についての基本的な性質を述べる．

定理 5.1　$f(x,y), g(x,y)$ が連続関数，k を定数とする．
(1)　$f(x,y) + g(x,y), kf(x,y)$ も連続関数である．

(2) $f(x,y)g(x,y), \dfrac{f(x,y)}{g(x,y)}$ も連続関数である．ただし，$g(x,y) \neq 0$ とする．

合成関数の連続性は，次のように述べることができる．

定理 5.2

(1) $f(x,y)$ が連続で $x = u(t)$, $y = v(t)$ も連続ならば，合成関数 $f(u(t),v(t))$ は t を変数とする 1 変数関数として，連続関数である．

(2) $f(x,y)$ が連続で $x = \varphi(u,v)$, $y = \psi(u,v)$ も連続ならば，合成関数 $f(\varphi(u,v),\psi(u,v))$ も u,v の連続関数である．

次の定理は，連続関数のグラフが「つながっている」という直観的な表現を，数学的に言い表している．

定理 5.3　　$f(x,y)$ が連続で，点 (a,b) において $f(a,b) > 0$ とする．このとき，(a,b) のある近傍において $f(x,y) > 0$ である．

これらの定理は，1 変数関数の場合と同じである (定理 8.5, 8.6) (p.200)．

(**余裕があるときの話題**) このことは，「連続性」という概念が，変数の個数 (次元) とは無関係な概念であることを示唆している．いろいろな概念の相互関係を見極めようとすることは，科学における基本的な態度であろう．

5.3　偏微分係数と接線，接平面 (第 8 講)

曲線 $y = f(x)$ に接線が考えられたように，曲面 $z = f(x,y)$ にも接線が考えられる．それだけでなく，曲面には接平面が考えられる．曲線の接線は (引けるとしても) 1 本だけであるが，曲面にはいろいろな方向に何本もの接線が考えられる．しかし，接平面は (あるとすれば) ただ 1 つである．関数とそのグラフの曲面，接平面を図 5.7 に示す．

2 変数関数について，1 変数関数の微分係数に対応するものは，次の偏微分係数である．

定義 5.2　　2 変数関数 $f(x,y)$ に対して，(a,b) において極限値

$$\lim_{h \to 0} \frac{f(a+h,b) - f(a,b)}{h}, \qquad \lim_{k \to 0} \frac{f(a,b+k) - f(a,b)}{k}$$

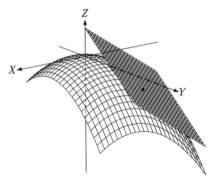

図 5.7 曲面と接平面の例

が存在するとき，$f(x, y)$ は (a, b) で**偏微分可能**であるといい，その極限値をそれぞれ

$$f_x(a, b) = \frac{\partial f}{\partial x}(a, b) = \lim_{h \to 0} \frac{f(a+h, b) - f(a, b)}{h}$$

$$f_y(a, b) = \frac{\partial f}{\partial y}(a, b) = \lim_{k \to 0} \frac{f(a, b+k) - f(a, b)}{k}$$

と表して，(a, b) における x に関する**偏微分係数**，y に関する **偏微分係数**という．∂ は偏微分の記号で，ディーと読む．

関数のグラフ上で偏微分係数の意味は，次のように理解できる．b を固定し x を変数とする関数 $f(x, b)$ のグラフは，$f(x, y)$ のグラフの曲面を (a, b) を通り X 軸に平行で X-Y 平面に垂直な平面で切ったときの断面である． x に関する

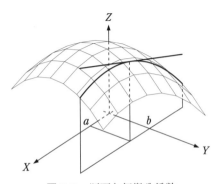

図 5.8 断面と偏微分係数

偏微分係数は, この断面の曲線に対する $x = a$ における接線の傾きである. 同様に, y に関する偏微分係数は, Y 方向の断面に対する接線の傾きである. 図 5.8 を参照せよ.

定義 5.3　関数 $z = f(x, y)$ に対して, 点 (x, y) ごとに偏微分係数を値にとるような関数を考えて, **偏導関数**を定義する. これも偏微分係数と同じ記号を用いて

$$f_x, \ z_x, \ \frac{\partial f}{\partial x}, \ \frac{\partial z}{\partial x} \ \text{あるいは} \ f_y, \ z_y, \ \frac{\partial f}{\partial y}, \ \frac{\partial z}{\partial y}$$

などと表す. 偏導関数を求めることを, **偏微分する**ともいう.

　x に関する偏導関数を求めるには, y を定数と考えて x について 1 変数関数と同じ方法で微分すればよい. 同じく, y に関する偏導関数を求めるには, x を定数と考えて y について微分すればよい.

例題 5.3.1　次の関数の偏導関数を求めよ.

　　(1) $f(x, y) = x^3 + 2x^2 y - 2xy^2 + 1$　　　　(2) $f(x, y) = e^{2x} \cos 3y$

解　変数が x, y と 2 個あるので, 偏導関数は 2 種類ある. (1) $f_x = 3x^2 + 4xy - 2y^2$, $f_y = 2x^2 - 4xy$ である. また, (2) $f_x = 2e^{2x} \cos 3y$, $f_y = -3e^{2x} \sin 3y$ である.

　3 変数以上の関数についても, それぞれの変数に関する偏導関数が考えられる. 偏導関数を求めるには, 注目している変数以外の変数を定数と考えて, 微分すればよい.

注意 5.1　1 変数関数 $y = f(x)$ について微分 $dy = f'(x)\, dx$ を考えたように, 2 変数関数 $z = f(x, y)$ の**微分**として, $dz = f_x\, dx + f_y\, dy$ を導入する. 偏微分の記号 ∂ ではなく, d を用いる.

例題 5.3.2　関数 $z = f(x, y)$ の (x_0, y_0) における偏微分係数 $f_x(x_0, y_0)$ は, X 方向への接線の傾きを表しているから, 接線の方向ベクトルは $(1, 0, f_x(x_0, y_0))$

であり，X 軸方向の接線の方程式は，$z_0 = f(x_0, y_0)$ と書くと (5.1) より

$$x - x_0 = \frac{z - z_0}{f_x(x_0, y_0)}, \quad y = y_0$$

と表される．この方程式は

$$z - z_0 = f_x(x_0, y_0)(x - x_0)$$

と書き換えると，$y = y_0$ での断面の曲線に対する接線であることがわかりやすい．

　同様に，この点での Y 方向の接線の方向ベクトルは $(0, 1, f_y(x_0, y_0))$ であるから，Y 軸方向の接線の方程式は

$$y - y_0 = \frac{z - z_0}{f_y(x_0, y_0)}, \quad x = x_0$$

と表される．さらに，点 (x_0, y_0) における接平面は，この 2 つの接線を含む平面であるから，2 つの方向ベクトルの 1 次結合で表される．すなわち，パラメータ t, s を用いて，

$$x - x_0 = t, \quad y - y_0 = s, \quad z - z_0 = tf_x + sf_y$$

と表される．また，パラメータを消去すると，接平面の方程式は

$$z - z_0 = f_x(x_0, y_0)(x - x_0) + f_y(x_0, y_0)(y - y_0) \tag{5.4}$$

と表される．先に定義した2変数関数の微分の記号を用いると，$dz = f_x\, dx + f_y\, dy$ において，dx, dy, dz の代わりにそれぞれ $x - x_0, y - y_0, z - z_0$ を代入すると接

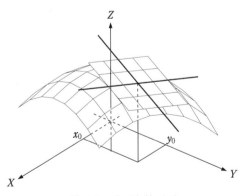

図 **5.9**　曲面と接平面

平面の方程式が得られる. 図 5.9 を参照せよ.

(**余裕があるときの話題**) また, t, s を固定して, 直線

$$\frac{x - x_0}{t} = \frac{y - y_0}{s} = \frac{z - z_0}{tf_x + sf_y}$$

を考えると, この直線は接平面上にあるから, 接線になっている. ベクトル (t, s) が X 軸となす角を θ とするとき, この接線の傾きは $f_x \cos\theta + f_y \sin\theta$ と表される. これを, θ 方向の**方向微分係数**という.

問題 5.3.1　次の関数の偏導関数を求めよ.

(1) $3x^3 - 2x^2 y + y^4 - 2$　　　　　　(2) $e^{2x} \sin 3y$

(3) $\sqrt{2x + 3y}$　　　　　　　　　　(4) $\cos(x + y^2)$

(5) $\cos \dfrac{x}{y}$　　　　　　　　　　(6) $\arctan \dfrac{x}{y}$

問題 5.3.2　次の関数について, 指定された点での接平面を求めよ.

(1) $f(x, y) = 2x^2 + xy + y^2$　　　$(x_0, y_0) = (1, 2)$

(2) $f(x, y) = \sqrt{2x + 3y}$　　　　$(x_0, y_0) = (-1, 2)$

(3) $f(x, y) = \sin(x - y)$　　　　$(x_0, y_0) = (1, 1)$

5.4　高次偏導関数 (第 9 講)

2 変数関数 $z = f(x, y)$ の第 2 次偏導関数を次のように定義する.

定義 5.4　関数 $f(x, y)$ の偏導関数 f_x, f_y をさらに偏微分して得られる関数を, $f(x, y)$ の**第 2 次偏導関数**といい, 次のような記号で表す.

$$f_{xx} = \frac{\partial^2 f}{\partial x^2} = (f_x)_x, \qquad\qquad f_{xy} = \frac{\partial^2 f}{\partial y \partial x} = (f_x)_y$$

$$f_{yx} = \frac{\partial^2 f}{\partial x \partial y} = (f_y)_x, \qquad\qquad f_{yy} = \frac{\partial^2 f}{\partial y^2} = (f_y)_y$$

同様に, 第 3 次偏導関数などの**高次偏導関数**も, 順次定義できる. 2 変数関数では, 第 2 次偏導関数は 4 種類, 第 3 次偏導関数は 8 種類, 一般に第 n 次偏導関数

は 2^n 種類考えられる. 第 2 次偏導関数は, 2 階偏導関数などと呼ばれることもある (「第」を省略したり, 「次」の代わりに「階」としている).

(余裕があるときの話題) 記号について注意する. f_{xy} と $\dfrac{\partial^2 f}{\partial y \partial x}$ が同じ $(f_x)_y$ を表すのであるが, x, y の順序が違うことを不思議に思うかも知れない. これは,

$$f_{xy} = (f_x)_y, \qquad \frac{\partial^2 f}{\partial y \partial x} = \frac{\partial}{\partial y}\left(\frac{\partial f}{\partial x}\right)$$

と, まず x で偏微分し, 次に y で偏微分するという微分の順序が記号に反映していると考えれば納得できるだろう.

　関数自身と偏導関数および, すべての第 2 次偏導関数が連続関数であるような関数を C^2 **級の関数**という. 一般に, 関数自身と第 n 次以下のすべての偏導関数が連続関数であるような関数を C^n **級の関数**という.

　導関数の公式表 A.2 に挙げた関数を用いて 1 つの式で表される関数は, 大部分が, その定義域上で C^2 級になる.

　f_{xy} と f_{yx} は, その定義からは全く別の関数であるが, 次の例題を計算してみよう.

例題 5.4.1　次の関数について, f_{xy} と f_{yx} を計算して比較せよ.

　(1) $f(x, y) = x^4 - 2x^3 y + 3xy^2$

　(2) $f(x, y) = \cos(2x - y)$

　(3) $f(x, y) = e^{x^2 - y^2}$

解　(1) については, $f_{xy} = -6x^2 + 6y$, $f_{yx} = -6x^2 + 6y$ で, $f_{xy} = f_{yx}$ が成り立っている. (2) については $f_x = -2\sin(2x - y)$, $f_y = \sin(2x - y)$ であり, (3) についても, $f_x = 2xe^{x^2 - y^2}$, $f_y = -2ye^{x^2 - y^2}$ であるから, f_{xy}, f_{yx} を計算してみると, いずれも $f_{xy} = f_{yx}$ が成り立っている. ∎

　上の例題では, いずれも $f_{xy} = f_{yx}$ が成立している. これから一般的に $f_{xy} = f_{yx}$ が成立するのではないかと期待できる. 実は, 次の定理が成り立つ.

定理 5.4　$f(x, y)$ が C^2 級ならば, $f_{xy} = f_{yx}$ が成り立つ.

　この定理によって, 偏導関数は偏微分する順序によらずに計算できることがわかる. 実際の関数を扱う際には, この定理が適用できる場合が多く, 以下の計算でもいちいち断らずに偏微分する順序を交換する. また, 高次の偏導関数でも同じく, 関数が必要な次数だけの偏導関数をもてば, 偏微分する順序を自由に変えて計算できる.

　(余裕があるときの話題) 念のため, 偏微分する順序によって偏微分係数の値が異なる例を挙げておく. この例でわかるように, 反例を構成するときには, 特別な関数を考えなければならない. この例を通じて,「普通の関数なら偏微分する順序は関係ない」と理解してもらえればよい.

例題 5.4.2　次の関数

$$f(x, y) = \begin{cases} xy\dfrac{x^2 - y^2}{x^2 + y^2} & (x, y) \neq (0, 0) \\ 0 & (x, y) = (0, 0) \end{cases}$$

については, $f_{xy}(0, 0) = -1$, $f_{yx}(0, 0) = 1$ であり, $(0, 0)$ において f_{xy} と f_{yx} が一致しない. この事実を確かめることは, 演習問題とする. ▮

問題 5.4.1　次の関数の第 2 次偏導関数をすべて求めよ. また, $f_{xy} = f_{yx}$ が成立していることを確かめよ.

(1) $x^3 + x^2 y - 2xy^2 - 3xy$　　　　(2) $\dfrac{1}{x + 2y}$

(3) $\arctan \dfrac{y}{x}$　　　　　　　　(4) $e^{2x} \sin 3y$

5.5　合成関数の偏導関数 (第 10 講)

　関数 $z = f(x, y)$ において, x, y が t の関数で, $x = x(t)$, $y = y(t)$ と表されていれば, $z = f(x(t), y(t))$ は t の関数である. $z = f(x(t), y(t))$ の t に関する導関数は, 次のように求められる.

定理 5.5　合成関数 $z = f(x(t), y(t))$ について,

$$\frac{dz}{dt} = \frac{\partial z}{\partial x}\frac{dx}{dt} + \frac{\partial z}{\partial y}\frac{dy}{dt}$$

が成り立つ.

変数の関係が

$$t \longrightarrow x \longrightarrow z$$
$$\searrow \quad y \quad \nearrow$$

となっているから, $\dfrac{dz}{dt}$ を計算するに当たっては, 2 つの項が必要になると考えればよい.

(余裕があるときの話題) 微分の記号を用いると, $dz = z_x\, dx + z_y\, dy$, $dx = x_t\, dt$, $dy = y_t\, dt$ であるから

$$dz = (z_x x_t + z_y y_t)\, dt$$

と計算できる.

証明　導関数の定義に従って

$$\frac{dz}{dt} = \lim_{h \to 0} \frac{f(x(t+h), y(t+h)) - f(x(t), y(t))}{h}$$

を計算する. 平均値の定理より

$$x(t+h) = x(t) + hx'(t + \theta_1 h), \qquad 0 < \theta_1 < 1$$

$$y(t+h) = y(t) + hy'(t + \theta_2 h), \qquad 0 < \theta_2 < 1$$

であるから, 右辺を $x + \Delta x$, $y + \Delta y$ と略記して,

$$\frac{f(x(t+h), y(t+h)) - f(x(t), y(t))}{h}$$

$$= \frac{f(x + \Delta x, y + \Delta y) - f(x, y)}{h}$$

$$= \frac{f(x + \Delta x, y + \Delta y) - f(x, y + \Delta y)}{h} + \frac{f(x, y + \Delta y) - f(x, y)}{h}$$

$$= \frac{f(x + \Delta x, y + \Delta y) - f(x, y + \Delta y)}{\Delta x}\frac{\Delta x}{h}$$

$$\quad + \frac{f(x, y + \Delta y) - f(x, y)}{\Delta y}\frac{\Delta y}{h}$$

と変形しておいて $h \to 0$ とすると

$$\frac{\Delta x}{h} = x'(t + \theta_1 h) \to x'(t), \quad \frac{\Delta y}{h} = y'(t + \theta_2 h) \to y'(t)$$

より結論が得られる.

さらに, $z = f(x, y)$ において, (x, y) がそれぞれ 2 変数 (u, v) の関数として

$$x = \varphi(u, v), \qquad y = \psi(u, v)$$

と表されているときには, z は (u, v) の関数となっている. 変数の関係は次のようになっている.

$$
\begin{array}{ccc}
u & \longrightarrow x \longrightarrow z \\
& \times \quad \nearrow \\
v & \longrightarrow y
\end{array}
$$

z の偏導関数は, 次のように求められる.

定理 5.6　合成関数 $z = f(\varphi(u, v), \psi(u, v))$ について,

$$\frac{\partial z}{\partial u} = \frac{\partial z}{\partial x}\frac{\partial x}{\partial u} + \frac{\partial z}{\partial y}\frac{\partial y}{\partial u}$$

$$\frac{\partial z}{\partial v} = \frac{\partial z}{\partial x}\frac{\partial x}{\partial v} + \frac{\partial z}{\partial y}\frac{\partial y}{\partial v}$$

が成り立つ.

証明は前定理より明らかである. 導関数の記号が, d から偏微分の記号 ∂ に変わっているところがあることに注意しよう.

(余裕があるときの話題) 微分の記号を用いると,

$$dz = z_x\, dx + z_y\, dy$$

$$dx = \varphi_u\, du + \varphi_v\, dv$$

$$dy = \psi_u\, du + \psi_v\, dv$$

であるから,

$$dz = z_x(\varphi_u\, du + \varphi_v\, dv) + z_y(\psi_u\, du + \psi_v\, dv)$$

$$= (z_x\varphi_u + z_y\psi_u)\, du + (z_x\varphi_v + z_y\psi_v)\, dv$$

であり, $dz = z_u du + z_v dv$ と見くらべて

$$z_u = z_x\varphi_u + z_y\psi_u$$

$$z_v = z_x\varphi_v + z_y\psi_v$$

と計算できる.

例題 5.5.1 (座標軸の回転)　変数 (x, y) と (u, v) が行列を用いて

$$\begin{pmatrix} x \\ y \end{pmatrix} = \begin{pmatrix} \cos\alpha & -\sin\alpha \\ \sin\alpha & \cos\alpha \end{pmatrix} \begin{pmatrix} u \\ v \end{pmatrix} \tag{5.5}$$

と表されている, すなわち,

$$x = u\cos\alpha - v\sin\alpha$$

$$y = u\sin\alpha + v\cos\alpha$$

であるとする. これは, X-Y 座標軸を α だけ回転した座標軸が U-V であることを表している. 図 5.10 のようになっているとき

$$u = r\cos\beta, \quad v = r\sin\beta$$

$$x = r\cos(\alpha + \beta), \quad y = r\sin(\alpha + \beta)$$

であるから, 関係式 (5.5) がわかる.

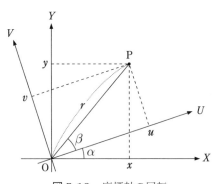

図 5.10　座標軸の回転

関数 $z = f(x, y)$ に対して

$$\left(\frac{\partial z}{\partial x}\right)^2 + \left(\frac{\partial z}{\partial y}\right)^2 = \left(\frac{\partial z}{\partial u}\right)^2 + \left(\frac{\partial z}{\partial v}\right)^2 \tag{5.6}$$

$$\frac{\partial^2 z}{\partial x^2} + \frac{\partial^2 z}{\partial y^2} = \frac{\partial^2 z}{\partial u^2} + \frac{\partial^2 z}{\partial v^2} \tag{5.7}$$

が成り立つ. 実際,

$$\frac{\partial z}{\partial u} = \frac{\partial z}{\partial x}\frac{\partial x}{\partial u} + \frac{\partial z}{\partial y}\frac{\partial y}{\partial u} = \frac{\partial z}{\partial x}\cos\alpha + \frac{\partial z}{\partial y}\sin\alpha$$

$$\frac{\partial z}{\partial v} = \frac{\partial z}{\partial x}\frac{\partial x}{\partial v} + \frac{\partial z}{\partial y}\frac{\partial y}{\partial v} = -\frac{\partial z}{\partial x}\sin\alpha + \frac{\partial z}{\partial y}\cos\alpha$$

だから，(5.6) が得られる．第 2 次偏導関数は

$$\frac{\partial^2 z}{\partial u^2} = \frac{\partial}{\partial u}\left(\frac{\partial z}{\partial x}\cos\alpha + \frac{\partial z}{\partial y}\sin\alpha\right)$$

$$= \left(\frac{\partial}{\partial x}\left(\frac{\partial z}{\partial x}\right)\cos\alpha + \frac{\partial}{\partial y}\left(\frac{\partial z}{\partial x}\right)\sin\alpha\right)\cos\alpha$$

$$+ \left(\frac{\partial}{\partial x}\left(\frac{\partial z}{\partial y}\right)\cos\alpha + \frac{\partial}{\partial y}\left(\frac{\partial z}{\partial y}\right)\sin\alpha\right)\sin\alpha$$

$$= \frac{\partial^2 z}{\partial x^2}\cos^2\alpha + 2\frac{\partial^2 z}{\partial x\partial y}\cos\alpha\sin\alpha + \frac{\partial^2 z}{\partial y^2}\sin^2\alpha$$

同様に，

$$\frac{\partial^2 z}{\partial v^2} = \frac{\partial^2 z}{\partial x^2}\sin^2\alpha - 2\frac{\partial^2 z}{\partial x\partial y}\cos\alpha\sin\alpha + \frac{\partial^2 z}{\partial y^2}\cos^2\alpha$$

と計算できるので，(5.7) が成り立つ．ここで，定理 5.4 より $\dfrac{\partial^2 z}{\partial x\partial y} = \dfrac{\partial^2 z}{\partial y\partial x}$ であることを用い，関数 $\dfrac{\partial z}{\partial x}$, $\dfrac{\partial z}{\partial y}$ に定理 5.6 を適用した． ▮

ここで現れた

$$\Delta z = \left(\frac{\partial^2}{\partial x^2} + \frac{\partial^2}{\partial y^2}\right)z = \frac{\partial^2 z}{\partial x^2} + \frac{\partial^2 z}{\partial y^2}$$

を**ラプラシアン**という．(5.7) により，ラプラシアンが座標軸の回転に対し，不変であることが得られた．

例題 5.5.2 (極座標)

$$z = f(x, y),\ x = r\cos\theta,\ y = r\sin\theta$$

のとき

$$\frac{\partial z}{\partial r} = \frac{\partial z}{\partial x}\frac{\partial x}{\partial r} + \frac{\partial z}{\partial y}\frac{\partial y}{\partial r} = z_x\cos\theta + z_y\sin\theta$$

$$\frac{\partial z}{\partial \theta} = \frac{\partial z}{\partial x}\frac{\partial x}{\partial \theta} + \frac{\partial z}{\partial y}\frac{\partial y}{\partial \theta} = -rz_x \sin\theta + rz_y \cos\theta$$

である. この (r,θ) を**極座標**という. 極座標については, §6.5.1 にも解説があるので参照してほしい.

問題 5.5.1　(1)　$z = f(x,y)$, $x = a\cos t$, $y = b\sin t$ のとき, z_t を求めよ.

(2)　$z = f(x,y)$, $x = e^{-t}$, $y = e^t$ のとき, z_t を求めよ.

(余裕があるときの話題)

上述の極座標変換について, 第2次偏導関数は次のように計算できる. 前節で述べたように, 関数は滑らかと仮定して, 高次偏導関数が偏微分する順序によらないことを用いる.

$$\begin{aligned}
\frac{\partial^2 z}{\partial r^2} &= \frac{\partial}{\partial r}\left(\frac{\partial z}{\partial r}\right) = \frac{\partial}{\partial r}\left(\frac{\partial z}{\partial x}\cos\theta + \frac{\partial z}{\partial y}\sin\theta\right) \\
&= \frac{\partial}{\partial r}\left(\frac{\partial z}{\partial x}\right)\cos\theta + \frac{\partial}{\partial r}\left(\frac{\partial z}{\partial y}\right)\sin\theta \\
&= \left(\frac{\partial^2 z}{\partial x^2}\cos\theta + \frac{\partial^2 z}{\partial y\partial x}\sin\theta\right)\cos\theta \\
&\quad + \left(\frac{\partial^2 z}{\partial x\partial y}\cos\theta + \frac{\partial^2 z}{\partial y^2}\sin\theta\right)\sin\theta \\
&= \frac{\partial^2 z}{\partial x^2}\cos^2\theta + 2\frac{\partial^2 z}{\partial x\partial y}\sin\theta\cos\theta + \frac{\partial^2 z}{\partial y^2}\sin^2\theta
\end{aligned}$$

$$\begin{aligned}
\frac{\partial^2 z}{\partial \theta^2} &= \frac{\partial}{\partial \theta}\left(\frac{\partial z}{\partial \theta}\right) = \frac{\partial}{\partial \theta}\left(-r\frac{\partial z}{\partial x}\sin\theta + r\frac{\partial z}{\partial y}\cos\theta\right) \\
&= -r\frac{\partial}{\partial \theta}\left(\frac{\partial z}{\partial x}\right)\sin\theta - r\frac{\partial z}{\partial x}\cos\theta \\
&\quad + r\frac{\partial}{\partial \theta}\left(\frac{\partial z}{\partial y}\right)\cos\theta - r\frac{\partial z}{\partial y}\sin\theta \\
&= -r\left(-r\frac{\partial^2 z}{\partial x^2}\sin\theta + r\frac{\partial^2 z}{\partial y\partial x}\cos\theta\right)\sin\theta - r\frac{\partial z}{\partial x}\cos\theta \\
&\quad + r\left(-r\frac{\partial^2 z}{\partial x\partial y}\sin\theta + r\frac{\partial^2 z}{\partial y^2}\cos\theta\right)\cos\theta - r\frac{\partial z}{\partial y}\sin\theta \\
&= r^2\frac{\partial^2 z}{\partial x^2}\sin^2\theta - 2r^2\frac{\partial^2 z}{\partial x\partial y}\sin\theta\cos\theta
\end{aligned}$$

$$+ r^2 \frac{\partial^2 z}{\partial y^2} \cos^2 \theta - r \left(\frac{\partial z}{\partial x} \cos \theta + \frac{\partial z}{\partial y} \sin \theta \right)$$

と求められる. これらを用いて

$$\frac{\partial^2 z}{\partial x^2} + \frac{\partial^2 z}{\partial y^2} = \frac{\partial^2 z}{\partial r^2} + \frac{1}{r} \frac{\partial z}{\partial r} + \frac{1}{r^2} \frac{\partial^2 z}{\partial \theta^2}$$

が得られた. これは, ラプラシアンの極座標による表現である.

5.6 偏微分方程式の紹介 (第 11 講)

2 変数 (以上) の関数とその偏導関数のみたす関係式を, **偏微分方程式**という. 波の伝播や熱の伝導, 電磁場の関係式など多くの自然科学の法則は, 偏微分方程式で表される. これまでの偏導関数の計算や, 合成関数の偏導関数を利用するといろいろな関数が, 工学や物理学で重要な偏微分方程式の解になっていることを確かめることができる.

ここで, いくつかを紹介する.

例題 5.6.1 関数 $u(x,y) = \dfrac{x^2}{1 + 2y}$ $\left(y \neq -\dfrac{1}{2} \right)$ は, 偏微分方程式

$$\frac{\partial u}{\partial y} + \frac{1}{2} \left(\frac{\partial u}{\partial x} \right)^2 = 0$$

をみたす.

解 偏導関数を計算すると,

$$u_x = \frac{2x}{1 + 2y}, \quad u_y = -\frac{2x^2}{(1 + 2y)^2}$$

であるから, 偏微分方程式をみたしていることがわかる.

例題 5.6.2 $b \in \mathbb{R}$ を定数とし, 関数 $g(x)$ $(x \in \mathbb{R})$ を用いて

$$u(x,t) = g(x - bt) \tag{5.8}$$

と定義すると, $u(x,t)$ は, 偏微分方程式と初期条件

$$\frac{\partial u}{\partial t} + b \frac{\partial u}{\partial x} = 0 \quad x \in \mathbb{R}, t \in (0, \infty)$$

$$u(x,0) = g(x) \quad x \in \mathbb{R}$$

をみたす.

解 $t = 0$ を代入すれば，初期条件をみたしていることがわかる．偏微分すると $u_t = -bg'(x - bt)$, $u_x = g'(x - bt)$ であるから，方程式をみたしている．

例題 5.6.3 関数 $u(x, y)$ が原点に関して対称，すなわち，1変数関数 $v(r)$ を用いて $u(x, y) = v\left(\sqrt{x^2 + y^2}\right)$ と表されるような，$r = \sqrt{x^2 + y^2}$ のみに依存する関数ならば，

$$\frac{\partial^2 u}{\partial x^2} + \frac{\partial^2 u}{\partial y^2} = \frac{d^2 v}{dr^2} + \frac{1}{r}\frac{dv}{dr}$$

となる.

実際，$r = \sqrt{x^2 + y^2}$ に対して，$\dfrac{\partial r}{\partial x} = \dfrac{x}{r}$, $\dfrac{\partial r}{\partial y} = \dfrac{y}{r}$ である．これらより，

$$\frac{\partial u}{\partial x} = v'\frac{x}{r}, \qquad \frac{\partial u}{\partial y} = v'\frac{y}{r}$$

であり，

$$\frac{\partial^2 u}{\partial x^2} = v''\frac{x^2}{r^2} + v'\frac{1}{r} - v'\frac{x^2}{r^3}$$
$$\frac{\partial^2 u}{\partial y^2} = v''\frac{y^2}{r^2} + v'\frac{1}{r} - v'\frac{y^2}{r^3}$$

であるから，

$$\frac{\partial^2 u}{\partial x^2} + \frac{\partial^2 u}{\partial y^2} = v''\frac{x^2 + y^2}{r^2} + v'\left(\frac{2}{r} - \frac{x^2 + y^2}{r^3}\right) = v'' + \frac{1}{r}v'$$

となる.

例題 5.6.4 (x, y) の関数

$$u(x, y) = -\frac{1}{2\pi}\log\sqrt{x^2 + y^2} \tag{5.9}$$

は，偏微分方程式

$$\Delta u = \frac{\partial^2 u}{\partial x^2} + \frac{\partial^2 u}{\partial y^2} = 0 \tag{5.10}$$

をみたす. この方程式は**ラプラス方程式**と呼ばれている. 原点 $(x, y) = (0, 0)$ では関数が定義されていないが, これは点電荷が原点に置かれていて, この点でクーロンポテンシャルが無限大になっていることに対応している.

解　$r = \sqrt{x^2 + y^2}$ とすると $v(r) = \log r$ について $u(x, y) = -\dfrac{1}{2\pi} v(r)$ である. $v' = \dfrac{1}{r}, v'' = -\dfrac{1}{r^2}$ であるから $v'' + \dfrac{1}{r} v' = 0$ が成り立っている. 例題 5.6.3 を適用すると $\Delta u = 0$ である.

例題 5.6.5　関数 $u(x, t)$ が, 偏微分方程式

$$\frac{\partial u}{\partial t} - \frac{\partial^2 u}{\partial x^2} = 0 \tag{5.11}$$

の解であるとする. このとき, $\lambda \in \mathbb{R}$ $(\lambda \neq 0)$ に対して

$$v(x, t) = u(\lambda x, \lambda^2 t) \tag{5.12}$$

とおくと, $v(x, t)$ も同じ方程式の解である.

解　$v(x, t)$ を偏微分すると, $v_x = \lambda u_x$, $v_{xx} = \lambda^2 u_{xx}$, $v_t = \lambda^2 u_t$ である. これより, $v_t - v_{xx} = 0$ となる.

例題 5.6.6　関数

$$\Phi(x, t) = \frac{1}{\sqrt{4\pi t}} e^{-\frac{x^2}{4t}} \quad (x \in \mathbb{R}, \, t > 0) \tag{5.13}$$

$$u(x, t) = \frac{1}{\sqrt{4\pi t}} \int_{\mathbb{R}} e^{-\frac{(x-y)^2}{4t}} g(y) \, dy \tag{5.14}$$

は, ともに偏微分方程式

$$\frac{\partial u}{\partial t} - \frac{\partial^2 u}{\partial x^2} = 0 \quad (x \in \mathbb{R}, \, t > 0) \tag{5.15}$$

の解である. この偏微分方程式は, **熱伝導方程式**または**拡散方程式**と呼ばれている. さらに $u(x, t)$ は初期条件

$$u(x, 0) = g(x) \quad (x \in \mathbb{R})$$

もみたしている.

解 $\Phi(x,t)$ を偏微分すると

$$\Phi_x = -\frac{x}{4\sqrt{\pi}\,t^{3/2}}e^{-\frac{x^2}{4t}}$$

$$\Phi_{xx} = \Phi_t = -\frac{1}{4\sqrt{\pi}\,t^{3/2}}e^{-\frac{x^2}{4t}} + \frac{x^2}{8\sqrt{\pi}\,t^{5/2}}e^{-\frac{x^2}{4t}}$$

であるから, $\Phi(x,t)$ が偏微分方程式をみたすことがわかる. $u(x,t)$ については, 積分記号の中で偏微分すればよい. また, 積分を $\dfrac{x-y}{2\sqrt{t}} = z$ と y から z へ置換積分すると

$$u(x,t) = \frac{1}{\sqrt{\pi}} \int_{\mathbb{R}} e^{-z^2} g(x - 2\sqrt{t}z)\,dz$$

であるから, $t=0$ として

$$u(x,0) = \frac{1}{\sqrt{\pi}} \int_{\mathbb{R}} g(x)e^{-z^2}\,dz = g(x)$$

が得られる. ここで広義積分の値 $\displaystyle\int_{-\infty}^{\infty} e^{-x^2}\,dx = \sqrt{\pi}$ を用いた. この広義積分の値については, (6.10) (p.153) で解説する.

　応用上は, 2 変数関数だけでなく, 3 変数の関数を取り扱うことが多い. 実際の空間は 3 次元であるので, 空間の各点で温度や速度を表すには 3 変数が必要になる. さらに, 時間的変化を考えに入れるならば, 4 変数の関数を考える必要がある. 演習問題 B 問題 3 に, そのような例を問題として挙げておいた.

問題 5.6.1 関数

$$u(x,y,t) = \frac{1}{4\pi t}e^{-\frac{x^2+y^2}{4t}}$$

は, 空間 2 次元の熱伝導方程式

$$\frac{\partial u}{\partial t} - \Delta u = \frac{\partial u}{\partial t} - \frac{\partial^2 u}{\partial x^2} - \frac{\partial^2 u}{\partial y^2} = 0$$

の解であることを示せ.

5.7 テイラーの定理 (第 12 講)

1 変数関数のテイラーの定理 2.9 (p.31) を思い起こそう. これを 2 変数関数 $z = f(x, y)$ に拡張することができる. t を変数として

$$x = a + ht, \quad y = b + kt$$

と表すと, 合成関数の偏導関数を計算して

$$\frac{dz}{dt} = h\frac{\partial z}{\partial x} + k\frac{\partial z}{\partial y}$$

である. さらに,

$$
\begin{aligned}
\frac{d^2 z}{dt^2} &= \frac{d}{dt}\left(h\frac{\partial z}{\partial x} + k\frac{\partial z}{\partial y} \right) \\
&= h\frac{d}{dt}\left(\frac{\partial z}{\partial x} \right) + k\frac{d}{dt}\left(\frac{\partial z}{\partial y} \right) \\
&= h\left(h\frac{\partial^2 z}{\partial x^2} + k\frac{\partial^2 z}{\partial y\partial x} \right) + k\left(h\frac{\partial^2 z}{\partial x\partial y} + k\frac{\partial^2 z}{\partial y^2} \right) \\
&= h^2\frac{\partial^2 z}{\partial x^2} + 2hk\frac{\partial^2 z}{\partial x\partial y} + k^2\frac{\partial^2 z}{\partial y^2}
\end{aligned}
$$

と計算できる.

2 変数関数に対するテイラーの定理は, 2 次以下の偏導関数を用いて表すと, 次のように述べることができる.

> **定理 5.7 テイラーの定理 (その 1)** 関数 $z = f(x, y)$ に対して, 次の関係式が成立する.
>
> $$f(a + h, b + k) = f(a, b) + hf_x(a, b) + kf_y(a, b)$$
> $$+ \frac{1}{2}\left\{ h^2 f_{xx}(a, b) + 2hk f_{xy}(a, b) + k^2 f_{yy}(a, b) \right\} + R_3(h, k)$$
>
> が成立する. ここで, $R_3(h, k)$ は誤差項である.

証明 $F(t) = f(a + ht, b + kt)$ とおくと, 上の計算より

$$F'(t) = hf_x(a + ht, b + kt) + kf_y(a + ht, b + kt)$$
$$F''(t) = h(hf_{xx} + kf_{xy}) + k(hf_{yx} + kf_{yy})$$
$$= h^2 f_{xx} + 2hk f_{xy} + k^2 f_{yy}$$

である. $F(t)$ について 1 変数のテイラーの定理を適用して,

$$F(t) = F(0) + tF'(0) + \frac{t^2}{2}F''(0) + R_3(t)$$

である. ここで $t = 1$ とすればよい. ▮

例題 5.7.1 関数 $f(x,y)$ が滑らか (たとえば C^3 級) であり, $|h|$, $|k|$ が十分小さければ (0 に近ければ), 誤差項 $R_3(h,k)$ も小さいことが知られている. これを利用して, 定理 5.7 の右辺で, $R_3(h,k) = 0$ として得られる h, k の 2 次多項式は, $f(a+h, b+k)$ の近似式となっている. すなわち,

$$f(a+h, b+k) \approx f(a,b) + hf_x(a,b) + kf_y(a,b)$$
$$+ \frac{1}{2}\left\{ h^2 f_{xx}(a,b) + 2hk f_{xy}(a,b) + k^2 f_{yy}(a,b) \right\}$$

である. 関数 $\log(1+x+y)$, $x^3 + y^3 - 3xy$ の $(0,0)$ の近傍での 2 次までの近似多項式をこの方法で求めると, $|x|$, $|y|$ が十分に小さいとき

$$\log(1+x+y) \approx x + y - \frac{1}{2}(x+y)^2$$

$$x^3 + y^3 - 3xy \approx -3xy$$

となる. ▮

$f(x,y)$ が変数 y について定数であれば, 1 変数関数と考えられる. このときには, 上の定理は 1 変数関数のテイラーの定理と同じ内容を述べていることに注意しよう.

(余裕があるときの話題) 定理の結果は, 行列とベクトルを用いると, 次のように表すこともできる.

$$f(a+h, b+k) \approx f(a,b) + (f_x, f_y)\begin{pmatrix} h \\ k \end{pmatrix} + \frac{1}{2}(h, k)\begin{pmatrix} f_{xx} & f_{xy} \\ f_{yx} & f_{yy} \end{pmatrix}\begin{pmatrix} h \\ k \end{pmatrix}$$

問題 5.7.1 例題 5.7.1 に倣って, $|x|$, $|y|$ が十分に小さいときに, 次の関数について 2 次までの近似多項式を求めよ.

(1) $\sin(x + y)$ (2) $\cos(x - y)$

(3) $\sqrt{1 + 2x - y}$ (4) $\dfrac{1}{1 - x + y^2}$

テイラーの定理は, もっと高階の偏導関数を用いても表される.

高階の偏導関数を表すために, 次の記号を用いる.

$$\left(h\frac{\partial}{\partial x} + k\frac{\partial}{\partial y} \right) z = h\frac{\partial z}{\partial x} + k\frac{\partial z}{\partial y}$$

$$\left(h\frac{\partial}{\partial x} + k\frac{\partial}{\partial y} \right)^2 z = h^2\frac{\partial^2 z}{\partial x^2} + 2hk\frac{\partial^2 z}{\partial x\partial y} + k^2\frac{\partial^2 z}{\partial y^2}$$

などである. 左辺を $\dfrac{\partial}{\partial x}$, $\dfrac{\partial}{\partial y}$ の多項式と考えて展開すればよい. 一般には

$$\left(h\frac{\partial}{\partial x} + k\frac{\partial}{\partial y} \right)^n z = \sum_{\ell=0}^{n} {}_nC_\ell h^{n-\ell} k^\ell \frac{\partial^n z}{\partial x^{n-\ell}\partial y^\ell}$$

である.

定理 5.8　テイラーの定理 (その 2)　関数 $z = f(x, y)$ に対して, 次の関係式が成り立つ.

$$f(a+h, b+k) = f(a, b) + \sum_{\ell=1}^{n} \frac{1}{\ell!}\left(h\frac{\partial}{\partial x} + k\frac{\partial}{\partial y} \right)^\ell f(a, b) + R_{n+1}(h, k) \quad (5.16)$$

5.8　極大値と極小値 (第13講)

2 変数関数 $z = f(x, y)$ の極大・極小について調べよう.

定義 5.5　点 A(a, b) で関数 $z = f(x, y)$ が**極大**であるとは, A の近傍の点 (x, y) に対して $f(x, y) < f(a, b)$ が成り立つことをいう. また, 点 A(a, b) で**極小**であるとは A の近傍の点 (x, y) に対して $f(x, y) > f(a, b)$ が成り立つことをいう. 極大値, 極小値をまとめて, **極値**という.

$z = f(x, y)$ のグラフで考えると，$f(x, y)$ が極大になる点でグラフは山の頂上のようになっており，極小点では池の底のようになっている (図 5.11).

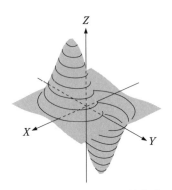

図 5.11 極大・極小・等高線

極値をとる点は，次のような性質をもっている．

定理 5.9 $f(x, y)$ が (a, b) で極値をとるならば，

$$f_x(a, b) = f_y(a, b) = 0$$

が成り立つ．

証明 極値をとる点では，一方の変数を固定して，他の変数の関数と考えたときにも極値をとることから，明らかである． ∎

1変数関数では，$f_x = 0$ となる点において第2次微分係数の符号を調べて，極大・極小を判定することができた．2変数関数についても，類似の結果が成り立つ．まず，2変数の2次関数について調べよう．

補助定理 5.1 $Q(x, y) = ax^2 + 2hxy + by^2$ とする．このとき，次の性質が成り立つ．

(1) $ab - h^2 > 0$ ならば

    (i) $a > 0$ のとき Q は $(0, 0)$ で極小になる．

    (ii) $a < 0$ のとき Q は $(0, 0)$ で極大になる．

(2) $ab - h^2 < 0$ ならば，Q は $(0, 0)$ で極値をとらない．

証明 (1) $ab - h^2 > 0$ とする。$ab > h^2 \geqq 0$ であるから、$a \neq 0$ である。

$$Q = a\left\{x^2 + \frac{2h}{a}xy + \frac{b}{a}y^2\right\} = a\left\{\left(x + \frac{h}{a}y\right)^2 + \frac{ab - h^2}{a^2}y^2\right\}$$

と表せるから、$(x, y) \neq (0, 0)$ のとき、右辺の $\{\cdots\}$ は正である。$a > 0$ のとき $Q(x, y) > 0$ となり、$Q(0, 0) = 0$ であることから、原点で極小である。また、$a < 0$ のとき $Q(x, y) < 0$ となり、原点で極大である。

(2) $ab - h^2 < 0$ とする。$a \neq 0$ ならば、

$$Q = a\left\{\left(x + \frac{h}{a}y\right)^2 - \frac{h^2 - ab}{a^2}y^2\right\}$$

$$= a\left\{\left(x + \frac{h}{a}y\right) + \sqrt{\frac{h^2 - ab}{a^2}}y\right\}\left\{\left(x + \frac{h}{a}y\right) - \sqrt{\frac{h^2 - ab}{a^2}}y\right\}$$

と因数分解できるから、原点を通る 2 本の直線によって分割される領域で Q が交互に正負の値をとることがわかる。したがって、原点では極値をとらない。$b \neq 0$ の場合も同様である。$a = b = 0$ の場合には $Q = 2hxy$ $(h \neq 0)$ であり、やはり原点の近傍で Q は正の値も負の値もとる。∎

例題 5.8.1 次の 3 つの関数について、補助定理を適用して、原点で極値をとるかどうか判定せよ。

(1) $z_1 = x^2 + y^2$ (2) $z_2 = -x^2 - y^2$ (3) $z_3 = x^2 - y^2$

証明 z_1 については $a = b = 1$, $h = 0$ で、$ab - h^2 = 1 > 0$, $a > 0$ であるから、補助定理の (1-i) の場合であり、極小になる。z_2 については $a = b = -1$, $h = 0$ で、$ab - h^2 = 1 > 0$, $a < 0$ であるから、補助定理の (1-ii) の場合であり、極大になる。z_3 については $a = 1$, $b = -1$, $h = 0$ で、$ab - h^2 = -1 < 0$ であるから、補助定理の (2) の場合であり、極値をとらない。∎

これらの結果は、次のグラフを見るとよくわかる。z_3 のグラフは原点において、馬の鞍、あるいは峠のような形をしている。このような点を、**鞍点**(あんてん)、あるいは**峠点**という。

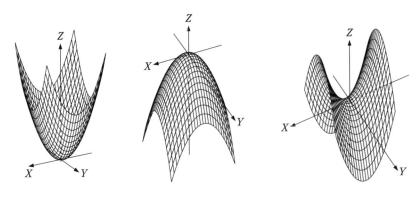

図 5.12 $z_1 = x^2 + y^2$, $z_2 = -x^2 - y^2$, $z_3 = x^2 - y^2$

$ab - h^2$ は行列 $\begin{pmatrix} a & h \\ h & b \end{pmatrix}$ の行列式 $\begin{vmatrix} a & h \\ h & b \end{vmatrix}$ になっている. $Q(x, y)$ の第 2 次偏

導関数は

$$Q_{xx} = 2a, \ Q_{xy} = Q_{yx} = 2h, \ Q_{yy} = 2b$$

であるから, $ab - h^2 = \dfrac{1}{4} \begin{vmatrix} Q_{xx} & Q_{xy} \\ Q_{yx} & Q_{yy} \end{vmatrix}$ とも表される. このことから次のように

定義する.

定義 5.6 関数 $z = f(x, y)$ に対して
$$\Delta(x, y) = f_{xx}(x, y) f_{yy}(x, y) - (f_{xy}(x, y))^2$$
と定義する.

　この $\Delta(x, y)$ を用いて, 次のように関数 $z = f(x, y)$ の極値を判定することが

できる.

定理 5.10 $f(x, y)$ は C^2 級とする. 点 (a, b) において
$$f_x(a, b) = f_y(a, b) = 0$$
が成り立つとする. このとき, 次のように判定できる.

(1) $\Delta(a, b) > 0$ ならば

(i) $f_{xx}(a,b) > 0$ のとき $f(x,y)$ は (a,b) で極小となる.

(ii) $f_{xx}(a,b) < 0$ のとき $f(x,y)$ は (a,b) で極大となる.

(2) $\Delta(a,b) < 0$ ならば $f(x,y)$ は (a,b) において極値をとらない.

証明 テイラーの定理と $f_x(a,b) = f_y(a,b) = 0$ を用いると

$$f(a+h, b+k) - f(a,b) \approx \frac{1}{2}\left(f_{xx}h^2 + 2f_{xy}hk + f_{yy}k^2\right)$$

と表される. 右辺の第 2 次導関数は, 点 (a,b) の近傍内の $(a+\theta h, b+\theta k)$, $(0 < \theta < 1)$ での値であるが, h, k を十分小さくとれば, 近似的に (a,b) での値に等しく, 定数と考えられる. このように考えると右辺は h, k の 2 次関数であり, 補助定理を適用して定理の結論が得られる.∎

この定理を適用して, 関数 $z = f(x,y)$ の極値を求めるには次のようにすればよい.

(1) $f_x(a,b) = f_y(a,b) = 0$ となる点 (a,b) をすべて求める. これらの点が極値をとる点の候補である.

(2) 上で得られた各点について $\Delta(a,b)$ を計算し, 定理に従って極値かどうかを判定する.

この方法では, $\Delta(a,b) = 0$ のときには極値かどうかは判定できない.

例題 5.8.2 $f(x,y) = x^3 + y^3 - 3xy$ の極値を求めよ.

解 $f_x = 3x^2 - 3y$, $f_y = 3y^2 - 3x$ であるから, $f_x(a,b) = f_y(a,b) = 0$ となるのは $(a,b) = (0,0)$ と $(a,b) = (1,1)$ である. 第 2 次導関数については, $f_{xx} = 6x$, $f_{xy} = f_{yx} = -3$, $f_{yy} = 6y$ であるから, $(0,0)$ においては $\Delta(0,0) = -9 < 0$ となり極値でないことがわかる. また, $(1,1)$ においては

$$\Delta(1,1) = \begin{vmatrix} 6 & -3 \\ -3 & 6 \end{vmatrix} = 27 > 0$$ であり, さらに $f_{xx}(1,1) = 6 > 0$ であるから極

小となる. 極小値は $f(1,1) = -1$ である. グラフの曲面は, 図 5.13 のようになっている.

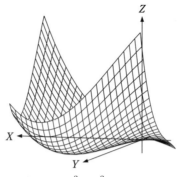

図 **5.13**　$z = x^3 + y^3 - 3xy$ のグラフ

問題 5.8.1　次の関数が極値をもつかどうか判定し，もつならばそれを求めよ．

(1) $x^2 + 2y^2 - 2x + 4y + 1$

(2) $-2x^2 - 3y^2 + 8x - 6y - 3$

(3) $x^2 - 2y^2 + 4x + 4y + 5$

(4) $-x^2 + xy - 2y^2 + 5x + y + 2$

(5) $-2x^2 + 4xy - y^2 + 4x - 6y + 4$

(6) $3x^2 - 6xy + 2y^3 - 3$

5.9　演習問題 (第 14, 15 講)

— 演習問題 **A** —

問題 1　次の関数の偏導関数を求めよ．

(1) $2x^3 + 3x^2 y + xy^3 - y^4 + 5$

(2) $\dfrac{1}{x + y^2}$

(3) $\sqrt{3x - 2y}$

(4) $\log(2x + 3y)$

(5) $\cos(1 + xy^2)$

(6) $e^{x^2 + 2y}$

問題 2　次の関数の偏導関数を求めよ．

(1) $\dfrac{x - y}{2x + 3y}$

(2) $\sqrt{x^2 - 2xy^2}$

(3) $e^{-2x} \cos 3y$

(4) $\log \dfrac{x^2 - y^2}{x^2 + y^2}$

(5) $\arcsin \dfrac{x}{y} \quad (y > 0)$

(6) $\arctan \dfrac{x + y}{1 - xy}$

問題 3 次の関数の指定された点 (x_0, y_0) での接平面を求めよ.

(1) $f(x, y) = -x^2 - 4y^2 + 4$ $\qquad (x_0, y_0) = (2, 1)$

(2) $f(x, y) = e^y \sin x$ $\qquad (x_0, y_0) = \left(\dfrac{\pi}{3}, 1\right)$

(3) $f(x, y) = e^{2x+y}$ $\qquad (x_0, y_0) = (1, 0)$

問題 4 次の関数の 2 階偏導関数をすべて求め, $f_{xy}(x, y) = f_{yx}(x, y)$ が成り立つことを確かめよ.

(1) $2x^3 + x^2 y - 2xy^2 - y^3$ $\qquad$ (2) e^{-x+2y}

(3) $\sin(2x + 3y)$ $\qquad$ (4) $\sqrt{x^2 + 2y}$

問題 5 次の関数は偏微分方程式 $\dfrac{\partial^2 f}{\partial x^2} + \dfrac{\partial^2 f}{\partial y^2} = 0$ をみたすことを示せ.

(1) $e^x (\sin y + \cos y)$ $\qquad$ (2) $\dfrac{x}{x^2 + y^2}$

問題 6 $|x|, |y|$ が十分小さいときに, 次の関数について 2 次の近似多項式を求めよ.

(1) $\dfrac{1}{\sqrt{1 + x - y}}$ $\qquad$ (2) $e^x \sin y$

問題 7 次の関数の極値を求めよ.

(1) $x^2 - xy + y^2 - 4x - y - 2$ $\qquad$ (2) $-3x^2 + 6xy + y^3 + 1$

(3) $2x^2 - x^2 y + y^2 + 3$ $\qquad$ (4) $x^4 - 4xy + 2y^2 - 1$

— 演習問題 B —

問題 1 $f(x, y) = \begin{cases} xy \dfrac{x^2 - y^2}{x^2 + y^2} & (x, y) \neq (0, 0) \\ 0 & (x, y) = (0, 0) \end{cases}$ とする. $f_{xy}(0, 0) \neq f_{yx}(0, 0)$ を次の順序で確かめよ.

(1) 微分係数の定義より

$$f_x(0, y) = \lim_{h \to 0} \frac{f(h, y) - f(0, y)}{h} = \lim_{h \to 0} y \frac{h^2 - y^2}{h^2 + y^2} = -y$$

と計算される. 同様にして $f_y(x, 0)$ を求めよ.

(2) $f_x(0, y) = -y$ と微分係数の定義より

$$f_{xy}(0,0) = \lim_{k \to 0} \frac{f_x(0,k) - f_x(0,0)}{k} = -1$$

と計算される．同様にして $f_{yx}(0,0)$ を求めよ．

問題 2 関数 $f(x,y) = \sqrt{x^2 - y^2} \arcsin \dfrac{y}{x}$ が偏微分方程式 $x\dfrac{\partial f}{\partial x} + y\dfrac{\partial f}{\partial y} = f$ を みたすことを示せ．ただし $x > 0$ とする．

問題 3 関数 $f(x,y,z) = \dfrac{1}{4\pi\sqrt{x^2 + y^2 + z^2}}$ は，3 次元のラプラス方程式 $f_{xx} + f_{yy} + f_{zz} = 0$ の解であることを示せ．

問題 4 次の関数の極値を求めよ．

(1) $3x^2y + y^3 - 3y + 2$

(2) $xy^2 - x^2y + x - y + 3$

(3) $x^3 - y^3 - 3x + 3y - 4$

(4) $xy(2 - x - y)$

問題 5 $f(x,y) = x^3 + 3x^2y + 6y^2$ は極値をもたないことを示せ．

（ヒント：$f_x(x,y) = f_y(x,y) = 0$ をみたす (x,y) が極値をとる点の候補である．$\Delta = 0$ の場合は極値の定義に戻って考えよ．）

第 6 章

多変数関数の重積分

この章では，多変数関数の積分を考える．図形の面積を基本にして 1 変数関数の定積分を考えたように，2 変数関数の重積分は立体図形の体積を基本にして考える．微分積分の基本定理にあたる定理はなく，重積分の計算は 1 変数の積分を繰り返して計算する．主に 2 変数関数の重積分を取り扱うが，もっと多変数の関数についても重積分を考える．最後に，重積分の応用としてガンマ関数，ベータ関数を紹介する．

6.1　パラメータを含む関数の積分と微分 (第 1 講)

積分変数以外に，パラメータを含む定積分が登場することがある．

$$\int_a^b f(x,y)\,dx, \qquad\qquad \int_a^b f(x,y)\,dy$$

$$\int_a^{b-y} f(x,y)\,dx, \qquad\qquad \int_a^{b-x} f(x,y)\,dy$$

$$\int_{a(y)}^{b(y)} f(x,y)\,dx, \qquad\qquad \int_{a(x)}^{b(x)} f(x,y)\,dy$$

のような形の定積分である．いずれも，指定された積分変数で積分を実行するときにパラメータを定数と考えればよい．導関数の公式から，原始関数を求める方法，部分積分や置換積分など第 3 章で学んだテクニックを思い出して利用する．

例題 6.1.1 次の定積分を計算せよ.

(1) $\displaystyle\int_{-2}^{2} x^2 y \, dx$ (2) $\displaystyle\int_{0}^{x} \sin(xy) \, dy$

(3) $\displaystyle\int_{1-x}^{2} e^{-x-y} \, dy$ (4) $\displaystyle\int_{-y}^{y^2} \frac{dx}{x^2 + y^2}$

解 (1) x で積分するのだから，y を定数と考えて

$$\int_{-2}^{2} x^2 y \, dx = \left[\frac{x^3}{3} y \right]_{x=-2}^{x=2} = \frac{16}{3} y$$

である．このように，[ ] を用いるときに，積分区間の両端を単に数値だけでなく，変数とともに書いておけば間違いが少なくなるだろう.

(2) x を定数と考えて y で積分すると

$$\int_{0}^{x} \sin(xy) \, dy = \left[-\frac{1}{x} \cos(xy) \right]_{y=0}^{y=x} = \frac{1 - \cos x^2}{x}$$

である.

(3) x を定数と考えて y で積分すると

$$\int_{1-x}^{2} e^{-x-y} \, dy = \left[-e^{-x-y} \right]_{y=1-x}^{y=2} = -e^{-x-2} + e^{-1}$$

である.

(4) y を定数と考えて x で積分する．$x = yt$ と置換すると，x の積分区間 $[-y, y^2]$ は，t の積分区間 $[-1, y]$ に変換される．また，$dx = y \, dt$ であるから

$$\int_{-y}^{y^2} \frac{dx}{x^2 + y^2} = \int_{-1}^{y} \frac{y \, dt}{y^2(t^2 + 1)} = \frac{1}{y} \left[\arctan t \right]_{t=-1}^{t=y} = \frac{1}{y} \left(\arctan y + \frac{\pi}{4} \right)$$

である.

問題 6.1.1 次の定積分を計算せよ.

(1) $\displaystyle\int_{0}^{1} \frac{dx}{\sqrt{x+y}}$ (2) $\displaystyle\int_{0}^{\pi} \cos(x - y) \, dy$

(3) $\displaystyle\int_{0}^{\frac{\pi}{2}} x \sin(x - y) \, dx$ (4) $\displaystyle\int_{-1}^{2} (x^2 + y^2 + z^2) \, dz$

問題 6.1.2　次の定積分を計算せよ.

(1) $\displaystyle\int_0^{1-x^2} (x^2 + 2y)\, dy$

(2) $\displaystyle\int_1^{y^2} \frac{y}{x^2}\, dx$

(3) $\displaystyle\int_x^{1-x} (x + y)^2\, dy$

(4) $\displaystyle\int_{\sqrt{1-y^2}}^1 \frac{x}{x^2 + y^2}\, dx$

(余裕があるときの話題) パラメータを含む定積分で表された関数の導関数を考えよう.

微分積分学の基本定理 3.4 (p. 48) から, $f(x)$ が連続関数ならば, 定積分で定義される関数

$$g(x) = \int_a^x f(t)\, dt$$

について,

$$\frac{dg}{dx} = f(x)$$

が成り立つ. 2 変数の連続関数 $f(x, y)$ を用いて

$$g(x) = \int_a^x f(x, t)\, dt$$

と表される x の関数の導関数は,

$$\frac{dg}{dx} = \int_a^x \frac{\partial f}{\partial x}(x, t)\, dt + f(x, x)$$

である. なぜなら, 平均変化率は

$$\frac{g(x+h) - g(x)}{h} = \int_a^x \frac{f(x+h, t) - f(x, t)}{h}\, dt + \frac{1}{h}\int_x^{x+h} f(x+h, t)\, dt$$

となり, 第 1 項は $h \to 0$ のとき

$$\lim_{h \to 0} \int_a^x \frac{f(x+h, t) - f(x, t)}{h}\, dt = \int_a^x \frac{\partial f}{\partial x}(x, t)\, dt$$

となる. また, 第 2 項は, 積分の平均値の定理 3.2 (p. 45) より, ある t_1 $(x < t_1 < x+h)$ に対して

$$\frac{1}{h}\int_x^{x+h} f(x+h, t)\, dt = f(x+h, t_1)$$

となることに注意すると,

$$\lim_{h \to 0} \frac{1}{h}\int_x^{x+h} f(x+h, t)\, dt = f(x, x)$$

と計算できるからである.

ここでは $h > 0$ として述べたが, $h < 0$ のときも同様である. また, 積分の外側にあった $h \to 0$ とする極限を, 積分の中で行っている. 一般に 2 つのパラメータについて, 極限を考える順序を交換するとき, 結果が一致するとは限らない. 積分も極限の考え方を用いて定義されているから, 厳密にいうと, 上の証明はもっと慎重に議論しなければならない.

問題 6.1.3 $f(x)$ を連続関数とし, $y(x) = \displaystyle\int_0^x (x - t) f(t)\, dt$ とおく. このとき $y'(x)$, $y''(x)$ を求めよ.

問題 6.1.4 $f(x)$ を連続関数とするとき

$$y(x) = y_0 e^{-px} + \int_0^x e^{-p(x-t)} f(t) dt$$

は初期値問題 $\begin{cases} y' + py = f \\ y(0) = y_0 \end{cases}$ をみたすことを示せ.

6.2 区間上の重積分と繰り返し積分 (第 2 講)

1 変数関数の定積分 $\displaystyle\int_a^b f(x)\, dx$ は, 区間 $[a, b]$ 上で関数 $y = f(x)$ のグラフと X 軸の囲む図形の面積を考えて定義された. 前章で考えたように, 2 変数関数 $z = f(x, y)$ のグラフは一般に, 曲面になっている.

X-Y 平面上に, 横と縦がそれぞれ, X 軸の区間 $[a, b]$ と Y 軸の区間 $[c, d]$ であるような長方形を考える. この長方形を $[a, b] \times [c, d]$ と書き, 2 次元の**区間**と呼ぶ. この区間を底面として, $z = f(x, y)$ のグラフの曲面とで囲まれる立体の体積の値を, 関数 $z = f(x, y)$ の区間 $[a, b] \times [c, d]$ 上での**重積分**の値といい,

$$\iint_{[a,b] \times [c,d]} f(x, y)\, dxdy$$

と表す. 詳しくは §8.3 を参照してほしい.

重積分を立体の体積を手がかりに説明したが, 定積分でも考えたように, 関数 $f(x, y)$ の符号に制限はつけない. また, 重積分の意味も「体積」というだけでなく, X 軸, Y 軸, Z 軸の表す単位系によって, 応用上ではいろいろな意味をもつ.

重積分の値を実際に計算するにはどのようにすればよいだろうか? 結論を述べると, 次の定理が成り立つ.

定理 6.1   重積分 $\displaystyle\iint_{[a,b]\times[c,d]} f(x,y)\,dxdy$ の値は，次のように 1 変数の定積分を繰り返す，**繰り返し積分**で求められる．

$$\iint_{[a,b]\times[c,d]} f(x,y)\,dxdy = \int_c^d \left(\int_a^b f(x,y)\,dx \right) dy \tag{6.1}$$

$$= \int_a^b \left(\int_c^d f(x,y)\,dy \right) dx \tag{6.2}$$

立体の体積が次のように近似できることに注意しよう．すなわち，立体が図 6.1 のように薄い板のような立体の和で近似でき，それぞれの薄い立体は側面積が $\displaystyle\int_a^b f(x,y_j)\,dx$，厚さが $(y_j - y_{j-1})$ の立体で近似できると考えられる．

この考え方を式で書くと，近似する薄い立体の体積の和は，もとの立体が m 枚の薄い立体に分割されているとして，

$$\sum_{j=1}^m \left(\int_a^b f(x,y_j)\,dx \right) (y_j - y_{j-1})$$

である．この式の $m \to \infty$ とした極限が，繰り返し積分

$$\int_c^d \left(\int_a^b f(x,y)\,dx \right) dy$$

であり，厚さが無限小に薄い立体の和を計算したものと考えられる．

このように繰り返し積分でも立体の体積が得られるので，重積分の値について，定理の式 (6.1) が成立する．

注意 6.1   記号について注意を述べる．説明を明確にするため，定義に従った重積分の値を $\displaystyle\iint_{[a,b]\times[c,d]} f(x,y)\,dxdy$，繰り返し積分を $\displaystyle\int_c^d \left(\int_a^b f(x,y)\,dx \right) dy$ と表してきた．後者の書き方には，まず y は定数であると考えて x で積分し，次に y で積分を計算するという順序が表されている．今後，繰り返し積分のカッ

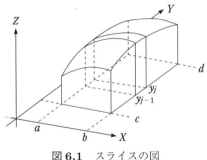

図 6.1　スライスの図

コを省略して $\displaystyle\int_c^d\int_a^b f(x,y)\,dx\,dy$ と書くことが多い. このときも内側の変数か

ら積分するという順序があることを忘れてはいけない. $\displaystyle\int_a^b\left(\int_c^d f(x,y)\,dy\right)dx$

は, 上とは逆の順序で計算することを表すのである. ただし, どちらで計算して

も結果が同じであることを定理が主張している.

　また, 繰り返し積分を

$$\int_c^d dy\int_a^b f(x,y)\,dx = \int_c^d\left(\int_a^b f(x,y)\,dx\right)dy$$

のように書き表す流儀もあるので, 注意する必要がある.

　どちらの順序で計算しても結果が同じというのは, 理論上の話であって, 実際

の計算では原始関数を求める方法などの技術的な観点からどちらかの順序の方が

便利になることがある. ときには, 特別の順序でないと計算できないこともある

ので, 与えられた繰り返し積分がそのままの順序でうまく計算できないときには,

別の順序で試してみることが必要である.

例題 6.2.1　2 次元区間 $D = [-2, 2] \times [0, 2]$ において, 重積分 $\displaystyle\iint_D x^2 y\,dxdy$ の

値を求めよ.

解 重積分を繰り返し積分に書き換えて計算する.

$$\iint_D x^2 y \, dxdy = \int_0^2 \int_{-2}^2 x^2 y \, dx \, dy$$

$$= \int_0^2 \left[\frac{x^3 y}{3} \right]_{x=-2}^{x=2} dy$$

$$= \int_0^2 \frac{16}{3} y \, dy = \left[\frac{8}{3} y^2 \right]_0^2 = \frac{32}{3}$$

と求められる. 繰り返し積分の積分の順序は逆でもよい. そのときは

$$\iint_D x^2 y \, dxdy = \int_{-2}^2 \int_0^2 x^2 y \, dy \, dx$$

$$= \int_{-2}^2 \left[\frac{x^2 y^2}{2} \right]_{y=0}^{y=2} dx$$

$$= \int_{-2}^2 2x^2 \, dx = \left[\frac{2}{3} x^3 \right]_{-2}^2 = \frac{32}{3}$$

のように計算できる. ここではほとんど問題にならないが, 計算の手間が, 後者の方がわずかに少ないようである.

問題 6.2.1 次の重積分の値を計算せよ.

(1) $\displaystyle\iint_D xy^2 \, dxdy \qquad D = [0,1] \times [2,3]$

(2) $\displaystyle\iint_D \sqrt{x} y \, dxdy \qquad D = [1,2] \times [0,2]$

(3) $\displaystyle\iint_D (x+y)^2 \, dxdy \qquad D = [0,1] \times [0,2]$

(4) $\displaystyle\iint_D \sin(x+y) \, dxdy \qquad D = [0,\pi] \times \left[0, \frac{\pi}{2}\right]$

(5) $\displaystyle\iint_D e^{x+2y} \, dxdy \qquad D = [0,2] \times [0,1]$

(6) $\displaystyle\iint_D x^2 \cos y \, dxdy \qquad D = [-1,1] \times \left[0, \frac{\pi}{2}\right]$

問題 6.2.2 $D = [a,b] \times [c,d]$ とするとき，次の等式が成立することを示せ.

$$\iint_D f(x)g(y)\,dxdy = \left(\int_a^b f(x)\,dx\right)\left(\int_c^d g(y)\,dy\right)$$

6.3 一般領域上の重積分 (第 3, 4, 5 講)

6.3.1 一般領域上の重積分と領域の図示 (第 3 講)

前節では関数 $z = f(x,y)$ のグラフの曲面で囲まれる立体のうちで，底面が長方形の場合を考えてきたが，本節では底面が一般の平面図形である場合を考える．以下では，滑らかな曲線によって囲まれた平面内の図形を考える．さらに境界となる曲線にはいくつかの「角 (かど)」があってもよいことにする．このような図形を，区分的に滑らかな曲線に囲まれた**領域**という．さらに，領域がある有限な半径の円に含まれるとき**有界領域**，境界を含んでいるとき**閉領域**という．有界領域とは，領域が無限遠方には延びていないことを表している．

前節で考えた 2 次元の区間も領域の 1 つと考えることができる.

定義 6.1 有界領域 D 上の関数 $z = f(x,y)$ を考える．D を底面とし，曲面 $z = f(x,y)$ を上面とする立体の体積を，領域 D 上での関数 $f(x,y)$ の**重積分の値**といい，

$$\iint_D f(x,y)\,dxdy$$

と表す.

---

1 変数関数の定積分と同様に，重積分の基本的な性質を述べておく．証明は重積分の定義から明らかであろう．

定理 6.2 重積分の基本的性質 次の関係式が成立する.

(1) $\displaystyle\iint_D kf(x,y)\,dxdy = k\iint_D f(x,y)\,dxdy$ （k は定数）

(2) $\displaystyle\iint_D (f(x,y)+g(x,y))\,dxdy = \iint_D f(x,y)\,dxdy + \iint_D g(x,y)\,dxdy$

(3) 領域 D 上で $f(x,y) \leqq g(x,y)$ であるならば，

$$\iint_D f(x, y)\, dxdy \leqq \iint_D g(x, y)\, dxdy$$

(4) 次の不等式が成り立つ.

$$\left|\iint_D f(x, y)\, dxdy\right| \leqq \iint_D |f(x, y)|\, dxdy$$

(5) 領域 D が，2 つの部分領域 D_1, D_2 に分割されているならば，次が成り立つ.

$$\iint_D f(x, y)\, dxdy = \iint_{D_1} f(x, y)\, dxdy + \iint_{D_2} f(x, y)\, dxdy$$

　平面内の領域は，いくつかの不等式の組で表すことができる．不等式で表された領域を図示したり，図示された領域を不等式で表したりすることは，重積分の値を計算するときに重要な役割を果たす.

例題 6.3.1 次の不等式で表された領域を図示せよ.

(1) $D = \{(x, y) \mid x \geqq 0,\ y \geqq 0,\ x + y \leqq 1\}$

(2) $D = \left\{(x, y) \mid 0 \leqq x \leqq \dfrac{\pi}{4},\ 0 \leqq y \leqq \tan x\right\}$

(3) $D = \{(x, y) \mid \sqrt{y} \leqq x \leqq 1,\ 0 \leqq y \leqq 1\}$

(4) $D = \{(x, y) \mid y \geqq x^2,\ y \leqq x + 2\}$

解　いずれも不等号を等号で置き換えた方程式で定まる曲線が，領域の境界になる．このことと，不等号の向きに注意して，(x, y) の範囲を図示する.

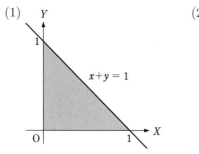

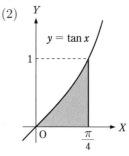

(3)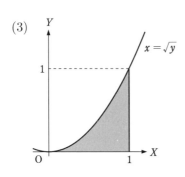

(4)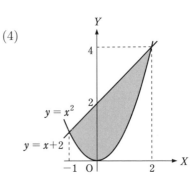

例題 6.3.2　次の図で表された領域 D を，不等式の組で表せ.

(1)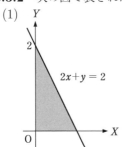

(2)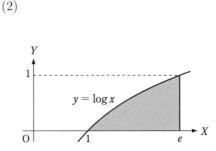

解　(1) 第1象限は $x \geqq 0$, $y \geqq 0$ で表される. 直線 $2x + y = 2$ の下側は $y \leqq -2x + 2$ または $2x + y \leqq 2$ と表されるので，領域は

$$D = \{(x, y) \mid x \geqq 0,\ y \geqq 0,\ 2x + y \leqq 2\}$$

と表される.　x の範囲が $0 \leqq x \leqq 1$ であることに注目し，x を固定するごとの y の範囲を用いて領域を表すと

$$D = \{(x, y) \mid 0 \leqq y \leqq -2x + 2,\ 0 \leqq x \leqq 1\}$$

と表すこともできる. また，y の範囲が $0 \leqq y \leqq 2$ であることに注目して

$$D = \left\{(x, y) \mid 0 \leqq x \leqq \frac{2 - y}{2},\ 0 \leqq y \leqq 2\right\}$$

と表すこともできる.

(2) x の範囲は $1 \leqq x \leqq e$ である. 境界となる曲線は X 軸と $y = \log x$ であるから

$$D = \{(x, y) \mid 0 \leqq y \leqq \log x, \ 1 \leqq x \leqq e\}$$

と表される. また, y の範囲が $0 \leqq y \leqq 1$ であることに注目すると, 境界となる曲線は $x = e^y$ と表されるので

$$D = \{(x, y) \mid e^y \leqq x \leqq e, \ 0 \leqq y \leqq 1\}$$

とも表される.

　この例題で考えたように, 領域を x または y の範囲が定数の範囲となるように表すことは, 今後の繰り返し積分の計算で重要である.

問題 6.3.1　次の不等式で表された領域 D を図示せよ.

(1) $D = \{(x, y) \mid 0 \leqq x \leqq 1, \ 0 \leqq y \leqq x\}$

(2) $D = \{(x, y) \mid -\sqrt{1 - y^2} \leqq x \leqq \sqrt{1 - y^2}, \ 0 \leqq y \leqq 1\}$

(3) $D = \{(x, y) \mid 1 \leqq x + y \leqq 2, \ x \geqq 0, \ y \geqq 0\}$

(4) $D = \left\{(x, y) \mid x + y \geqq 1, \ y \leqq \cos\left(\dfrac{\pi x}{2}\right), \ 0 \leqq x \leqq 1\right\}$

問題 6.3.2　次の図で示された領域を, 不等式を用いて表せ. 少なくとも 2 種類の表し方を求めよ.

(1)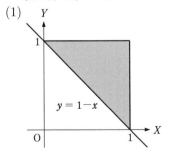

(2)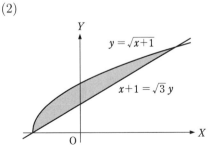

6.3.2 繰り返し積分による重積分の計算 (第 4 講)

長方形領域において，重積分の値を実際に計算するには，繰り返し積分による計算が大変役立った．次に，一般の領域での重積分の値を繰り返し積分により求めることを考えよう．

領域 D が図 6.2 のような図形の場合から考える．

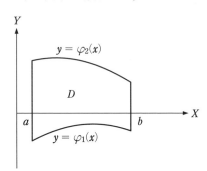

図 6.2 縦型の領域の図

2 つの関数 $y = \varphi_1(x)$ と $y = \varphi_2(x)$ が $\varphi_1(x) \leqq \varphi_2(x)$ をみたしていて，x の区間 $[a, b]$ の範囲内で 2 つの関数のグラフに挟まれている．すなわち，

$$D = \{(x, y) \mid \varphi_1(x) \leqq y \leqq \varphi_2(x), \ a \leqq x \leqq b\}$$

である．このような領域を**縦型の領域**という．

この場合にも，立体の体積 (重積分) は，薄い立体に分割して，それらの体積を足しあわせてもとの体積を近似するという考え方に従って求められる．まず，体積を求める立体について，$x = x_0$ を 1 つ固定し，Y 軸に平行な方向の断面を考えると，その断面積は，y の範囲が $\varphi_1(x_0)$ から $\varphi_2(x_0)$ までなので

$$\int_{\varphi_1(x_0)}^{\varphi_2(x_0)} f(x_0, y) \, dy$$

と求められる．これを X 軸方向に定積分 (足しあわせることに相当する) すれば，考えている立体の体積が求められる．すなわち，

$$\iint_D f(x, y) \, dxdy = \int_a^b \left(\int_{\varphi_1(x)}^{\varphi_2(x)} f(x, y) \, dy \right) dx$$

と表されることがわかった．注意すべきことは，最初の積分においては，積分区間がもう 1 つの変数 x に依存していることである．

例題 6.3.3 領域 D が

$$D = \{(x, y) \mid 0 \leqq y \leqq x,\ 0 \leqq x \leqq 1\}$$

と表されているとき，重積分

$$\iint_D xy\,dxdy$$

の値を求めよ．

解 D は図 6.3 のような 3 角形の領域であるから，変数 y での積分をまず実行することにして，次のように計算できる．

$$\iint_D xy\,dxdy = \int_0^1 \left(\int_0^x xy\,dy \right) dx$$
$$= \int_0^1 \left[\frac{xy^2}{2} \right]_{y=0}^{y=x} dx$$
$$= \int_0^1 \frac{x^3}{2}\,dx = \left[\frac{x^4}{8} \right]_0^1 = \frac{1}{8}$$

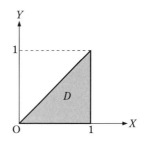

図 6.3 3 角形の領域の図

領域 D が**横型の領域**であるとは，$x = \psi_1(y)$, $x = \psi_2(y)$, $\psi_1(y) \leqq \psi_2(y)$ により，

$$D = \{(x, y) \mid \psi_1(y) \leqq x \leqq \psi_2(y),\ c \leqq y \leqq d\}$$

と表されるときをいう．図 6.2 のような図を描いて，このような領域が「横型」と呼ばれる理由を納得してほしい．このときにも同様に，D 上での重積分を繰り返し積分で表すことができる．一般の領域のときには，領域をいくつかの縦型や横型の部分領域に分割して考えればよい．ここまでの考察をまとめたものが次の定理である．

定理 6.3

(1) 領域 D が縦型の領域，すなわち，

$$D = \{(x, y) \mid \varphi_1(x) \leqq y \leqq \varphi_2(x),\ a \leqq x \leqq b\}$$

と表されているとき，D 上での重積分は次の繰り返し積分で求められる.

$$\iint_D f(x, y)\, dxdy = \int_a^b \left(\int_{\varphi_1(x)}^{\varphi_2(x)} f(x, y)\, dy \right) dx$$

ただし，$\varphi_1(x) \leqq \varphi_2(x)$ とする.

(2) 領域 D が横型の領域，すなわち，

$$D = \{(x, y) \mid \psi_1(y) \leqq x \leqq \psi_2(y),\ c \leqq y \leqq d\}$$

と表されているとき，D 上での重積分は次の繰り返し積分で求められる.

$$\iint_D f(x, y)\, dxdy = \int_c^d \left(\int_{\psi_1(y)}^{\psi_2(y)} f(x, y)\, dx \right) dy$$

ただし，$\psi_1(y) \leqq \psi_2(y)$ とする.

　具体的な重積分においては，領域が縦型でもあり，横型でもある場合がある.このようなとき，どの順序で繰り返し積分を行うかは，問題によって異なる.重積分によっては，繰り返し積分の順序を取り替えて計算した方がうまくいく，あるいは取り替えないと実際の計算がうまくいかないことすらある.積分順序を交換するときには，積分区間がどのように変わるかが大切である.積分領域の図を描いて，慎重に考えなければならない.次の例題をよく理解して，演習問題をたくさん解いてみて練習しよう.

例題 6.3.4　上で取り上げた例題 6.3.3 において，この領域を横型の領域と考えると，次の繰り返し積分で求めることもできる.

$$\iint_D xy\, dxdy = \int_0^1 \left(\int_y^1 xy\, dx \right) dy$$

この例題では，どちらの順序で繰り返し積分を行っても計算できるし，計算の手間も変わらない.

問題 6.3.3 次の繰り返し積分を計算せよ.

(1) $\displaystyle\int_0^1 \left(\int_0^x (x^2 + 2xy - y^2)\,dy \right) dx$ (2) $\displaystyle\int_{-1}^1 \left(\int_0^{\sqrt{1-y^2}} x\,dx \right) dy$

(3) $\displaystyle\int_0^{\frac{\pi}{2}} \left(\int_y^{y+\frac{\pi}{2}} \cos(2x - y)\,dx \right) dy$ (4) $\displaystyle\int_0^1 \left(\int_0^{\sqrt{y}} xe^{y^2}\,dx \right) dy$

問題 6.3.4 次の重積分の値を求めよ. また, 積分領域を図示せよ.

(1) $\displaystyle\iint_D (1 - x - y)\,dxdy \qquad D = \{(x,y) \mid x \geqq 0,\ y \geqq 0,\ x + y \leqq 1\}$

(2) $\displaystyle\iint_D \sin(x + y)\,dxdy \qquad D = \left\{(x,y) \mid 2x + y \leqq \frac{\pi}{2},\ x \geqq 0,\ y \geqq 0\right\}$

(3) $\displaystyle\iint_D \frac{dxdy}{1 + x + y} \qquad D = \{(x,y) \mid 0 \leqq x \leqq 1,\ -x \leqq y \leqq 0\}$

(4) $\displaystyle\iint_D xy\,dxdy \qquad D = \{(x,y) \mid 0 \leqq x \leqq 1,\ 2x \leqq y \leqq 3x\}$

6.3.3 繰り返し積分の順序交換 (第 5 講)

実際の繰り返し積分の計算では, 計算がうまくいくように, 必要なら積分の順序を交換して計算しなければならない.

また, 繰り返し積分で表現されている重積分の積分順序を交換するときには, 積分領域を図示するなどして確認するのがよい.

関数 $f(x,y)$ に関する繰り返し積分の順序を交換する例を挙げよう.

例題 6.3.5 領域 D が

$$D = \{(x,y) \mid 0 \leqq x \leqq y,\ 0 \leqq y \leqq 1\}$$

と表されているとき, 重積分

$$\iint_D e^{-y^2}\,dxdy$$

を計算せよ.

解 D を図示すると次のようになり, これを横型の領域と考えて, 変数 x について最初に積分するように繰り返し積分で表して,

$$\iint_D e^{-y^2}\,dxdy = \int_0^1 \left(\int_0^y e^{-y^2}\,dx \right) dy$$

$$= \int_0^1 \left[xe^{-y^2} \right]_{x=0}^{x=y} dy$$

$$= \int_0^1 ye^{-y^2}\,dy$$

$$= \left[-\frac{1}{2}e^{-y^2} \right]_0^1 = \frac{1}{2}\left(1 - \frac{1}{e} \right)$$

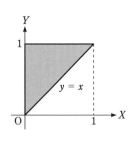

と計算できる.

この領域 D を縦型の領域と考えると,

$$\iint_D e^{-y^2}\,dxdy = \int_0^1 \left(\int_x^1 e^{-y^2}\,dy \right) dx$$

と表されるが, このように考えると e^{-y^2} の原始関数が, 知っている関数では表せないので, 計算できない.

例題 6.3.6 次のように, 繰り返し積分の順序が交換できる.

$$\int_0^{\pi/4} \int_0^{\tan x} f(x,y)\,dy\,dx = \int_0^1 \int_{\arctan y}^{\pi/4} f(x,y)\,dx\,dy$$

解 積分領域 D を図示すれば次のようになり, 不等式で表すと

$$D = \left\{ (x,y) \mid 0 \leqq x \leqq \frac{\pi}{4},\ 0 \leqq y \leqq \tan x \right\}$$

$$= \left\{ (x,y) \mid \arctan y \leqq x \leqq \frac{\pi}{4},\ 0 \leqq y \leqq 1 \right\}$$

であることがわかる. これより, 2 つの繰り返し積分が等しいことが得られる.

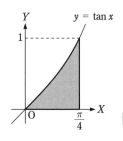

問題 6.3.5 次の重積分の値を求めよ.

(1) $\displaystyle\iint_D \frac{y^2}{x}\,dxdy$ $D = \left\{(x,y) \mid 0 \leqq y \leqq x^2,\ 1 \leqq x \leqq 2\right\}$

(2) $\displaystyle\iint_D x\,dxdy$ $D = \left\{(x,y) \mid y \geqq x^2,\ y \leqq x + 2\right\}$

(3) $\displaystyle\iint_D xy^2\,dxdy$ $D = \left\{(x,y) \mid x^2 + y^2 \leqq 1,\ x \geqq 0\right\}$

(4) $\displaystyle\iint_D xe^{xy}\,dxdy$ $D = \left\{(x,y) \mid \frac{1}{x} \leqq y \leqq 2,\ 1 \leqq x \leqq 2\right\}$

問題 6.3.6 次の繰り返し積分の積分順序を交換して, その値を求めよ.

(1) $\displaystyle\int_0^1 \left(\int_0^{\sqrt{1-x^2}} \frac{x}{\sqrt{x^2+y^2}}\,dy\right) dx$ (2) $\displaystyle\int_0^1 \left(\int_{\sqrt{y}}^1 e^{x^3}\,dx\right) dy$

(3) $\displaystyle\int_1^e \left(\int_0^{\log x} \frac{1-y}{x}\,dy\right) dx$ (4) $\displaystyle\int_0^{\frac{\sqrt{\pi}}{2}} \left(\int_x^{\frac{\sqrt{\pi}}{2}} \sin(y^2)\,dy\right) dx$

6.4 無限領域での重積分 (第6講)

　無限領域や領域の境界で被積分関数の値が無限大になる場合にも, 重積分を拡張して考えることができる. これを広義重積分という. ただし, 広義重積分の値は発散することもあるので, 慎重な考察が必要である. 理論的な考察は1変数関数の場合の広義積分に準ずるが, 本書では省略して, 形式的に計算できるものだけをあつかう.

例題 6.4.1

$$D = \{(x,y) \mid 0 \leqq x \leqq 1,\ 0 \leqq y\}$$

において, 重積分

$$\iint_D x^2 e^{-y}\,dxdy$$

の値を求めよ.

解　領域は次の図のようになる. 繰り返し積分に書き直して

$$\iint_D x^2 e^{-y}\,dxdy = \int_0^\infty \int_0^1 x^2 e^{-y}\,dx\,dy$$

$$= \int_0^\infty \left[\frac{x^3}{3}e^{-y}\right]_{x=0}^{x=1} dy$$

$$= \int_0^\infty \frac{e^{-y}}{3}\,dy$$

$$= \left[-\frac{e^{-y}}{3}\right]_0^\infty = \frac{1}{3}$$

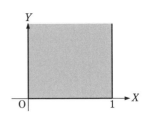

と求められる．また，この重積分は

$$\int_0^1 \int_0^\infty x^2 e^{-y}\,dy\,dx$$

の順序で繰り返し積分にしても計算できる．

例題 6.4.2

$$D = \{(x,y) \mid 0 \leqq x,\ x \leqq y\}$$

のとき，重積分

$$\iint_D e^{-x-y}\sin x\,dxdy$$

の値を求めよ．

解　積分領域を図示すると，次の図のようになる．繰り返し積分になおして

$$\iint_D e^{-x-y}\sin x\,dxdy = \int_0^\infty \int_x^\infty e^{-x-y}\sin x\,dy\,dx$$

$$= \int_0^\infty \left[-e^{-x-y}\sin x\right]_{y=x}^{y\to\infty} dx$$

$$= \int_0^\infty e^{-2x}\sin x\,dx$$

である．さらにこの積分を求めるために $I = \displaystyle\int_0^\infty e^{-2x}\sin x\,dx$ とおいて，部分

積分を用いて計算すると,

$$I = \left[-\frac{1}{2}e^{-2x}\sin x \right]_0^\infty + \frac{1}{2}\int_0^\infty e^{-2x}\cos x\, dx$$

$$= \frac{1}{2}\left\{ \left[-\frac{1}{2}e^{-2x}\cos x \right]_0^\infty - \frac{1}{2}\int_0^\infty e^{-2x}\sin x\, dx \right\}$$

$$= \frac{1}{4} - \frac{1}{4}I$$

であるから, $I = \dfrac{1}{5}$ と求められ,

$$\iint_D e^{-x-y}\sin x\, dxdy = \frac{1}{5}$$

である.

例題 6.4.3

$$D = \{(x,y) \mid 0 \leqq x,\ x \leqq y\}$$

のとき, 重積分

$$\iint_D e^{-y^2}\, dxdy$$

の値を求めよ.

解　　与えられた領域 D は例題 6.4.2 と同じである. このままの表現を用いると, 繰り返し積分で

$$\iint_D e^{-y^2}\, dxdy = \int_0^\infty \int_x^\infty e^{-y^2}\, dy\, dx$$

であるが, これでは原始関数が求まらない. そこで

$$D = \{(x,y) \mid 0 \leqq x \leqq y,\ 0 \leqq y\}$$

と表現し直して

$$\int_0^\infty \int_0^y e^{-y^2}\, dx\, dy = \int_0^\infty \left[xe^{-y^2} \right]_{x=0}^{x=y}\, dy$$

$$= \int_0^\infty y e^{-y^2}\, dx = \left[-\frac{1}{2}e^{-y^2} \right]_0^\infty = \frac{1}{2}$$

と求められる.

問題 6.4.1　次の重積分の値を求めよ.

(1) $\displaystyle\iint_D e^{-x-y}\,dxdy$　　　$D = \{(x,y) \mid 0 \leqq x \leqq 1,\ 0 \leqq y\}$

(2) $\displaystyle\iint_D e^{-x}\cos y\,dxdy$　　　$D = \left\{(x,y) \mid 0 \leqq x,\ 0 \leqq y \leqq \dfrac{\pi}{2}\right\}$

問題 6.4.2　次の重積分の値を求めよ.

(1) $\displaystyle\iint_D e^{-x-y}\cos x\,dxdy$　　　$D = \{(x,y) \mid 0 \leqq x,\ x \leqq y\}$

(2) $\displaystyle\iint_D x^{-2}y^{\frac{1}{4}}\,dxdy$　　　$D = \{(x,y) \mid \sqrt{y} \leqq x,\ 0 \leqq y \leqq 1\}$

問題 6.4.3　繰り返し積分の順序を工夫して, 次の重積分の値を求めよ.

$$\iint_D e^{-x^3}\,dxdy \qquad D = \{(x,y) \mid \sqrt{y} \leqq x,\ 0 \leqq y\}$$

6.5　極座標による重積分 (第 7, 8 講)

6.5.1　極座標と領域 (第 7 講)

平面上の点 P を表すには, 通常 X-Y 座標 (x,y) が用いられる.

これに対し, **極座標** (r,θ) は, 平面上の点 P を, 原点からの距離 r $(r > 0)$ と, 原点から出る基準となる半直線 (始線) からの角度 θ を用いて表す座標系である. 極座標と直交座標は, 始線を X 軸の正方向にとり, 点 P が X-Y 座標で (x,y) と表されているとき, 2 つの座標系の間には

$$x = r\cos\theta, \quad y = r\sin\theta$$

という関係がある. 点 $\mathrm{P}(x,y)$ を複素数 $z = x + iy$ に対応させ, z を極形式で表したとき, 絶対値 $|z|$ が r, 偏角 $\arg z$ が θ に対応している. 図 7.1 (p.173) を参照してほしい.

これより

$$r^2 = x^2 + y^2$$

が成り立つ. これは 3 平方の定理を表している.

角度 θ は $[0, 2\pi]$ に限定することなく，一般角で考える．したがって，

$$\frac{y}{x} = \tan\theta, \quad \theta = \arctan\frac{y}{x} + 2n\pi \quad (n = 0, \pm1, \pm2, \cdots)$$

が成り立つ．

極座標を用いていろいろな曲線を表すことができる．

例題 6.5.1　極座標により次のように表された曲線を図示せよ．また，できれば X-Y 座標による曲線の表示式を求めよ．

(1) $r = 1$　　(2) $\theta = \dfrac{\pi}{4}$　　(3) $r = 2a\cos\theta \quad (a > 0)$　　(4) $r = \theta$

解　X-Y 座標と極座標の関係式を利用して r, θ を消去すれば x, y の関係式が得られる．

(1) 曲線は原点中心，半径 1 の円周である．$r^2 = x^2 + y^2$ より X-Y 座標系の関係式 $x^2 + y^2 = 1$ が得られる．

(2) $\tan\theta = 1$ より $\dfrac{y}{x} = 1$ が得られるので，曲線は $y = x$ で表される直線の第 1 象限の部分である．数学では，直線も曲線の 1 つと考える．

(3) $r^2 = 2ar\cos\theta$ より $x^2 + y^2 = 2ax$ である．式を整理すると

$$(x - a)^2 + y^2 = a^2$$

であるから，曲線は X-Y 座標の点 $(a, 0)$ を中心とする半径 a の円周である．

(4) いくつかの θ の値について，平面上に点を図示して結ぶと，図のようならせんであることがわかる．θ が一般角なので何周も回る曲線が描かれる．この曲線を X-Y 座標の式で表すことは難しい．むしろ，X-Y 座標では直接表示できない曲線が簡単に表せる場合には，極座標の方が便利であることがわかる．

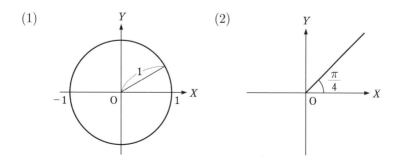

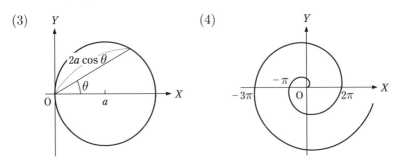

問題 6.5.1 極座標により次のように表された曲線を図示せよ．また，できれば X-Y 座標による曲線の表示式を求めよ．

(1) $r = \sqrt{2}$ (2) $\theta = -\dfrac{\pi}{3}$ (3) $r = 3\sin\theta$ (4) $r = 2\cos\left(\theta + \dfrac{\pi}{4}\right)$

X-Y 座標において不等式により領域が表されたように，極座標の不等式を用いて平面上の領域を表すことができる．1 つの領域を極座標で表すときには，角度の表し方に任意性があるので，いろいろな表現方法があったり，2 重 3 重に表示したりする場合が起きる．具体例を見てみよう．

例題 6.5.2 原点中心，半径 1 の円板は，X-Y 座標では

$$D = \{(x, y) \mid x^2 + y^2 \leqq 1\}$$

と表される．この領域は極座標で

$$\Omega_1 = \{(r, \theta) \mid 0 \leqq r \leqq 1,\ 0 \leqq \theta < 2\pi\}$$

と表される．r を横軸，θ を縦軸にとって図示すると 図 6.4 のようになる．
この円板はまた

$$\Omega_2 = \{(r, \theta) \mid 0 \leqq r \leqq 1,\ -\pi \leqq \theta < \pi\}$$

とも表される．さらに

$$\Omega_3 = \{(r, \theta) \mid 0 \leqq r \leqq 1,\ 0 \leqq \theta < 4\pi\}$$

も，図示すると同じ円板を表しているが，r-θ 平面上の 2 点が D の 1 点に対応していて，円板を 2 重に表示している．

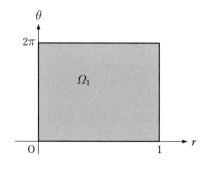

図 6.4　(r, θ) の領域

今後，平面上の領域を表示するときには，できるだけ小さい範囲での (r, θ) の表示法を考えることにする．すなわち，D を表すときには Ω_1 や Ω_2 は許すが，Ω_3 のようには表示しないことにする．Ω_2 と Ω_3 を見ると，θ の両端の不等号が等号を含んだり，含まなかったりしている．これによっても領域の重なり方が異なるが，境界 (詳しくいうと面積 0 の部分) の重なりは無視して考える．

問題 6.5.2　次の領域 D を図示し，(r, θ) の不等式で表せ．また，r-θ 平面での領域 Ω を図示せよ．

(1) $D = \{(x, y) \mid x^2 + y^2 \leqq 2,\ y \geqq 0\}$

(2) $D = \{(x, y) \mid 2 \leqq x^2 + y^2 \leqq 4,\ x \geqq 0\}$

(3) $D = \{(x, y) \mid x^2 + y^2 \leqq 3,\ y \geqq x\}$

(4) $D = \{(x, y) \mid (x - 1)^2 + y^2 \leqq 1\}$

6.5.2　極座標による重積分 (第 8 講)

これまでは X-Y 座標 (x, y) を変数とする関数の重積分を考えてきた．

関数 $f(x, y)$ の領域 D 上での重積分は，D を底面として $z = f(x, y)$ のグラフでできる立体の体積であるが，これは薄くスライスした立体の体積の和で近似でき，繰り返し積分で重積分の値が計算できることを学んできた．

立体の体積は，底面を小さな形の小領域に分割し，その上にできる細長い立体

の体積の和でも近似できる．その小さな小領域を長方形と見なして，その縦と横の長さをそれぞれ，象徴的に $dx,\ dy$ と書くと，$f(x,y)\,dxdy$ は細長い立体の体積であり，重積分の記号

$$\iint_D f(x,y)\,dxdy$$

はそれらの細長い立体の体積を D 全体にわたって足しあわせることを象徴している．

この考え方に従って，極座標を用いて表された関数の重積分を考えよう．

例として，領域 D を単位円とし，この上で極座標により $z = g(r,\theta) = -r^2 + 1$ と表された関数の重積分を考えよう．単位円 D は極座標では $\Omega = \{(r,\theta) \mid 0 \leqq r \leqq 1,\ 0 \leqq \theta < 2\pi\}$ と表される．$z = g(r,\theta)$ のグラフは図 6.5 のようである．この立体の体積を求めようというのである．

r-θ 平面の領域 Ω を縦，横に細かく分割し，

$$\Delta: \quad \begin{aligned} &0 = r_0 < r_1 < r_2 < \cdots < r_{i-1} < r_i < \cdots < r_n = 1 \\ &0 = \theta_0 < \theta_1 < \cdots < \theta_{j-1} < \theta_j < \cdots < \theta_m = 2\pi \end{aligned}$$

と分割しよう．

この分割は単位円で考えると，同心円状に，かつ放射線状に分割することに対応している．Ω の1つの小領域に対応する単位円での小領域は

$$\Omega_{i,j} = \{(r,\theta) \mid r_{i-1} \leqq r \leqq r_i,\ \theta_{j-1} \leqq \theta \leqq \theta_j\}$$

と表されるが，その面積 $|\Omega_{i,j}|$ は，図 6.6 のように，横，縦がそれぞれ $r_i - r_{i-1}$,

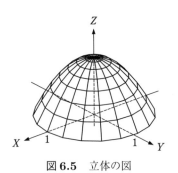

図 **6.5** 立体の図

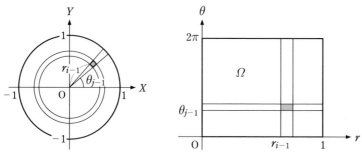

図 **6.6**　領域の対応の図

$r_i(\theta_j - \theta_{j-1})$ の長方形とほぼ等しいから，$|\Omega_{i,j}| = r_i(\theta_j - \theta_{j-1})(r_i - r_{i-1})$ である．これを底面とする細長い立体の体積は

$$g(r_i, \theta_j)|\Omega_{i,j}|$$

であるから，これらを足しあわせて，もとの立体の体積は

$$\sum_{i=1}^{n} \sum_{j=1}^{m} g(r_i, \theta_j) r_i(r_i - r_{i-1})(\theta_j - \theta_{j-1})$$

で近似されることがわかった．ここで分割を細かくする $n, m \to \infty$ の極限をとると，r, θ に関する重積分

$$\iint_{\Omega} g(r, \theta) r \, dr d\theta$$

になる．

　具体的な関数 $g(r, \theta) = -r^2 + 1$ を代入すると

$$\iint_{\Omega} (-r^2 + 1) r \, dr d\theta = \int_0^{2\pi} \int_0^1 (-r^3 + r) \, dr \, d\theta = \frac{\pi}{2}$$

と計算することができる．

　この重積分は，直交座標では立体の体積であるから，$1 - r^2 = 1 - x^2 - y^2$ より

$$\iint_D (1 - x^2 - y^2) \, dxdy$$

と表される．積分領域は $D = \{(x, y) \mid x^2 + y^2 \leqq 1\}$ であるから，繰り返し積

分で

$$\int_{-1}^{1}\int_{-\sqrt{1-x^2}}^{\sqrt{1-x^2}}(1-x^2-y^2)\,dy\,dx$$

と表すことができる．しかし，この計算は容易にはできない．

　この例でわかることは，与えられた重積分を別の座標系で書き直して計算すればうまくいく場合があるということである．D が一般の領域であっても，Ω が対応する極座標の領域ならば (2 重に対応させないことが大事である)，小領域に分割して考えると，底面積の関係は上と同じである．すなわち，次の定理が成り立つ．

定理 6.4　X-Y 平面の領域 D が，極座標 (r, θ) により領域 Ω と表されるとする．このとき，

$$\iint_{D} f(x,y)\,dxdy = \iint_{\Omega} f(r\cos\theta, r\sin\theta)r\,drd\theta$$

が成立する．

　ここで，r, θ に関する重積分に r がかかることに注意しよう．この r を**極座標のヤコビアン**という．

例題 6.5.3　次の重積分の値を求めよ．

$$\iint_{D} \frac{dxdy}{1+x^2+y^2} \qquad D = \left\{(x,y) \mid x^2+y^2 \leqq 1,\ y \geqq 0\right\}$$

解　極座標に変数変換する．積分領域は，円の上半分なので r, θ の範囲は

$$0 \leqq r \leqq 1, \quad 0 \leqq \theta \leqq \pi$$

となる．これを用いて

$$\iint_{D} \frac{dxdy}{1+x^2+y^2} = \int_{0}^{\pi}\int_{0}^{1} \frac{r\,dr}{1+r^2}\,d\theta$$

$$= \int_{0}^{\pi}\left[\frac{1}{2}\log(1+r^2)\right]_{r=0}^{r=1} d\theta = \frac{\pi}{2}\log 2$$

と計算できる．

問題 6.5.3 極座標変換を用いて，次の重積分の値を求めよ．

(1) $\displaystyle\iint_D \sqrt{1-x^2-y^2}\,dxdy$ $D = \left\{(x,y) \mid x^2 + y^2 \leqq 1\right\}$

(2) $\displaystyle\iint_D \sqrt{x^2+y^2}\,dxdy$ $D = \left\{(x,y) \mid 4 \leqq x^2 + y^2 \leqq 9\right\}$

(3) $\displaystyle\iint_D \dfrac{dxdy}{\sqrt{1+x^2+y^2}}$ $D = \left\{(x,y) \mid x^2 + y^2 \leqq 1,\ y \geqq 0\right\}$

(4) $\displaystyle\iint_D x^2 y\,dxdy$ $D = \left\{(x,y) \mid x^2 + y^2 \leqq 1,\ x \geqq 0,\ y \geqq 0\right\}$

問題 6.5.4 極座標変換を用いて，次の重積分の値を求めよ．

$$\iint_D (x^2 + y^2)e^{-(x^2+y^2)}\,dxdy$$

$$D = \left\{(x,y) \mid -\infty < x < \infty, -\infty < y < \infty\right\}$$

6.6 重積分の変数変換 (第 9, 10 講)

6.6.1 1 次変換による変数変換 (第 9 講)

X-Y 平面上の点 (x,y) と U-V 平面上の点 (u,v) が，定数 a, b, c, d を用いて

$$\begin{cases} x = au + bv \\ y = cu + dv \end{cases} \tag{6.3}$$

の関係で結ばれているとき，2 つの座標系は **1 次変換**で結ばれているという．ベクトルと行列の記号を用いると

$$\begin{pmatrix} x \\ y \end{pmatrix} = \begin{pmatrix} a & b \\ c & d \end{pmatrix} \begin{pmatrix} u \\ v \end{pmatrix} \tag{6.4}$$

と表される．行列と行列式で学んだように行列式について

$$\begin{vmatrix} a & b \\ c & d \end{vmatrix} = ad - bc \neq 0 \tag{6.5}$$

のときには，逆行列が存在して

$$\begin{pmatrix} u \\ v \end{pmatrix} = \frac{1}{ad - bc} \begin{pmatrix} d & -b \\ -c & a \end{pmatrix} \begin{pmatrix} x \\ y \end{pmatrix} \tag{6.6}$$

と表される.

1 次変換の基本的な性質を 2 つ紹介する.

定理 6.5   4 つの点 $\mathrm{P}_1, \mathrm{P}_2, \mathrm{P}_3, \mathrm{P}_4$ が平行 4 辺形をなすとき,行列 A によるそれらの像 $A(\mathrm{P}_1), A(\mathrm{P}_2), A(\mathrm{P}_3), A(\mathrm{P}_4)$ も平行 4 辺形となる.

証明   4 つの点が平行 4 辺形をなしていれば,ベクトル $\overrightarrow{\mathrm{P}_1\mathrm{P}_2}$, $\overrightarrow{\mathrm{P}_3\mathrm{P}_4}$ は平行であるから,一方は他方の定数倍すなわち $\overrightarrow{\mathrm{P}_1\mathrm{P}_2} = c\overrightarrow{\mathrm{P}_3\mathrm{P}_4}$ となっている.行列 A を掛けても $A(\overrightarrow{\mathrm{P}_1\mathrm{P}_2}) = cA(\overrightarrow{\mathrm{P}_3\mathrm{P}_4})$ であるから $\overrightarrow{A(\mathrm{P}_1)A(\mathrm{P}_2)}$ と $\overrightarrow{A(\mathrm{P}_3)A(\mathrm{P}_4)}$ が平行である. ∎

また,平行 4 辺形の面積について,次の定理が成り立つ.

定理 6.6   ベクトル $\boldsymbol{a}$, $\boldsymbol{b}$ が $\boldsymbol{a} = (a_1, a_2)$, $\boldsymbol{b} = (b_1, b_2)$ と表されているとする.$\boldsymbol{a}$, $\boldsymbol{b}$ は 1 次独立とする.このとき,$\boldsymbol{a}$, $\boldsymbol{b}$ のつくる平行 4 辺形 S の面積 $|S|$ は

$$|S| = |a_1 b_2 - a_2 b_1| = 行列式 \begin{vmatrix} a_1 & a_2 \\ b_1 & b_2 \end{vmatrix} \text{ の絶対値}$$

で与えられる.

証明   ベクトル $\boldsymbol{a}$, $\boldsymbol{b}$ の間の角を θ とする.内積を 2 通りの方法で表すと

$$\boldsymbol{a} \cdot \boldsymbol{b} = |\boldsymbol{a}||\boldsymbol{b}| \cos\theta = a_1 b_1 + a_2 b_2$$

である.$|\boldsymbol{a}| = \sqrt{a_1{}^2 + a_2{}^2}$ はベクトル $\boldsymbol{a}$ の長さを表す.

$\cos\theta = \dfrac{a_1 b_1 + a_2 b_2}{|\boldsymbol{a}||\boldsymbol{b}|}$ であるから

$$\begin{aligned}
\sin^2\theta &= 1 - \cos^2\theta \\
&= 1 - \frac{(a_1 b_1 + a_2 b_2)^2}{|\boldsymbol{a}|^2 |\boldsymbol{b}|^2} \\
&= \frac{1}{|\boldsymbol{a}|^2 |\boldsymbol{b}|^2}\{(a_1{}^2 + a_2{}^2)(b_1{}^2 + b_2{}^2) - (a_1 b_1 + a_2 b_2)^2\} \\
&= \frac{1}{|\boldsymbol{a}|^2 |\boldsymbol{b}|^2}(a_1 b_2 - a_2 b_1)^2
\end{aligned}$$

となる.これより,

$$|S| = |\boldsymbol{a}||\boldsymbol{b}||\sin\theta| = |a_1 b_2 - a_2 b_1|$$

が得られる.

X-Y 座標で表された重積分を, 1 次変換で U-V 座標に変換して計算すると便利なことがある. X -Y 座標の領域 D が 1 次変換 (6.3) で U-V 座標の領域 Ω と対応しているとする.

領域 Ω を小領域に分割するとき, du, dv を横, 縦とする長方形に分割する. この小領域に対応する X-Y 座標の小領域は平行 4 辺形で, その面積は $|ad-bc|\,dudv$ である. したがって, このような小領域を底面とする細長い立体の和で重積分が近似でき, 分割を細かくする極限をとれば重積分の値が得られる. すなわち,

$$\iint_D f(x,y)\,dxdy = \iint_\Omega f(au+bv, cu+dv)\,|ad-bc|\,dudv \tag{6.7}$$

である. $J = ad - bc$ を **1 次変換** (6.3) の**ヤコビアン**という.

例題 6.6.1 次の 1 次変換のヤコビアンを求めよ. また, そのとき領域 D はどのような領域 Ω に変換されるか.

(1) $u = x + y,\ v = x - y$

　　$D = \{(x,y) \mid 1 \leqq x + y \leqq 2,\ 0 \leqq x - y \leqq 1\}$

(2) $x = \dfrac{1}{2}(u + v),\ y = \dfrac{1}{2}(u - v)$

　　$D = \{(x,y) \mid y \geqq 0,\ y \leqq x \leqq 1 - y\}$

解　(1) $u = x + y, v = x - y$ より $x = \dfrac{1}{2}(u+v), y = \dfrac{1}{2}(u-v)$ である. 行列で表すと

$$\begin{pmatrix} x \\ y \end{pmatrix} = \begin{pmatrix} \dfrac{1}{2} & \dfrac{1}{2} \\[2mm] \dfrac{1}{2} & -\dfrac{1}{2} \end{pmatrix} \begin{pmatrix} u \\ v \end{pmatrix}$$

だから, ヤコビアンは

$$\begin{vmatrix} \dfrac{1}{2} & \dfrac{1}{2} \\ \dfrac{1}{2} & -\dfrac{1}{2} \end{vmatrix} = -\dfrac{1}{2}$$

である. また, D に対応する領域 Ω は

$$\Omega - \{(u, v) \mid 1 \leqq u \leqq 2,\ 0 \leqq v \leqq 1\}$$

である. D の面積は Ω の面積の $\dfrac{1}{2}$ 倍になっている. この値がヤコビアンの絶対値 $\dfrac{1}{2}$ である.

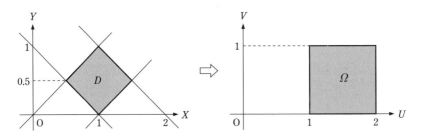

(2) (1) と同じ変換だから, 領域の対応を調べる. $y \geqq 0$ より $\dfrac{1}{2}(u - v) \geqq 0$ だから $v \leqq u$ である. $y \leqq x$ を u, v で表すと $\dfrac{1}{2}(u - v) \leqq \dfrac{1}{2}(u + v)$ より $v \geqq 0$ が得られる. また, $x \leqq 1 - y$ より $u \leqq 1$ が得られる. これらより, 対応する領域 Ω は

$$\Omega = \{(u, v) \mid 0 \leqq u \leqq 1,\ 0 \leqq v \leqq u\}$$

である.

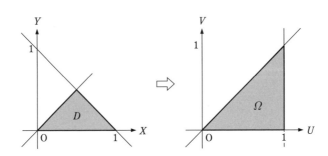

このような領域の対応を利用して，より重積分の計算が便利な領域に変換して計算することができる．このとき，ヤコビアンの絶対値がつくことに注意しよう．

例題 6.6.2 上の例題の変数変換を用いて，次の重積分を計算せよ．

(1) $\displaystyle\iint_D (x+y)^2\,dxdy$ $\qquad D = \{(x,y) \mid 1 \leqq x+y \leqq 2,\ 0 \leqq x-y \leqq 1\}$

(2) $\displaystyle\iint_D x\,dxdy$ $\qquad D = \{(x,y) \mid y \geqq 0,\ y \leqq x \leqq 1-y\}$

解 領域の対応とヤコビアンは先に調べてあるから，重積分は次のように計算できる．

(1)
$$\iint_D (x+y)^2\,dxdy = \iint_\Omega u^2 \left|-\frac{1}{2}\right|\,dudv$$
$$= \frac{1}{2}\int_1^2 u^2\,du \times \int_0^1 dv = \frac{7}{6}$$

(2)
$$\iint_D x\,dxdy = \iint_\Omega \frac{1}{2}(u+v)\left|-\frac{1}{2}\right|\,dudv$$
$$= \frac{1}{4}\int_0^1 \left(\int_0^u (u+v)\,dv\right)du$$
$$= \frac{1}{4}\int_0^1 \left(u^2 + \frac{u^2}{2}\right)du = \frac{1}{8}$$

問題 6.6.1 次の変換のヤコビアンを求めよ．またそのとき領域 D はどのような領域 Ω に変換されるか図示せよ．

(1) $u = x+y,\ v = x-y$

$\qquad D = \{(x,y) \mid 1 \leqq x+y \leqq 3,\ -1 \leqq x-y \leqq 2\}$

(2) $x = u,\ y = u+v$

$\qquad D = \{(x,y) \mid 0 \leqq x \leqq 1,\ x-1 \leqq y \leqq x+1\}$

(3) $x + 2y = u,\ x - y = v$

$$D = \{(x,y) \mid -1 \leqq x + 2y \leqq 0, \ 0 \leqq x - y \leqq 1\}$$

(4) $x = u, \ x + y = v$

$$D = \{(x,y) \mid 0 \leqq x \leqq 1, \ 0 \leqq y \leqq -x + 1\}$$

問題 6.6.2　カッコ内の変数変換を行って次の重積分の値を求めよ.

(1) $\displaystyle\iint_D (x^2 - y^2)\, dxdy \qquad (u = x + y, \ v = x - y)$

$$D = \{(x,y) \mid 1 \leqq x + y \leqq 3, \ -1 \leqq x - y \leqq 2\}$$

(2) $\displaystyle\iint_D xy\, dxdy \qquad (x = u, \ y = u + v)$

$$D = \{(x,y) \mid 0 \leqq x \leqq 1, \ x - 1 \leqq y \leqq x + 1\}$$

(3) $\displaystyle\iint_D (x + y)\, dxdy \qquad (x + 2y = u, \ x - y = v)$

$$D = \{(x,y) \mid -1 \leqq x + 2y \leqq 0, \ 0 \leqq x - y \leqq 1\}$$

(4) $\displaystyle\iint_D x(x + y)\, dxdy \qquad (x = u, \ x + y = v)$

$$D = \{(x,y) \mid 0 \leqq x \leqq 1, \ 0 \leqq y \leqq -x + 1\}$$

6.6.2　一般の変数変換 (第 10 講)

この節では，一般に (x, y) を変数とする関数を別の変数の重積分に変換する公式を述べ，その応用を考える.

X-Y 平面上の点 (x, y) と U-V 平面上の点 (u, v) が

$$x = \varphi(u, v)$$

$$y = \psi(u, v)$$

(6.8)

により対応しているとする.

行列式

$$
\begin{vmatrix} \dfrac{\partial \varphi}{\partial u} & \dfrac{\partial \varphi}{\partial v} \\[2mm] \dfrac{\partial \psi}{\partial u} & \dfrac{\partial \psi}{\partial v} \end{vmatrix} = \frac{\partial \varphi}{\partial u}\frac{\partial \psi}{\partial v} - \frac{\partial \varphi}{\partial v}\frac{\partial \psi}{\partial u} \tag{6.9}
$$

を, この対応の **ヤコビアン** といい,

$$
J(u,v), \quad \frac{\partial(x,y)}{\partial(u,v)}, \quad \frac{D(x,y)}{D(u,v)}
$$

などと表す. ヤコビアンは行列式の値であるから,「行列と行列式」の講義で学んだように, $J(u,v) \neq 0$ ならば 2 つのベクトル (φ_u, φ_v), (ψ_u, ψ_v) は 1 次独立である.

例題 6.6.3 極座標への変換 $x = r\cos\theta,\ y = r\sin\theta$ を考えよう. この変換のヤコビアンは,

$$
J(r,\theta) = \begin{vmatrix} \dfrac{\partial x}{\partial r} & \dfrac{\partial x}{\partial \theta} \\[2mm] \dfrac{\partial y}{\partial r} & \dfrac{\partial y}{\partial \theta} \end{vmatrix} = \begin{vmatrix} \cos\theta & -r\sin\theta \\ \sin\theta & r\cos\theta \end{vmatrix} = r
$$

である. これは, §6.5.2 で考えた極座標変換のヤコビアンと同じである.

1 次変換 $x = au + bv,\ y = cu + dv$ の, ここの意味でのヤコビアンは

$$
J(u,v) = \begin{vmatrix} a & b \\ c & d \end{vmatrix} = ad - bc
$$

で, §6.6.1 で考えた 1 次変換のヤコビアンと同じである.

このように, ヤコビアンは (6.9) が一般的な定義であり, 極座標変換や 1 次変換については以前に定義したものと一致する.

例題 6.6.4 (x,y) と (u,v) が

$$
x + y = u
$$

$$
y = uv
$$

により対応しているとする．$x = u(1 - v)$ であるからヤコビアンは

$$J(u,v) = \begin{vmatrix} 1-v & -u \\ v & u \end{vmatrix} = u$$

である．この対応により X-Y 平面の領域

$$D = \{(x,y) \mid x,y \geqq 0,\ x+y \leqq 1\}$$

は U-V 平面上の領域

$$\Omega = \{(u,v) \mid 0 \leqq u \leqq 1,\ 0 \leqq v \leqq 1\}$$

に対応する．次の図 6.7 を見ながら，領域の対応を確かめてほしい．

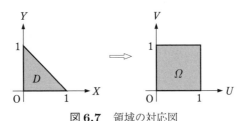

図 6.7　領域の対応図

　この対応は $(x,y) = (0,0) \leftrightarrow (u,v) \in \{u = 0\}$ であるから (厳密な意味で各点ごとに対応しているという訳ではなく)，1 対 1 ではないが，境界を除けば 1 対 1 になっている．

定理 6.7　$x = \varphi(u,v),\ y = \psi(u,v)$ は有界閉領域 Ω 上で C^1 級であるとする．この対応により Ω が X-Y 平面上の有界閉領域 D に対応し，その対応は境界を除いては 1 対 1 で，$J(u,v) \neq 0$ が成立しているとする．$f(x,y)$ が D 上連続ならば，

$$\iint_D f(x,y)\,dxdy = \iint_\Omega f(\varphi(u,v),\psi(u,v))|J(u,v)|\,dudv$$

が成立する．

注意 6.2　1 変数関数の定積分の変数変換は，$x = \varphi(u)$ と変換するとき

$$\int_a^b f(x)\,dx = \int_\alpha^\beta f(\varphi(u))\varphi'(u)\,du$$

と表された．ここで，$a = \varphi(\alpha),\ b = \varphi(\beta)$ である．記号の上では，注意 3.5 (p. 65) に述べたように $dx = \varphi'(u)\,du$ と置き換えればよかった．重積分では

$$dxdy = \left|\frac{\partial(x,y)}{\partial(u,v)}\right| dudv$$

と置き換えると考えればよい．ヤコビアンに絶対値がつくことに注意しよう．1 変数関数のときは，$\varphi'(u) < 0$ ならば $\alpha > \beta$ となって，積分区間を逆転するとき符号が替わることでつじつまがあっている．　　∎

　　正確な証明ではないが，わかりやすさに重点をおいてこの定理を説明する．

証明　(定理の説明) 重積分を立体の体積と考え，底面を小領域に分割して細長い立体の体積の和で近似することはこれまでと同じである．

　　(6.8) により Ω の点 (u,v) と D の点 (x,y) が対応しているとする．領域 Ω を小領域に分割し，点 (u,v) を含む横，縦がそれぞれ $du,\ dv$ の長方形をした小領域 $\Omega_{u,v}$ を考える．対応する領域 D の小領域 $D_{x,y}$ の面積は，曲線 $x = \varphi(u,v),\ y = \psi(u,v)$ で定まる曲線で囲まれた小領域であるが，これは接線でできる平行 4 辺形で近似できる．すなわち，テイラーの定理から

$$\varphi(u+du, v+dv) = \varphi(u,v) + \frac{\partial\varphi}{\partial u}du + \frac{\partial\varphi}{\partial v}dv + R_{2,\varphi}(du,dv)$$

$$\psi(u+du, v+dv) = \psi(u,v) + \frac{\partial\psi}{\partial u}du + \frac{\partial\psi}{\partial v}dv + R_{2,\psi}(du,dv)$$

と表せるので，点 (u,v) の近くでは (6.8) は，1 次変換

$$x = \frac{\partial\varphi}{\partial u}du + \frac{\partial\varphi}{\partial v}dv$$

$$y = \frac{\partial\psi}{\partial u}du + \frac{\partial\psi}{\partial v}dv$$

と考えられる．この 1 次変換によって $\Omega_{u,v}$ が変換される，$D_{x,y}$ を近似する平行 4 辺形の面積と，$\Omega_{u,v}$ の面積の比がヤコビアンの絶対値の値である．

　　したがって $|J(u,v)|\,du\,dv$ が D の小領域の底面積にあたるもので，高さ $f(x,y)$ の細長い立体の体積をたし合わせれば，極限をとって，求める立体の体積が得られる．　　∎

例題 6.6.5　上の例題 6.6.4 の変数変換を用いて，次の重積分を計算せよ．

$$\iint_D (x+y)e^y \, dxdy \qquad D = \{(x,y) \mid x, y \geqq 0, \ x+y \leqq 1\}$$

解　$x+y = u, \ y = uv$ と変換すると，例題 6.6.4 で確かめたように，ヤコビアンは $J(u,v) = u$ であり，領域 D は $\Omega = \{(u,v) \mid 0 \leqq u \leqq 1, \ 0 \leqq v \leqq 1\}$ に対応している．したがって，

$$\begin{aligned}
\iint_D (x+y)e^y \, dxdy &= \iint_\Omega ue^{uv}|u| \, dudv \\
&= \int_0^1 \left(\int_0^1 u^2 e^{uv} \, dv \right) du \\
&= \int_0^1 (ue^u - u) \, du = \frac{1}{2}
\end{aligned}$$

である．

問題 6.6.3　次の変換のヤコビアンを求めよ．また，そのとき領域 D はどのような領域 Ω に変換されるか．D と Ω を図示せよ．

(1) $x = u, \ xy = v$

$$D = \{(x,y) \mid 1 \leqq xy \leqq 2, \ 2 \leqq x \leqq 3\}$$

(2) $\dfrac{x}{y} = u, \ y = v$

$$D = \left\{(x,y) \mid 1 \leqq \frac{x}{y} \leqq 2, \ 0 \leqq y \leqq 1\right\}$$

(3) $x = uv, \ x+y = v$

$$D = \{(x,y) \mid x, y \geqq 0, \ x+y \leqq 2\}$$

(4) $x = ar\cos\theta, \ y = br\sin\theta$

$$D = \left\{(x,y) \mid \frac{x^2}{a^2} + \frac{y^2}{b^2} \leqq 1\right\}$$

問題 6.6.4 カッコ内の変数変換を行って次の重積分の値を求めよ.

(1) $\displaystyle\iint_D x^3 y^2 \, dxdy \qquad (x = u, \ xy = v)$

$$D = \{(x,y) \mid 1 \leqq xy \leqq 2, \ 2 \leqq x \leqq 3\}$$

(2) $\displaystyle\iint_D \frac{x}{y} e^{-y^2} \, dxdy \qquad \left(\frac{x}{y} = u, \ y = v \right)$

$$D = \left\{ (x,y) \mid 1 \leqq \frac{x}{y} \leqq 2, \ 0 \leqq y \leqq 1 \right\}$$

(3) $\displaystyle\iint_D e^{\frac{x}{x+y}} \, dxdy$

$$D = \{(x,y) \mid x, y \geqq 0, \ x + y \leqq 2\} \qquad (x = uv, \ x + y = v)$$

(4) $\displaystyle\iint_D \sqrt{1 - \frac{x^2}{a^2} - \frac{y^2}{b^2}} \, dxdy \quad (a > 0, \, b > 0)$

$$D = \left\{ (x,y) \mid \frac{x^2}{a^2} + \frac{y^2}{b^2} \leqq 1 \right\} \qquad (x = ar\cos\theta, \ y = br\sin\theta)$$

問題 6.6.5 領域 D の面積は,重積分を用いて $\displaystyle\iint_D dxdy$ と表されることを用いて,楕円で囲まれる領域

$$\frac{x^2}{a^2} + \frac{y^2}{b^2} \leqq 1 \qquad (a, b > 0)$$

の面積を求めよ. (ヒント:楕円を単位円に写す変換を考えよ.)

　境界の付近で値が無限大になる関数の広義重積分や,無限領域での広義重積分を計算する際にも変数変換が利用できる. 領域の対応では,無限領域同士の対応だけでなく,無限領域と有限領域が対応することもあるので注意を要する.

例題 6.6.6 次の重積分の値を求めよ.

(1) $\displaystyle\iint_D \frac{1}{(x^2 + y^2)^{1/2}} \, dxdy \qquad D = \{(x,y) \mid x^2 + y^2 \leqq 1\}$

(2) $\displaystyle\iint_D \frac{y}{(x^2 + y^2)^2} \, dxdy \qquad D = \{(x,y) \mid x^2 + y^2 \geqq 1, \ y \geqq 0\}$

解 いずれも積分領域が原点に関して対称なので，極座標に変換して計算する．$x = r\cos\theta,\ y = r\sin\theta$ と変換すると，$dxdy = r\,drd\theta$ である．

(1) 積分領域は $\{(r,\theta) \mid 0 \leqq r \leqq 1,\ 0 \leqq \theta < 2\pi\}$ に変換されるから，

$$\iint_D \frac{1}{(x^2+y^2)^{1/2}}\,dxdy = \int_0^1 \int_0^{2\pi} d\theta\,dr = 2\pi\,[r]_0^1 = 2\pi$$

と計算できる．

(2) 積分領域は $\{(r,\theta) \mid 1 \leqq r < \infty,\ 0 \leqq \theta \leqq \pi\}$ に変換されるから，

$$\iint_D \frac{y}{(x^2+y^2)^2}\,dxdy = \int_1^\infty \int_0^\pi \frac{r\sin\theta}{r^4} r\,d\theta\,dr = 2\left[-\frac{1}{r}\right]_1^\infty = 2$$

と計算できる．

例題 6.6.7 $D = \{(x,y) \mid x^2+y^2 \leqq R^2\}$ とする．重積分 $\displaystyle\iint_D e^{-(x^2+y^2)}\,dxdy$ の値を求めよ．

解 $x = r\cos\theta,\ y = r\sin\theta$ と極座標に変換する．領域は

$$D \Leftrightarrow \Omega = \{(r,\theta) \mid 0 \leqq r \leqq R,\ 0 \leqq \theta < 2\pi\}$$

と対応するので

$$\begin{aligned}
\iint_D e^{-(x^2+y^2)}\,dxdy &= \iint_\Omega e^{-r^2} r\,drd\theta \\
&= \int_0^{2\pi} \int_0^R re^{-r^2}\,dr\,d\theta \\
&= 2\pi\left[-\frac{1}{2}e^{-r^2}\right]_0^R = \pi\left(1 - e^{-R^2}\right)
\end{aligned}$$

である．ここで $R \to \infty$ とすると，積分領域は全平面 $\mathbb{R}^2$ になるから，

$$\iint_{\mathbb{R}^2} e^{-(x^2+y^2)}\,dxdy = \pi$$

という積分の値が得られる．この積分はさらに繰り返し積分で，

$$\iint_{\mathbb{R}^2} e^{-(x^2+y^2)}\,dxdy = \int_{-\infty}^\infty e^{-x^2}\,dx \int_{-\infty}^\infty e^{-y^2}\,dy$$

と考えられるから,

$$\int_{-\infty}^{\infty} e^{-x^2}\, dx = \sqrt{\pi} \tag{6.10}$$

または

$$\int_{0}^{\infty} e^{-x^2}\, dx = \frac{\sqrt{\pi}}{2} \tag{6.11}$$

が得られた. この積分は, 1 変数関数の積分であるが, e^{-x^2} の原始関数が直接には表せないので, このように工夫して計算する. また, この積分の値は, いろいろな特殊関数の計算や統計学などに頻繁に現れる.

例題 6.6.8 変数変換 $x = \dfrac{1}{2}(u+v),\ y = \dfrac{1}{2}(u-v)$ を用いて, 次の重積分を計算せよ.

$$\iint_D e^{-(x+y)^2}\, dxdy \qquad D = \{(x,y) \mid 0 \leqq y \leqq x\}$$

解　ヤコビアンは $J(u,v) = -\dfrac{1}{2}$ で, 領域 D は $\Omega = \{(u,v) \mid 0 \leqq v \leqq u\}$ に対応している. 図示すると次のようになる.

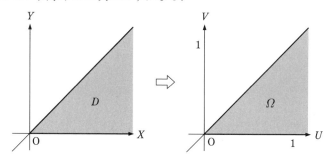

$x + y = u$ だから

$$\iint_D e^{-(x+y)^2}\, dxdy = \frac{1}{2} \iint_\Omega e^{-u^2}\, dudv$$

$$= \frac{1}{2} \int_0^\infty \left(\int_0^u e^{-u^2}\, dv \right) du$$

$$= \frac{1}{2} \int_0^\infty u e^{-u^2}\, du = \frac{1}{4}$$

である.

例題 6.6.9　変数変換 $x+y=u,\ y=uv$ を用いて，次の重積分を計算せよ.

$$\iint_D \frac{dxdy}{\left(1+(x+y)^2\right)^2} \qquad D = \{(x,y) \mid x,y \geqq 0\}$$

解　ヤコビアンは $J(u,v) = u$ で，領域 D は $\Omega = \{(u,v) \mid 0 \leqq u < \infty,\ 0 \leqq v \leqq 1\}$ に対応しているから，図示すると次のようになる.

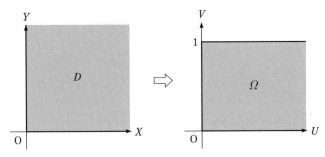

したがって，

$$\iint_D \frac{dxdy}{\left(1+(x+y)^2\right)^2} = \iint_\Omega \frac{1}{(1+u^2)^2}\,|u|\,dudv$$

$$= \int_0^\infty \left(\int_0^1 \frac{u}{(1+u^2)^2}\,dv\right) du$$

$$= \int_0^\infty \frac{u}{(1+u^2)^2}\,du = \frac{1}{2}$$

である.

6.7　3重積分 (第11講)

　これまでの節では，重積分を考え，その値を計算する方法を学んだ．ここからはその応用を考える．本文では3重積分とガンマ関数，ベータ関数を述べる.

　そのほかにも取り上げるべき重要な応用がいくつも考えられる.

　曲面の面積，立体の体積の計算や，力学との関係で重要な重心の概念などがある．これらは第8章に述べておいたので，適宜選択して講義されるであろう.

3変数の関数 $w = f(x, y, z)$ を3次元空間の領域 K で重積分することも，これまでの重積分と同様に考えることができる.

K を細かく分割し，小領域の体積を象徴的に $dxdydz$ と表して，すべての小領域に関する $f(x, y, z)\, dxdydz$ の和を考え，極限をとるという考え方はこれまでと全く同様である. その極限値を

$$\iiint_K f(x, y, z)\, dxdydz$$

と書き，関数 $w = f(x, y, z)$ の K 上での**3重積分**という. 特に $f \equiv 1$ のときには，

$$\iiint_K dxdydz$$

の値は立体 K の体積を表している.

3重積分についても，繰り返し積分や変数変換など，重積分について述べた事柄がすべて成り立つ. また，n 変数の関数 $y = f(x_1, x_2, \cdots, x_n)$ についても n 重積分を考えることができ，これまでと同様の性質が成り立つ.

3重積分の値を計算するには，繰り返し積分に直して計算する. K が

$$K = \{(x, y, z) \mid a \leqq x \leqq b,\ \varphi_1(x) \leqq y \leqq \varphi_2(x),\ \psi_1(x, y) \leqq z \leqq \psi_2(x, y)\}$$

と表される領域であるときには

$$\iiint_K f(x, y, z)\, dxdydz = \int_a^b \left(\int_{\varphi_1(x)}^{\varphi_2(x)} \left(\int_{\psi_1(x,y)}^{\psi_2(x,y)} f(x, y, z)\, dz \right) dy \right) dx$$

と表されるので，順次，定積分を計算すればよい.

例題 6.7.1

$$K = \{(x, y, z) \mid x, y, z \geqq 0,\ x + y + z \leqq 1\}$$

であるとき，

$$\iiint_K dxdydz = \int_0^1 \int_0^{1-x} \int_0^{1-x-y} dzdydx = \frac{1}{3!}$$

である. K は図 6.8 のような3角錐であり，その体積が得られた.

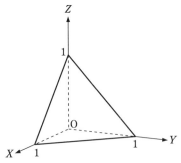

図 6.8　$K = \{(x, y, z) \mid x, y, z \geqq 0,\ x + y + z \leqq 1\}$

3 変数の変換

$$\begin{cases} x = \varphi(u, v, w) \\ y = \phi(u, v, w) \\ z = \psi(u, v, w) \end{cases}$$

に関するヤコビアンは

$$J(u, v, w) = \frac{\partial(x, y, z)}{\partial(u, v, w)} = \begin{vmatrix} \dfrac{\partial \varphi}{\partial u} & \dfrac{\partial \varphi}{\partial v} & \dfrac{\partial \varphi}{\partial w} \\ \dfrac{\partial \phi}{\partial u} & \dfrac{\partial \phi}{\partial v} & \dfrac{\partial \phi}{\partial w} \\ \dfrac{\partial \psi}{\partial u} & \dfrac{\partial \psi}{\partial v} & \dfrac{\partial \psi}{\partial w} \end{vmatrix}$$

で定義されるので，この変換で X-Y-Z 空間の領域 K が U-V-W 空間の領域 Ω と対応していれば，変数変換の公式

$$\iiint_K f(x, y, z)\, dxdydz = \iiint_\Omega f(\varphi, \phi, \psi) |J(u, v, w)|\, dudvdw$$

が成り立つ．ここでも，$|J(u, v, w)|$ は絶対値を表していることに注意しよう．

例題 6.7.2 3次元空間の円柱座標 (r, θ, z) は

$$
\begin{cases}
x = r\cos\theta \\
y = r\sin\theta \\
z = z
\end{cases}
$$

と表される．この変換のヤコビアンは

$$
J(r, \theta, z) = r
$$

である．この変換を利用して，底面の半径が a，高さが h の円錐の体積を求めてみよう．円錐は $K = \left\{ (x, y, z) \mid \sqrt{x^2 + y^2} \leqq \dfrac{a(h-z)}{h},\ 0 \leqq z \leqq h \right\}$ と表される．円柱座標 (r, θ, z) の対応する領域は

$$
\Omega = \left\{ (r, \theta, z) \mid 0 \leqq r \leqq \frac{a(h-z)}{h},\ 0 \leqq \theta \leqq 2\pi,\ 0 \leqq z \leqq h \right\}
$$

である．これより

$$
\iiint_K dxdydz = \iiint_\Omega r\,drd\theta dz = \int_0^h \int_0^{2\pi} \int_0^{a(h-z)/h} r\,dr\,d\theta\,dz = \frac{\pi a^2 h}{3}
$$

となる．

例題 6.7.3 3次元空間の極座標 (r, θ, φ) は

$$
\begin{cases}
x = r\sin\theta\cos\varphi \\
y = r\sin\theta\sin\varphi \\
z = r\cos\theta
\end{cases}
$$

と表される．対応の関係は次の図 6.9 より明らかであろう．この変換のヤコビアンは

$$
J(r, \theta, \varphi) = r^2 \sin\theta
$$

である．

たとえば半径 a の球の体積は　$K = \{(x, y, z) \mid x^2 + y^2 + z^2 \leqq a^2\}$　として，対応する (r, θ, φ) の領域は　$\Omega = \{(r, \theta, \varphi) \mid 0 \leqq r \leqq a,\ 0 \leqq \theta \leqq \pi,\ 0 \leqq \varphi \leqq 2\pi\}$ だから

$$\iiint_K dxdydz = \iiint_\Omega r^2 \sin\theta\, drd\theta d\varphi = \int_0^{2\pi}\int_0^\pi\int_0^a r^2 \sin\theta\, drd\theta d\varphi = \frac{4}{3}\pi a^3$$

と計算される． ∎

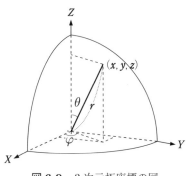

図 6.9　3 次元極座標の図

問題 6.7.1　次の 3 重積分の値を求めよ．

(1) $\displaystyle\iiint_K (x + y + z)\, dxdydz$

$K = \{(x, y, z) \mid 0 \leqq x \leqq 1,\ 0 \leqq y \leqq 2,\ 0 \leqq z \leqq 3\}$

(2) $\displaystyle\iiint_K x\, dxdydz$　　$K = \{(x, y, z) \mid x, y, z \geqq 0,\ 2x + y + z \leqq 3\}$

(3) $\displaystyle\iiint_K \sin(x + y + z)\, dxdydz$

$K = \{(x, y, z) \mid x, y, z \geqq 0,\ x + y + z \leqq \pi\}$

問題 6.7.2　単位球 $x^2 + y^2 + z^2 \leqq 1$ の体積が $\dfrac{4\pi}{3}$ であることを用いて，楕円体

$$\frac{x^2}{a^2} + \frac{y^2}{b^2} + \frac{z^2}{c^2} \leqq 1 \qquad (a, b, c > 0)$$

の体積を求めよ．

問題 6.7.3　円柱座標に変換して，次の 3 重積分の値を求めよ.

(1) $\displaystyle\iiint_K (x^2 + y^2 + z^2)\, dxdydz$

$K = \{(x, y, z) \mid x^2 + y^2 \leqq 1,\ 0 \leqq z \leqq 1\}$

(2) $\displaystyle\iiint_K yz\, dxdydz$

$K = \{(x, y, z) \mid x, y \geqq 0,\ x^2 + y^2 \leqq 1,\ 0 \leqq z \leqq 1\}$

問題 6.7.4　極座標変換を用いて，次の 3 重積分の値を求めよ.

(1) $\displaystyle\iiint_K (x^2 + y^2 + z^2)\, dxdydz$

$K = \{(x, y, z) \mid x^2 + y^2 + z^2 \leqq 1\}$

(2) $\displaystyle\iiint_K y\, dxdydz$

$K = \{(x, y, z) \mid x, y, z \geqq 0,\ x^2 + y^2 + z^2 \leqq 1\}$

6.8　ガンマ関数, ベータ関数 (第 12, 13 講)

6.8.1　ガンマ関数 (第 12 講)

積分を用いて定義される s の関数

$$\Gamma(s) = \int_0^\infty e^{-x} x^{s-1}\, dx \qquad (s > 0)$$

を**ガンマ関数**という. 無限区間での積分であることや $s < 1$ のときには $x = 0$ の点で被積分関数が無限大になることから，正確には §8.4 で述べる広義積分であるが，収束することが知られており，形式的に計算してかまわない.

例題 6.8.1　ガンマ関数の代表的な値は，次のようになっている.

$$\Gamma(1) = \Gamma(2) = 1, \quad \Gamma(n) = (n-1)! \quad (n = 2, 3, \cdots), \quad \Gamma\left(\frac{1}{2}\right) = \sqrt{\pi}$$

解　次のように計算すればよい. 厳密には広義積分であるが，いずれの積分も

収束するので，形式的に計算してかまわない．

$$\Gamma(1) = \int_0^\infty e^{-x}\,dx = \left[-e^{-x}\right]_0^\infty = 1$$

$$\Gamma(2) = \int_0^\infty xe^{-x}\,dx = \left[-xe^{-x}\right]_0^\infty + \int_0^\infty e^{-x}\,dx = 1$$

である．また，$n = 2, 3, \cdots$ に対して，

$$\Gamma(n) = \int_0^\infty e^{-x}x^{n-1}\,dx$$

$$= \left[-x^{n-1}e^{-x}\right]_0^\infty + (n-1)\int_0^\infty x^{n-2}e^{-x}\,dx$$

$$= (n-1)\Gamma(n-1)$$

であるから，これを順次用いて，$\Gamma(n) = (n-1)!$ が得られる．$\Gamma\left(\dfrac{1}{2}\right)$ の値は

$\Gamma\left(\dfrac{1}{2}\right) = \displaystyle\int_0^\infty e^{-x}x^{-\frac{1}{2}}\,dx$ において $t = \sqrt{x}$ と置換積分を行うと

$$\Gamma\left(\frac{1}{2}\right) = \int_0^\infty e^{-x}x^{-\frac{1}{2}}\,dx = 2\int_0^\infty e^{-t^2}\,dt = \sqrt{\pi}$$

と計算できる．ここで (6.11) (p. 153) で計算した値を用いた．

問題 6.8.1　次の問に答えよ．

(1)　部分積分により　$\Gamma(s+1) = s\Gamma(s)$　$(s > 0)$ を示せ．

(2)　次の値を求めよ．

　　(i) $\Gamma(4)$　　(ii) $\Gamma\left(\dfrac{3}{2}\right)$　　(iii) $\Gamma\left(\dfrac{5}{2}\right)$

問題 6.8.2　次の定積分をガンマ関数で表し，その値を求めよ．

(1) $\displaystyle\int_0^\infty \frac{e^{-x}}{\sqrt{x}}\,dx$　　(2) $\displaystyle\int_0^\infty e^{-x}x^5\,dx$　　(3) $\displaystyle\int_0^\infty e^{-x}x^{\frac{5}{2}}\,dx$

問題 6.8.3　(1)　$x = t^2$ と変数変換して　$\Gamma(s) = 2\displaystyle\int_0^\infty e^{-t^2}t^{2s-1}\,dt$　を示せ．

(2)　次の定積分の値を求めよ.

(i) $\displaystyle\int_0^\infty e^{-t^2} t^2 \, dt$　　　(ii) $\displaystyle\int_0^\infty e^{-t^2} t^3 \, dt$

6.8.2　ベータ関数 (第 12 講)

積分を用いて定義される p, q の関数

$$B(p, q) = \int_0^1 x^{p-1}(1-x)^{q-1} \, dx \qquad (p, q > 0)$$

をベータ関数という. $p < 1$ のときには $x = 0$ の点で, $q < 1$ のときには $x = 1$ の点で被積分関数が無限大になるが, 積分は収束する. 詳しくは §8.4 を参照してほしい. 代表的な関係式として, 次が挙げられる.

例題 6.8.2　$p, q > 0, \, n, m = 1, 2, 3, \cdots$ に対して

$$B(p, q) = B(q, p), \qquad B(n, m) = \frac{(n-1)! \, (m-1)!}{(n+m-1)!}$$

が成り立つ.

解　$B(p, q) = \displaystyle\int_0^1 x^{p-1}(1-x)^{q-1} \, dx$ において $t = 1 - x$ と置換すると $B(p, q) = B(q, p)$ であることがわかる. 2 番目の関係式は, 次に示す定理 6.8 と, 先の例題 6.8.1 からわかる. ▮

6.8.3　両関数の関係式 (第 13 講)

ガンマ関数とベータ関数の間には, 密接な関係がある. また, これらの関係を用いて, 多くの重要な積分の値が計算できる.

定理 6.8　$p, q > 0$ に対して

$$B(p, q) = \frac{\Gamma(p)\Gamma(q)}{\Gamma(p+q)}$$

が成り立つ.

証明　$\Gamma(p)\Gamma(q)$ において積分変数を x と y で書いておいて

$$\Gamma(p)\Gamma(q) = \left(\int_0^\infty e^{-x} x^{p-1} \, dx\right)\left(\int_0^\infty e^{-y} y^{q-1} \, dy\right)$$

を重積分と考える．厳密には，§8.4 に述べた広義重積分であるが，形式的に計算する．変数変換 $x + y = u$, $y = uv$ を行うと，

$$J(u, v) = \begin{vmatrix} 1 - v & -u \\ v & u \end{vmatrix} = u$$

で，X-Y 平面の第 1 象限 $D = \{(x, y) \mid x, y > 0\}$ は U-V 平面の領域 $\Omega = \{(u, v) \mid 0 < u < \infty,\ 0 < v < 1\}$ に対応するから，

$$\begin{aligned}
\Gamma(p)\Gamma(q) &= \iint_D e^{-x-y} x^{p-1} y^{q-1}\, dxdy \\
&= \iint_\Omega e^{-u} u^{p-1} (1-v)^{p-1} u^{q-1} v^{q-1} u\, dudv \\
&= \left(\int_0^\infty e^{-u} u^{p+q-1}\, du \right) \left(\int_0^1 v^{q-1}(1-v)^{p-1}\, dv \right) \\
&= \Gamma(p+q) B(p, q)
\end{aligned}$$

と計算できる． ▮

定理 6.9

$$K = \{(x, y, z) \mid x, y, z \geqq 0,\ x + y + z \leqq 1\}$$

とする． $p, q, r, s > 0$ に対して

$$\iiint_K x^{p-1} y^{q-1} z^{r-1} (1 - x - y - z)^{s-1}\, dxdydz = \frac{\Gamma(p)\Gamma(q)\Gamma(r)\Gamma(s)}{\Gamma(p+q+r+s)}$$

が成り立つ．この積分は**ディリクレ積分**と呼ばれている．

証明　$x + y + z = \xi$, $y + z = \xi\eta$, $z = \xi\eta\zeta$ と変数変換する．すなわち

$$\xi = x + y + z, \quad \eta = \frac{y + z}{x + y + z}, \quad \zeta = \frac{z}{y + z}$$

または

$$x = \xi(1 - \eta), \quad y = \xi\eta(1 - \zeta), \quad z = \xi\eta\zeta$$

である．ヤコビアンは，直接計算しても求められるが，次のように計算すると見通しがよい．

$$u = \xi, \quad v = \xi\eta, \quad w = \xi\eta\zeta$$

とすると，$x = u - v$, $y = v - w$, $z = w$ で，

$$J(\xi, \eta, \zeta) = \frac{\partial(x, y, z)}{\partial(\xi, \eta, \zeta)}$$

$$= \frac{\partial(x,y,z)}{\partial(u,v,w)} \frac{\partial(u,v,w)}{\partial(\xi,\eta,\zeta)} \qquad \text{(合成関数の微分が成り立つ)}$$

$$= \begin{vmatrix} 1 & -1 & 0 \\ 0 & 1 & -1 \\ 0 & 0 & 1 \end{vmatrix} \begin{vmatrix} 1 & 0 & 0 \\ \eta & \xi & 0 \\ \eta\zeta & \xi\zeta & \xi\eta \end{vmatrix}$$

$$= \xi^2 \eta$$

であり, 領域 K は

$$K' = \left\{ (\xi,\eta,\zeta) \mid 0 \leqq \xi \leqq 1,\ 0 \leqq \eta \leqq 1,\ 0 \leqq \zeta \leqq 1 \right\}$$

に対応する. これより

$$\text{左辺} = \int_0^1 \int_0^1 \int_0^1 \xi^{p-1}(1-\eta)^{p-1}\xi^{q-1}\eta^{q-1}(1-\zeta)^{q-1} \times$$

$$\times\ \xi^{r-1}\eta^{r-1}\zeta^{r-1}(1-\xi)^{s-1}\xi^2\eta\, d\xi d\eta d\zeta$$

$$= \int_0^1 \xi^{p+q+r-1}(1-\xi)^{s-1}\,d\xi \int_0^1 \eta^{q+r-1}(1-\eta)^{p-1}\,d\eta \times$$

$$\times \int_0^1 \zeta^{r-1}(1-\zeta)^{q-1}\,d\zeta$$

$$= B(p+q+r,s)B(q+r,p)B(r,q)$$

$$= \frac{\Gamma(p+q+r)\Gamma(s)}{\Gamma(p+q+r+s)} \frac{\Gamma(q+r)\Gamma(p)}{\Gamma(p+q+r)} \frac{\Gamma(r)\Gamma(q)}{\Gamma(q+r)}$$

$$= \frac{\Gamma(p)\Gamma(q)\Gamma(r)\Gamma(s)}{\Gamma(p+q+r+s)}$$

と計算できる.

問題 6.8.4 次の値を求めよ.

(1) $B(3,2)$ 　　(2) $B\left(\frac{1}{2},2\right)$ 　　(3) $B\left(\frac{3}{2},\frac{5}{2}\right)$

問題 6.8.5 次の定積分をベータ関数で表し, その値を求めよ.

(1) $\displaystyle\int_0^1 \frac{dx}{\sqrt{x(1-x)}}$ 　　(2) $\displaystyle\int_0^1 \sqrt{\frac{x}{1-x}}\,dx$ 　　(3) $\displaystyle\int_0^1 x^3(1-x)^2\,dx$

6.9 演習問題 (第 14,15 講)

—— 演習問題 **A** ——

問題 1 次の定積分を計算せよ.

(1) $\displaystyle\int_0^\infty \frac{dx}{(1+x+y)^3}$ $(y>0)$ (2) $\displaystyle\int_0^\infty e^{-xy}\,dy$ $(x>0)$

(3) $\displaystyle\int_0^{x^2} e^{\frac{y}{x}}\,dy$ (4) $\displaystyle\int_0^{a\cos\theta} \sqrt{a^2-r^2}\,r\,dr$ $(a>0)$

問題 2 次の定積分を計算せよ.

(1) $\displaystyle\int_0^{1-x-z} \frac{dy}{\sqrt{1-x-y-z}}$ (2) $\displaystyle\int_0^{\frac{\pi}{4}-\frac{x}{2}+\frac{y}{2}} \cos(x-y+2z)\,dz$

(3) $\displaystyle\int_y^{10y} \sqrt{xy-y^2}\,dx$ $(y>0)$ (4) $\displaystyle\int_{1-x}^{1} \log(x+y)\,dy$ $(x>0)$

(5) $\displaystyle\int_{x^2}^{x} \frac{dy}{\sqrt{x^2-y^2}}$ $(x>0)$ (6) $\displaystyle\int_0^{y} \frac{dx}{x^2+y^2}$

問題 3 次の重積分の値を求めよ.

(1) $\displaystyle\iint_D x^2y^2(x^2-y^3)\,dxdy$ $D=[0,1]\times[-1,2]$

(2) $\displaystyle\iint_D \cos(x-y)\,dxdy$ $D=[0,\pi]\times\left[0,\frac{\pi}{2}\right]$

(3) $\displaystyle\iint_D \frac{dxdy}{(x+y+1)^2}$ $D=[0,1]\times[1,2]$

(4) $\displaystyle\iint_D \frac{x+y}{y+1}\,dxdy$ $D=[0,1]\times[0,1]$

(5) $\displaystyle\iint_D x\sin xy\,dxdy$ $D=[0,\pi]\times[0,1]$

(6) $\displaystyle\iint_D ye^{xy}\,dxdy$ $D=[0,2]\times\left[0,\frac{1}{2}\right]$

(7) $\displaystyle\iint_D \frac{xy}{1+x^2}\,dxdy$ $D=[0,1]\times[1,2]$

(8) $\displaystyle\iint_D \frac{\log x}{xy}\,dxdy$ $D=[1,2]\times[1,2]$

問題 4 次の繰り返し積分を計算せよ.

(1) $\displaystyle\int_0^1 \left(\int_{\sqrt{y}}^{\sqrt[3]{y}} xy\,dx \right) dy$　　　(2) $\displaystyle\int_0^1 \left(\int_0^{\sqrt{1-y^2}} \frac{xy^2}{\sqrt{1-x^2}}\,dx \right) dy$

(3) $\displaystyle\int_0^{\log 2} \left(\int_{e^y}^2 \frac{y}{x}\,dx \right) dy$　　　(4) $\displaystyle\int_0^{\pi} \left(\int_0^{1+\cos\theta} r^2 \sin\theta\,dr \right) d\theta$

問題 5 次の重積分を繰り返し積分に直して計算せよ.

(1) $\displaystyle\iint_D (2x+y)\,dxdy$　　　$D = \{(x,y) \mid x^2+y^2 \leq 1,\ y \geq 0\}$

(2) $\displaystyle\iint_D (x^2+y^2)\,dxdy$　　　$D = \{(x,y) \mid y^2 \leqq x \leqq y,\ 0 \leqq y \leqq 1\}$

(3) $\displaystyle\iint_D \frac{dxdy}{(1+x+2y)^2}$　　　$D = \{(x,y) \mid 0 \leqq x \leqq 1,\ 0 \leqq y \leqq 1-x\}$

(4) $\displaystyle\iint_D \sin(x-2y)\,dxdy$　　　$D = \left\{(x,y) \mid 0 \leqq x \leqq \frac{\pi}{2},\ 0 \leqq y \leqq 2x\right\}$

(5) $\displaystyle\iint_D e^{x+y}\,dxdy$　　　$D = \{(x,y) \mid 1 \leqq y \leqq 3,\ 0 \leqq x \leqq \log y\}$

(6) $\displaystyle\iint_D \log y\,dxdy$　　　$D = \{(x,y) \mid 1 \leqq x \leqq 2,\ 1 \leqq y \leqq x\}$

(7) $\displaystyle\iint_D \frac{dxdy}{\sqrt{1-x^2}}$　　　$D = \{(x,y) \mid x \geqq 0,\ y \geqq x,\ x^2+y^2 \leqq 1\}$

(8) $\displaystyle\iint_D y\cos x\,dxdy$

$$D = \left\{(x,y) \mid -\frac{\pi}{4} \leqq x \leqq \frac{\pi}{4},\ \sin x \leqq y \leqq \cos x\right\}$$

問題 6 次の繰り返し積分の積分順序を交換せよ.

(1) $\displaystyle\int_0^1 \left(\int_0^y f(x,y)\,dx \right) dy$　　　(2) $\displaystyle\int_{-1}^0 \left(\int_{x^2}^1 f(x,y)\,dy \right) dx$

(3) $\displaystyle\int_0^1 \left(\int_{-\sqrt{1-y^2}}^{\sqrt{1-y^2}} f(x,y)\,dx \right) dy$　　　(4) $\displaystyle\int_0^{\frac{\pi}{2}} \left(\int_0^{\cos x} f(x,y)\,dy \right) dx$

(5) $\displaystyle\int_0^1 \left(\int_{y-1}^{1-y} f(x,y)\,dx \right) dy$　　　(6) $\displaystyle\int_1^2 \left(\int_0^{\frac{1}{x}} f(x,y)\,dy \right) dx$

問題 7　次の重積分を繰り返し積分に直して計算せよ.

(1) $\displaystyle\iint_D \frac{x}{\sqrt{1+y^2}}\,dxdy$　　$D = \left\{(x,y)\mid 0 \leqq x \leqq 1,\ x^2 \leqq y \leqq 1\right\}$

(2) $\displaystyle\iint_D \frac{dxdy}{(1+x^2)^2}$　　$D = \left\{(x,y)\mid \dfrac{y}{2} \leqq x \leqq 1,\ 0 \leqq y \leqq 2\right\}$

(3) $\displaystyle\iint_D x^2 \sin xy\,dxdy$　　$D = \left\{(x,y)\mid y \leqq x \leqq 1,\ 0 \leqq y \leqq 1\right\}$

(4) $\displaystyle\iint_D \frac{e^y}{y}\,dxdy$　　$D = \left\{(x,y)\mid 0 \leqq x \leqq 1,\ x \leqq y \leqq \sqrt{x}\right\}$

問題 8　適当な変数変換を行って, 次の重積分の値を求めよ.

(1) $\displaystyle\iint_D (x-y)\sin(x+y)\,dxdy$

$$D = \left\{(x,y)\mid 0 \leqq x+y \leqq \frac{\pi}{2},\ 1 \leqq x-y \leqq 2\right\}$$

(2) $\displaystyle\iint_D (x+y)^2 e^{x^2-y^2}\,dxdy$　　$D = \left\{(x,y)\mid x \geqq 0,\ 0 \leqq y \leqq 1-x\right\}$

(3) $\displaystyle\iint_D \cos\frac{\pi x}{2y}\,dxdy$　　$D = \left\{(x,y)\mid 0 \leqq x \leqq y \leqq 1\right\}$

(4) $\displaystyle\iint_D e^{\frac{x-y}{x+y}}\,dxdy$　　$D = \left\{(x,y)\mid x \geqq 0,\ y \geqq 0,\ 2 \leqq x+y \leqq 4\right\}$

問題 9　次の 3 重積分の値を求めよ.

(1) $\displaystyle\iiint_K (x+y+z)^2\,dxdydz$　　$K = [-1,1] \times [0,1] \times [-1,0]$

(2) $\displaystyle\iiint_K \cos(x-y+2z)\,dxdydz$　　$K = \left[0,\dfrac{\pi}{2}\right] \times [0,\pi] \times \left[0,\dfrac{\pi}{4}\right]$

(3) $\displaystyle\iiint_K \frac{dxdydz}{(x+y+z+1)^3}$

$$K = \left\{(x,y,z)\mid x,y,z \geqq 0,\ x+y+z \leqq 1\right\}$$

(4) $\displaystyle\iiint_K e^{x+y-z}\,dxdydz$

$$K = \left\{(x,y,z)\mid 0 \leqq x \leqq 1,\ 0 \leqq y \leqq x,\ 0 \leqq z \leqq x+y\right\}$$

問題 10 3 次元の極座標変換を行って次の 3 重積分を求めよ.

(1) $\displaystyle\iiint_K z^2\sqrt{x^2+y^2+z^2}\,dxdydz$

$\qquad K=\{(x,y,z)\mid z\geqq 0,\ x^2+y^2+z^2\leqq 1\}$

(2) $\displaystyle\iiint_K x^2yz\,dxdydz$

$\qquad K=\{(x,y,z)\mid x,y,z\geqq 0,\ x^2+y^2+z^2\leqq 1\}$

— 演習問題 **B** —

問題 1 次の重積分の値を, 変換 $x+y=u,\ y=uv$ により求めよ.

$$\iint_D \frac{e^{-x-y}}{x+y}\sin\left(\frac{\pi y}{2(x+y)}\right)dxdy \qquad D=\{(x,y)\mid x\geqq 0,\ y\geqq 0\}$$

問題 2 重積分の変数変換の公式

$$\iint_D f(x,y)\,dxdy=\iint_\Omega f(\varphi(u,v),\psi(u,v))\,|J(u,v)|\,dudv$$

を変換 (φ,ψ) が 1 次変換

$$\begin{cases} x=\varphi(u,v)=au+bv \\ \\ y=\psi(u,v)=cu+dv \end{cases} \qquad (a,b,c,d\ は定数)$$

つまり $\begin{pmatrix} x \\ y \end{pmatrix}=\begin{pmatrix} a & b \\ c & d \end{pmatrix}\begin{pmatrix} u \\ v \end{pmatrix}$ で $f(x,y)=1$ の場合に直接計算して確かめて
みよう.

(1) D を $(0,0),(a,c),(b,d),(a+b,c+d)$ を頂点とする平行 4 辺形とする.
ただし, $0<\dfrac{c}{a}<\dfrac{d}{b},\ 0<b<a$ とする. $\displaystyle\iint_D dxdy$ を直接計算せよ.

(2) 変換 (φ,ψ) のヤコビアン $J(u,v)$ を求めよ.

(3) 変換 (φ,ψ) で領域 D の対応する (u,v) 平面の領域 Ω を求めよ.

(4) 変換 (φ,ψ) を行って $\displaystyle\iint_D dxdy$ を求めよ.

問題 3　$f(x)$ を連続とするとき

$$y(x) = \int_0^x f(t) \cos \omega (x - t)\, dt$$

は初期値問題 $\begin{cases} y'' + \omega^2 y = f' \\ y(0) = 0, \quad y'(0) = f(0) \end{cases}$ をみたすことを示せ.

問題 4　f が連続で, φ, ψ が微分可能であるとき

$$\frac{d}{dx} \left(\int_{\psi(x)}^{\varphi(x)} f(t)\, dt \right) = f(\varphi(x))\varphi'(x) - f(\psi(x))\psi'(x)$$

を示せ.

問題 5　c を定数とし, 1 変数関数 $\varphi(\cdot)$, $\psi(\cdot)$ を用いて

$$u(x, t) = \frac{\varphi(x - ct) + \varphi(x + ct)}{2} + \frac{1}{2c} \int_{x - ct}^{x + ct} \psi(y)\, dy$$

とすると, $u(x, t)$ は偏微分方程式の初期値問題

$$u_{tt} - c^2 u_{xx} = 0, \quad u(x, 0) = \varphi(x), \quad u_t(x, 0) = \psi(x)$$

をみたすことを示せ. この偏微分方程式を**波動方程式**という.

問題 6　対称行列が直交行列によって対角化できることを, 行列と行列式で学んだ. 対角化は重積分の計算にも応用できる.

(1)　直交行列 P をうまく選ぶと $P^T \begin{pmatrix} 3 & 1 \\ 1 & 3 \end{pmatrix} P = \begin{pmatrix} \lambda_1 & 0 \\ 0 & \lambda_2 \end{pmatrix}$ の形になることを示せ. ここで, P^T は P の転置行列を表す.

(2)　変換 $\begin{pmatrix} x \\ y \end{pmatrix} = P \begin{pmatrix} u \\ v \end{pmatrix}$ を行って積分

$$\iint_{\mathbb{R}^2} e^{-(3x^2 + 2xy + 3y^2)}\, dxdy$$

を計算せよ.

問題 7　適当な変数変換を行って定積分 $\displaystyle\int_0^\infty e^{-x^4} x^5\, dx$ をガンマ関数で表し, その値を求めよ.

問題 8　適当な変数変換を行って定積分 $\displaystyle\int_0^1 \frac{x^6}{\sqrt{1-x^2}}\,dx$ をベータ関数で表し，その値を求めよ．

問題 9　重積分

$$\iint_D e^{-xy}\sin x\,dxdy \qquad D=\{(x,y)\mid x,y\geqq 0\}$$

を，形式的に 2 通りの順序で計算して，積分 $\displaystyle\int_0^\infty \frac{\sin x}{x}\,dx$ の値を求めよ．

問題 10　(1) $x=\cos^2\theta$ と変数変換して

$$B(p,q)=2\int_0^{\frac{\pi}{2}}\cos^{2p-1}\theta\,\sin^{2q-1}\theta\,d\theta$$

を示せ．

(2) 次の定積分の値を求めよ．

(i) $\displaystyle\int_0^{\frac{\pi}{2}}\cos^2\theta\sin^2\theta\,d\theta$　　　　　　(ii) $\displaystyle\int_0^{\frac{\pi}{2}}\cos^3\theta\sin^4\theta\,d\theta$

問題 11　(1) $x=\dfrac{t}{1+t}$ と変数変換して $B(p,q)=\displaystyle\int_0^\infty\frac{t^{p-1}}{(1+t)^{p+q}}\,dt$ を示せ．

(2) $x^2=t$ と変数変換して (1) を用いることにより

$$\int_0^\infty\frac{dx}{(1+x^2)^n}=\frac{1}{2}B\left(\frac{1}{2},n-\frac{1}{2}\right)\qquad (n=1,2,\cdots)$$

を示せ．

(3) 次の定積分の値を求めよ．

(i) $\displaystyle\int_0^\infty\frac{dx}{(1+x^2)^2}$　　　　　　(ii) $\displaystyle\int_0^\infty\frac{dx}{(1+x^2)^3}$

問題 12　定理 6.9 を用いて，次の定積分の値を求めよ．ただし，積分する領域 K は定理と同じものとする．

(1) $\displaystyle\iiint_K\sqrt{\frac{yz}{x(1-x-y-z)}}\,dxdydz$

(2) $\displaystyle\iiint_K x(1-x-y-z)^2\,dxdydz$

問題 13　定理 6.9 を用いて，半径 1 の球の体積を求めてみよう．

(1)　$x, y, z \geqq 0$ のとき変数変換 $x^2 = u$, $y^2 = v$, $z^2 = w$, すなわち $x = \sqrt{u}$, $y = \sqrt{v}$, $z = \sqrt{w}$ のヤコビアン $J(u, v, w)$ を求めよ．

(2)　(x, y, z) の領域　$\{(x, y, z) \mid x, y, z \geqq 0,\ x^2 + y^2 + z^2 \leqq 1\}$　に対応する (u, v, w) の領域 K を求めよ．

(3)　(1) の変数変換と定理 6.9 を用いて，さらに対称性に注意して半径 1 の球の体積を求めよ．

第 7 章

補足的な話題

7.1 複素数

2 次方程式 $x^2 + 1 = 0$ は実数の解をもたないが, $i^2 = -1$ となる新しい「数」 i を導入し, 解をもつと考えることにする. 実数 a, b に対して

$$z = a + bi$$

と表される「数」を**複素数**という. i を**虚数単位**, a を $z = a + bi$ の**実部**, b を**虚部**という. 複素数を $z = a + ib$ と書くこともある. また, 専門分野によっては, 虚数単位を j と表すこともある.

複素数も普通の数のように計算することができる. まず, 和・差については

$$z_1 = a_1 + b_1 i, \quad z_2 = a_2 + b_2 i$$

に対して

$$z_1 + z_2 = a_1 + a_2 + (b_1 + b_2)i$$

$$z_1 - z_2 = a_1 - a_2 + (b_1 - b_2)i$$

である. 普通の文字式のように計算するだけである.

積も, 文字式のように計算すればよいが, $i^2 = -1$ を適用することを忘れないようにしよう. すなわち,

$$z_1 z_2 = (a_1 + b_1 i)(a_2 + b_2 i)$$

$$= a_1 a_2 + a_1 b_2 i + a_2 b_1 i + b_1 b_2 i^2$$

$$= a_1 a_2 - b_1 b_2 + (a_1 b_2 + a_2 b_1)i$$

である.

商を計算するにあたっては, $z = a + bi$ に対応して, z の**共役複素数**

$$\overline{z} = a - bi$$

を考えると便利である.

$$z\overline{z} = a^2 + b^2$$

となることに注意しよう. $|z| = \sqrt{a^2 + b^2}$ を z の**絶対値**という. これを用いて, 0 でない $z = a + bi$ の逆数 $\dfrac{1}{z}$ が

$$\frac{1}{z} = \frac{\overline{z}}{z\overline{z}} = \frac{a - bi}{a^2 + b^2} = \frac{a}{a^2 + b^2} - \frac{b}{a^2 + b^2}i$$

と求められる. これにより

$$\frac{z_1}{z_2} = (a_1 + b_1 i)\left(\frac{a_2}{a_2{}^2 + b_2{}^2} - \frac{b_2}{a_2{}^2 + b_2{}^2}i\right)$$

$$= \frac{a_1 a_2 + b_1 b_2}{a_2{}^2 + b_2{}^2} - \frac{a_1 b_2 - a_2 b_1}{a_2{}^2 + b_2{}^2}i$$

であることがわかる. このように複素数は, 実数と同じように和・差・積・商の計算ができる.

このように計算できることを用いると, 2 次方程式には複素数の範囲でいつでも 2 つの解が存在することがわかる. ただし, 重解は 2 つと数えている. すなわち, 実数 a, b, c について, 2 次方程式

$$ax^2 + bx + c = 0$$

の 2 つの解は

$$x = \frac{-b \pm \sqrt{b^2 - 4ac}}{2a}$$

と表される. $b^2 - 4ac > 0$ のときには 2 つの異なる実数解が存在し, $b^2 - 4ac = 0$ のときには (実数の) 重解をもつ. $b^2 - 4ac < 0$ のときには, $\sqrt{4ac - b^2}$ が実数

であるから

$$x = \frac{-b \pm i\sqrt{4ac - b^2}}{2a}$$

が, 2つの複素数解を与えている. この2つの複素数解は, 互いに他の共役複素数に
なっている. $b^2 - 4ac$ の符号により方程式の解の分類ができるので, $D = b^2 - 4ac$
を2次方程式 $ax^2 + bx + c = 0$ の**判別式**という. さらに, 一般の n 次方程式も
複素数の範囲で考えると (重解を重複して数えて) n 個の解をもつことが知られ
ている.

　複素数 $z = a + bi$ は, 実数の組 (a, b) で表される. この組 (a, b) を平面の座
標と考えると, 複素数 $z = a + bi$ が平面上の点 $\mathrm{P}(a, b)$ で表現できる. このよう
に, 複素数を表していると考えた平面を**複素 (数) 平面**という.

　平面上の点 $\mathrm{P}(a, b)$ は, 極座標を用いて表すことも
できる. すなわち, 原点 O からの距離 $r = \overline{\mathrm{OP}}$ と,
X 軸の正方向から左回りに測った角度 θ を用いて,
$\mathrm{P}(r, \theta)$ と表すことができる. 両者の関係は,

$$a = r\cos\theta, \qquad b = r\sin\theta \qquad (7.1)$$

である. また, $r = \sqrt{a^2 + b^2}$ である. このことを複
素平面で考えると, 複素数も極座標で表すことがで
きる. $z = a + bi$ を表す点 $\mathrm{P}(a, b)$ の極座標を (r, θ)
とすると, z の絶対値 $|z| = \sqrt{a^2 + b^2}$ は原点からの
距離を表している. また, $\theta = \arg z$ と表し, z の**偏角**という.

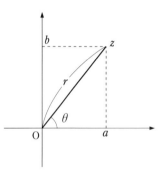

図7.1　複素平面と極形式

　$z = a + bi$ に (7.1) を代入すると

$$z = |z|(\cos\theta + i\sin\theta)$$

と表されることがわかる. これを複素数の**極形式**という.

$$z_1 = |z_1|(\cos\theta_1 + i\sin\theta_1), \qquad z_2 = |z_2|(\cos\theta_2 + i\sin\theta_2)$$

に対して, 3角関数の加法定理から,

$$z_1 z_2 = |z_1||z_2|\{\cos\theta_1\cos\theta_2 - \sin\theta_1\sin\theta_2 + i(\sin\theta_1\cos\theta_2 + \cos\theta_1\sin\theta_2)\}$$

$$= |z_1 z_2|\{\cos(\theta_1 + \theta_2) + i\sin(\theta_1 + \theta_2)\}$$

となる．すなわち，2つの複素数の積を極形式で考えると

(1)　絶対値は，各々の絶対値の積，

(2)　偏角は，各々の偏角の和

となる．

さらに，$e^x, \sin x, \cos x$ に対するマクローリン展開 (例題 8.2.1, p. 203) を適用して (形式的に) 計算すると，

$$e^{i\theta} = 1 + \frac{i\theta}{1!} + \frac{(i\theta)^2}{2!} + \frac{(i\theta)^3}{3!} + \cdots$$

$$= \left(1 - \frac{\theta^2}{2!} + \frac{\theta^4}{4!} - \cdots \right) + i \left(\theta - \frac{\theta^3}{3!} + \frac{\theta^5}{5!} - \cdots \right)$$

$$= \cos\theta + i\sin\theta$$

となる．定義 7.6 (p. 184) では，この関係式

$$e^{i\theta} = \cos\theta + i\sin\theta$$

を複素数の指数関数の定義とするのだが，このように考えると，定義が自然なものであることが納得できるだろう．この関係式を，**オイラーの公式**という．

このように，複素数を介すると指数関数と3角関数が統一的にとらえられる．それだけでなく，いろいろな関数も複素数の関数と考えると，統一的な理論が構築できることが知られている．応用面でも，流体力学や量子力学では複素数の関数が利用される．複素関数の微分積分などについての詳しい理論は，関数論で学ぶ．

問題 7.1.1　(1)　i を虚数単位とする．i をふつうの数と同じように計算して

$$\int e^{(a+ib)x}\, dx = \frac{a - ib}{a^2 + b^2}\, e^{(a+ib)x}$$

を示せ．

(2)　定義 7.6 (p. 184) の関係式

$$e^{ix} = \cos x + i\sin x$$

を用いて (1) の両辺の実部と虚部をそれぞれ比較して

$$\int e^{ax} \sin bx\, dx = \frac{e^{ax}}{a^2 + b^2} \big(a\sin bx - b\cos bx \big)$$

$$\int e^{ax} \cos bx \, dx = \frac{e^{ax}}{a^2 + b^2} \left(a \cos bx + b \sin bx \right)$$

を示せ．

(3) 部分積分を用いて計算し，同じ結果が得られることを確かめよ．

7.2　指数関数と対数関数，逆関数

　指数は右肩に小さく書く数のことで，元来，かけ算の個数を表している．たとえば $a^2 = a \times a$ である．さらに，$a^2 a^3 = a^{2+3}$, $(a^3)^2 = a^3 \times a^3 = a^6$ などの性質からわかるように，自然数 $x, y \in \mathbb{N}$ に対して

$$a^x a^y = a^{x+y}, \qquad (a^x)^y = a^{xy} \tag{7.2}$$

が成り立つ．この関係式を**指数法則**という．$\mathbb{N}$ は**自然数** $1, 2, \cdots$ の全体を表す記号である．

　$a > 0, a \neq 1$ として，この指数法則が全ての実数 $x, y \in \mathbb{R}$ について成り立つと考えてみる．

例題 7.2.1　指数法則 (7.2) が全ての実数について成立するとすると，

$$a^0 = 1, \quad a^{-1} = \frac{1}{a}, \quad a^{\frac{1}{2}} = \sqrt{a}$$

が成り立つ．一般に，分数 $\dfrac{n}{m}$ $(n, m \in \mathbb{N})$ に対して

$$a^{\frac{n}{m}} = \left(\sqrt[m]{a} \right)^n, \quad a^{-\frac{n}{m}} = \frac{1}{\left(\sqrt[m]{a} \right)^n}$$

である．

定義 7.1　すべての実数 $x \in \mathbb{R}$ について，この指数法則 (7.2) が成立するとして a^x の値が定まる．こうして定まる関数 $y = a^x$ を，a を底とする**指数関数**という．単に指数関数というときには，$e = 2.718281828\cdots$ という特別な数を底とする指数関数 $y = e^x$ を表す．e を**自然対数の底**という．

今後この e はいつでもこの特別の数を表すことにする. 特別な数といったが, e の正確な定義は, 定義 8.3 (p. 199) であたえる.

放射性元素の崩壊, バクテリアの増殖, 預金の複利計算など指数関数はいろいろな現象を表すときに利用されている.

e^x を $\exp(x)$ とも表す. コンピュータ言語では, 右肩に書く記号が入力できないので, 指数関数を表すときにこの記法が利用されている.

関数 $y = e^x$ のグラフは, 図 7.2 のようになっている.

このグラフをみると次のことがわかる.

(1) グラフは右上がりである. これを「グラフが**単調増加**である」あるいは「関数が単調増加である」という.

(2) グラフは X 軸の上側にある. すなわち, $e^x > 0$ である.

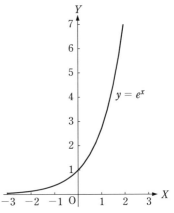

図 7.2 指数関数のグラフ

指数関数のグラフを見ると, X 軸の値に対して e^x の値が Y 軸上に読みとれるだけでなく, 逆に, Y 軸の値 y を指定すれば, その値が e^x となる x を見つけることができることに気付くだろう. これより, 新しい関数が定義できる. 数の対応を表しているだけだから, x と y を入れ替えて書いてもその「働き」は同じである.

定義 7.2 関数 $y = \log x$ は, x に対して, $x = e^y$ となる y を対応させる関数である. これを **対数関数**という.

$e^x > 0$ であることから, $\log x$ は $x > 0$ に対してのみ考えることができる. 関数 $f(x)$ に対して, 変数 x を考える範囲を関数 $f(x)$ の**定義域**という. すなわち, $y = \log x$ の定義域は $\{x \mid x > 0\}$ である.

指数法則を書き換えると

$$\log x + \log y = \log xy, \quad \log x^a = a \log x \qquad (a \in \mathbb{R}) \tag{7.3}$$

が成り立つ. これを**対数法則**という. また, 指数関数との対応を重視して, 「対

数関数は指数関数の**逆関数**である」ともいう．対数関数 $y = \log x$ のグラフは，指数関数 $y = e^x$ のグラフと直線 $y = x$ に対して対称になっている．

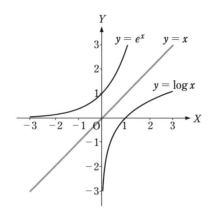

図 7.3 指数関数と対数関数のグラフ，対称性

ここまでは e を底とする対数のみを考えてきた．これを**自然対数**という．流儀によっては $\ln x$ と表すこともある．

逆関数は一般の関数に対しても考えることができる．

定義 7.3 2 つの関数 $y = g(x)$ と $y = f(x)$ が**逆関数**の関係をみたすとは，

$$y = f(g(y)), \qquad x = g(f(x))$$

が成立するときをいう．

指数関数と対数関数では，この関係式は

$$y = e^{\log y}, \quad x = \log e^x$$

のことである．

例題 7.2.2 一般の $a > 0 \ (a \neq 1)$ を底とする指数関数は，関係式 $a = e^{\log a}$ を用いて

$$a^x = e^{x \log a} \tag{7.4}$$

と考えればよい．その逆関数を $\log_a x$ と表し，**a を底とする対数関数**という．特に，10 進法の桁数などを表すには，底を 10 とするのが便利である．これを**常用**

対数という. 一般の対数関数についても, 対数法則 (7.3) が成り立つ. さらに, 自然対数との間には

$$\log_a x = \frac{\log x}{\log a} \tag{7.5}$$

という関係が成り立つ.

例題 7.2.3 対数法則 (7.3) を指数法則 (7.2) から導こう. 指数法則 $e^{x+y} = e^x e^y$ において, $X = e^x$, $Y = e^y$ と書くと, それぞれ, $x = \log X$, $y = \log Y$ であり, 指数法則は, $e^{\log X + \log Y} = XY$ と表すことができる. これを対数で表すと $\log X + \log Y = \log XY$ であり, 変数を書き換えると対数法則 $\log x + \log y = \log xy$ である. もう 1 つの関係式を導くことは, 演習問題とする.

$y = \log_a x$ とすると, x が a 倍になれば, y の値が 1 だけ増える. 地震のエネルギーなど非常に大きな数を扱うときには, 適当な底を定めて, その対数を指標とすると便利なことがある.

指数関数以外の関数の逆関数の例を挙げる.

例題 7.2.4 $y = x^2$ の逆関数を考えよう. $y = x^2$ を $x \geqq 0$ の範囲で考えると, その逆関数は $y = \sqrt{x}$ である.

$x \leqq 0$ の範囲で考えたときの $y = x^2$ の逆関数は $y = -\sqrt{-x}$ となる. 関数 $y = x^2$ では, 1 つの y の値について必ずしも 1 つの x の値が対応しているわけではないので, 逆関数を考えるときには関数の定義域を考慮しなければならない.

問題 7.2.1 次の関係式を確かめよ.

(1) $e^{-x} = \dfrac{1}{e^x}$ (2) $e^{\log x} = x$

(3) $\log e^x = x$ (4) $\log \dfrac{1}{x} = -\log x$

問題 7.2.2 $y = e^{-x}$ のグラフを描け.

問題 7.2.3 対数法則 $\log x^a = a \log x$ を指数法則 (7.2) から導け.

問題 7.2.4 $e^x + e^{-x} = 3$ のとき，次の値を求めよ．

(1) $e^{2x} + e^{-2x}$ (2) $e^{3x} + e^{-3x}$ (3) $e^x - e^{-x}$ $(x > 0)$

問題 7.2.5 次の式を計算して，簡単にせよ．

(1) $(e^x + e^{-x})^2 - (e^x - e^{-x})^2$ (2) $\left(\dfrac{e^x - e^{-x}}{e^x + e^{-x}}\right)^2 + \dfrac{4}{(e^x + e^{-x})^2}$

(3) $\log\left|\dfrac{x-1}{x+1}\right| + \log\left|\dfrac{x+1}{x-1}\right|$ (4) $e^{\log(x+\sqrt{x^2+1})} - e^{-\log(x+\sqrt{x^2+1})}$

7.3   3角関数

平面上で原点を中心とし，半径 1 の円周，すなわち関係式 $x^2 + y^2 = 1$ をみたす (x, y) を座標とする点の全体がつくる図形を**単位円周**という．

今後，角度を測る単位として**ラジアン**を用いる．ラジアンは，次のように定義される．

定義 7.4 単位円周上に点 P をとる．$\angle XOP$ が単位円周から切り取る円弧の長さが α であるとき，$\angle XOP$ の角度を α ラジアンという．

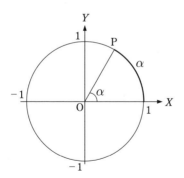

図 7.4 単位円とラジアンの図

例題 7.3.1 日常に用いられる，1 周を 360° として測る角度とラジアンは $360° = 2\pi$ であるから

$$0° = 0, \quad 30° = \frac{\pi}{6}, \quad 45° = \frac{\pi}{4}, \quad 60° = \frac{\pi}{3}, \quad 90° = \frac{\pi}{2}$$

などと換算することができる.

　数直線の目盛りも長さを表しているから, ラジアンの数値と考えて, 角度を数
直線上に表すことができる. ラジアンを用いて角度を表すときには, 単位をつけ
ない. X 軸の正の方向を基準として左回りを正の角度と考えて, 角度に符号を考
え, また, 何周も回る角度も考えて, すべての実数と角度を対応させる.

　任意の実数に対して 3 角関数を次のように定義する.

> **定義 7.5**　任意の実数 θ に対して, $\angle XOP = \theta$ となるように点 P を単位円周上
> にとる. P の座標を (x, y) とするとき,
> $$\cos\theta = x, \quad \sin\theta = y$$
> と定義する. また, $\sin\theta, \cos\theta$ を組み合わせて
> $$\tan\theta = \frac{\sin\theta}{\cos\theta}$$
> と定義する.

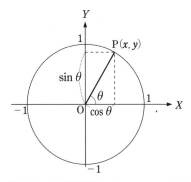

図 7.5　単位円周と $\sin\theta$, $\cos\theta$ の図

　さらに, これら $\sin\theta, \cos\theta, \tan\theta$ の分数の表示がよく使われる場面では, 表示を簡単
にするために,
$$\cot\theta = \frac{1}{\tan\theta}, \quad \sec\theta = \frac{1}{\cos\theta}, \quad \operatorname{cosec}\theta = \frac{1}{\sin\theta}$$
という記号も用いられる. それぞれ, コタンジェント, セカント, コセカントと読む.

　3 角関数のもつ性質を調べよう.

> **定理 7.1**　任意の θ に対して
> $$-1 \leqq \sin\theta \leqq 1, \quad -1 \leqq \cos\theta \leqq 1$$
> である．また，すべての整数 n に対して
> $$\sin(\theta + 2n\pi) = \sin\theta, \quad \cos(\theta + 2n\pi) = \cos\theta$$
> である．これを3角関数の**周期性**という．さらに，
> $$\sin^2\theta + \cos^2\theta = 1$$
> が成り立つ．

証明　値の範囲が $[-1, 1]$ であることは，単位円による定義を考えれば明らかである．周期性は，2π（あるいはその整数倍）だけ回転した角度も同じ図形になることから得られる性質である．最後の関係式は，**ピタゴラスの定理**（**3平方の定理**）より明らかである．▮

また，次の性質も単位円を描いて，定義を考えれば直ちにわかる事柄である．

例題 7.3.2　次の性質が成り立つ．

$$\sin\left(\frac{\pi}{2} - \theta\right) = \cos\theta \tag{7.6}$$

$$\sin(\pi - \theta) = \sin\theta, \quad \cos(\pi - \theta) = -\cos\theta \tag{7.7}$$

$$\cos(-\theta) = \cos\theta, \quad \sin(-\theta) = -\sin\theta \tag{7.8}$$

実際，(7.6) は，1つの角が θ の直角3角形を考えれば明らかである．また，単位円で考えると，(7.7) は角の Y 軸対称性から，(7.8) は角の X 軸対称性からそれぞれ導かれる．一方，(7.8) をグラフで考えると，$\cos\theta$ グラフが Y 軸に関して対称であること，$\sin\theta$ のグラフが原点に関して対称であることを表している．▮

他の3角関数についても，周期性や対称性について類似の関係式が成り立つ．付録の公式集 A.1.2 (p. 242) には主な公式がまとめてあるので利用してほしい．

$y = \sin x$ のグラフを見ればわかるように，周期性はグラフにおいては同じ形の繰り返しとして現れる．そのため，交流電流，音波，地震波，水面波などの波動や振り子などの振動の様子を表すときに3角関数がよく利用される．

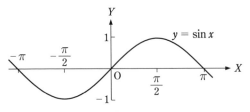

図 7.6 関数 $\sin x$ のグラフ

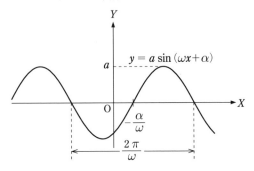

図 7.7 パラメータ a, ω を含んだ 3 角関数のグラフ

$y = a\sin(\omega x + \alpha)$ $(a > 0,\ \omega > 0)$ のグラフは，図 7.7 のようになっていて，$\dfrac{2\pi}{\omega}$ ごとに同じ形を繰り返す．また，a は波や振動の幅を表している．$\dfrac{2\pi}{\omega}$ を振動の**周期**，a を**振幅**，α を**初期位相**という．

また，t をパラメータとするとき

$$x(t) = a\cos\omega t, \quad y(t) = a\sin\omega t \qquad (a > 0)$$

で表される点 $\mathrm{P}(x(t), y(t))$ は，平面上で原点を中心とする半径 a の円を描く．パラメータ t を時間変数と考えると，点 P は円周上を等速度で回転している．このとき ω は単位時間に進む角度を表しているので，**角速度**と呼ばれている．これらのことは，力学の講義でもっと詳しく学ぶはずである．

Y 軸対称性や原点対称と呼んだのは，グラフの性質である．Y 軸対称なグラフの典型的な例は偶数次の多項式 $y = x^2$ や $y = x^4$ などであり，原点対称なグラフの典型的な例は奇数次の多項式 $y = x, y = x^3$ などであることから，一般に

$$f(-x) = f(x), \quad f(-x) = -f(x)$$

をみたす関数をそれぞれ**偶関数, 奇関数**という. $\cos\theta$ は偶関数, $\sin\theta$ は奇関数である.

これからは変数として x, y も用いる. $\sin x$ や $\cos y$ と書いても, もう定義 7.5 の中の x, y と混同しないだろう.

3角関数にはたくさんの公式が知られている. これらの公式を大きく分類すると, 2 つのグループに分けられる. 1 つのグループは, これまでに述べたように, 3平方の定理, 周期性, 対称性などから導かれる公式である.

これに対して, 別の一群の公式がある. これらは次に取り上げる**加法定理**を元にして導かれる公式である. 次の 2 つの公式が基本である.

定理 7.2 加法定理 次の関係式が成り立つ.

$$\sin(x+y) = \sin x \cos y + \cos x \sin y \tag{7.9}$$

$$\cos(x+y) = \cos x \cos y - \sin x \sin y \tag{7.10}$$

この加法定理の証明は後に回して, まずは結果を承認して使ってみることにする. この加法定理から得られる公式は, 付録にまとめてある.

例題 7.3.3 加法定理から

$$\sin x \cos y = \frac{1}{2}\{\sin(x+y) + \sin(x-y)\} \tag{7.11}$$

$$\sin x + \sin y = 2\sin\left(\frac{x+y}{2}\right)\cos\left(\frac{x-y}{2}\right) \tag{7.12}$$

が成立する. 実際, (7.9) と, これから得られる

$$\sin(x-y) = \sin x \cos y - \cos x \sin y$$

の和をとると (7.11) を得る.

$A = x+y, B = x-y$ とおいてこの結果を書き直すと (7.12) を得る. ▌

例題 7.3.4 $\tan(x+y)$ に対する加法定理

$$\tan(x+y) = \frac{\tan x + \tan y}{1 - \tan x \tan y} \tag{7.13}$$

が成立する. 証明は, 演習問題とする. ▌

例題 7.3.5　加法定理から

$$a \sin x + b \cos x = \sqrt{a^2 + b^2} \sin(x + \theta), \quad \tan \theta = \frac{b}{a}$$

が得られる．実際，

$$a \sin x + b \sin x = \sqrt{a^2 + b^2} \left(\frac{a}{\sqrt{a^2 + b^2}} \sin x + \frac{b}{\sqrt{a^2 + b^2}} \cos x \right)$$

であるから，$\cos \theta = \dfrac{a}{\sqrt{a^2 + b^2}}$, $\sin \theta = \dfrac{b}{\sqrt{a^2 + b^2}}$ をみたす θ をとることができ，$\tan \theta = \dfrac{b}{a}$ をみたして，加法定理 (7.9) により結論が成り立つ．この関係式は，周期の等しい 2 つの波が混じり合ったときどんな現象が起きるかを表している．次の図 7.8 のグラフを見るとその様子がわかる．

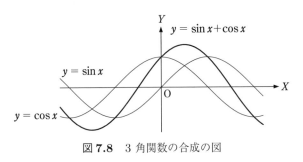

図 **7.8**　3 角関数の合成の図

　3 角関数と指数関数は，一見すると別の関数であるが次のような深いつながりがある．

定義 7.6　複素数の指数関数も考えることができる．$\theta \in \mathbb{R}$ に対して

$$e^{i\theta} = \cos \theta + i \sin \theta \tag{7.14}$$

と定義する．

　この式を用いると 3 角関数の加法定理が指数法則から得られるばかりでなく，3 角関数の公式と指数法則が同等の公式であることがわかる．実際，

$$\cos(x + y) + i \sin(x + y)$$
$$= e^{i(x+y)} = e^{ix} e^{iy}$$
$$= (\cos x + i \sin x)(\cos y + i \sin y)$$
$$= (\cos x \cos y - \sin x \sin y) + i(\sin x \cos y + \cos x \sin y)$$

と計算できる．論理的にはこれでは証明したことにはならないが，広い立場でいくつもの公式を統一的にとらえておくことも，数学を理解するには有益である．

さて，加法定理 7.2 を証明しよう．

証明 単位円周上に 4 点 A$(1,0)$, B$(\cos(x+y), \sin(x+y))$, P$(\cos(-x), \sin(-x))$, Q$(\cos y, \sin y)$ をとる．4 点はそれぞれ角度 $0, x+y, -x, y$ に対応する単位円周上の点である．3角形 OAB と OPQ はいずれも中心角 $x+y$ の3角形であるから合同で，2 つの線分 AB と PQ の長さは等しい．関係式 $|AB|^2 = |PQ|^2$ を座標を用いて表し，計算すると

$$\{\cos(x+y) - 1\}^2 + \sin^2(x+y)$$

$$= \{\cos y - \cos(-x)\}^2 + \{\sin y - \sin(-x)\}^2$$

$$\cos^2(x+y) - 2\cos(x+y) + 1 + \sin^2(x+y)$$

$$= 2 - 2\cos x \cos y + 2\sin x \sin y$$

のように計算できて，$\cos(x+y)$ に対する加法定理

$$\cos(x+y) = \cos x \cos y - \sin x \sin y$$

が得られる．

この関係式と例題 7.3.2, (7.6) を用いると $\sin(x+y)$ に対する加法定理 (7.9) が得られる．

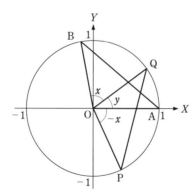

図 7.9 4 点と 2 つの 3 角形の図

問題 7.3.1 次の 3 角関数の値を求めよ．

(1) $\sin\dfrac{\pi}{3}$　　　　(2) $\cos\dfrac{\pi}{4}$　　　　(3) $\tan\dfrac{2\pi}{3}$

(4) $\sin\left(-\dfrac{\pi}{2}\right)$　　(5) $\cos\left(-\dfrac{\pi}{6}\right)$　　(6) $\tan(-\pi)$

$$(7)\ \sin\frac{5\pi}{4} \qquad\qquad (8)\ \cos\frac{7\pi}{3} \qquad\qquad (9)\ \tan\frac{5\pi}{6}$$

問題 7.3.2　単位円を用いて次の関係式を確かめよ. すべて定理 7.1, 例題 7.3.2 で取り上げた関係式であるが, 各自でもう一度確かめておくことを勧める.

(1) $-1 \leqq \sin\theta \leqq 1, \quad -1 \leqq \cos\theta \leqq 1$ 　　(2) $\sin(\theta + 2\pi) = \sin\theta$

(3) $\cos(\theta + 2\pi) = \cos\theta$ 　　　　　　(4) $\sin\left(\dfrac{\pi}{2} - \theta\right) = \cos\theta$

(5) $\sin(\pi - \theta) = \sin\theta$ 　　　　　　(6) $\cos(-\theta) = \cos\theta$

(7) $\sin(-\theta) = -\sin\theta$

問題 7.3.3　加法定理を用いて次の関係式を示せ.

(1) $\sin 2x = 2\sin x\cos x$ 　　　　　(2) $\tan 2x = \dfrac{2\tan x}{1 - \tan^2 x}$

(3) $\cos 2x = \cos^2 x - \sin^2 x = 2\cos^2 x - 1 = 1 - 2\sin^2 x$

(4) $\cos^2\dfrac{x}{2} = \dfrac{1 + \cos x}{2}$ 　　　　(5) $\sin^2\dfrac{x}{2} = \dfrac{1 - \cos x}{2}$

問題 7.3.4　次の条件をみたす x を求めよ.

(1) $\sin x = \dfrac{1}{2}\ (x \in \mathbb{R})$ 　　　(2) $\sin x = -\dfrac{\sqrt{3}}{2}\ \left(-\dfrac{\pi}{2} \leqq x \leqq \dfrac{\pi}{2}\right)$

(3) $\cos x = \dfrac{\sqrt{2}}{2}\ (x \in \mathbb{R})$ 　　　(4) $\cos x = -1\ (0 \leqq x \leqq \pi)$

問題 7.3.5　加法定理を用いて次の値を求めよ.

(1) $\sin\dfrac{\pi}{12}$ 　　　　(2) $\cos\dfrac{5\pi}{12}$ 　　　　(3) $\tan\dfrac{7\pi}{12}$

問題 7.3.6　次の関数の周期を求めよ.

(1) $\sin 3x$ 　　　(2) $\cos\left(2x - \dfrac{\pi}{3}\right)$ 　　　　(3) $\tan\pi x$

問題 7.3.7　次の 2 つの単振動を合成せよ. 合成した単振動の振幅, 周期, 初期位相を述べよ.

(1) $y_1 = \sin\omega t,\ \ y_2 = \cos\omega t$ 　　(2) $y_1 = \sqrt{3}\sin\pi t,\ \ y_2 = \cos\pi t$

問題 7.3.8　$\sin(x+y)$, $\cos(x+y)$ の加法定理 (7.9), (7.10) から $\tan(x+y)$ の加法定理 (7.13) を導け.

問題 7.3.9　$\cos(x+y)$ の加法定理 (7.10) から, (7.6) を用いて $\sin(x+y)$ の加法定理 (7.9) を導け.

問題 7.3.10　$\sin(\pi-x) = \sin x$ であることを, 単位円の図 7.5 と加法定理と 2 つの方法で確かめよ.

7.4　双曲線関数とその逆関数

指数関数の組み合わせではあるが, 新しい関数を定義しよう.

定義 7.7

$$\sinh x = \frac{e^x - e^{-x}}{2}, \quad \cosh x = \frac{e^x + e^{-x}}{2}$$

と定義する. それぞれハイパボリック・サイン, ハイパボリック・コサインと読む. サインシュ, コッシュと読んでもよいだろう. これらは**双曲線関数**と呼ばれる.

$$\tanh x = \frac{\sinh x}{\cosh x}$$

も双曲線関数の仲間で, ハイパボリック・タンジェントという.

関数電卓には hyp のキーがあり, 3角関数のキーと組み合わせて用いることが多い.

これらを双曲線関数と呼ぶのは, パラメータ t を用いて

$$x(t) = \cosh t, \quad y(t) = \sinh t$$

で表される曲線が, $x(t)^2 - y(t)^2 = 1$ からわかるように, 双曲線を表すことに基づいている. これに対して, 3角関数は $x(t) = \cos t$, $y(t) = \sin t$ で表される曲線が, $x(t)^2 + y(t)^2 = 1$ からわかるように, 円を表すので, **円関数**と呼ばれることもある.

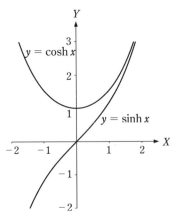

図 **7.10**　$\sinh x, \cosh x$ のグラフ

　細い鎖の両端を持ち，両手を水平に保つと，鎖は垂れ下がって曲線を描く．この曲線は，**懸垂線**と呼ばれていて，$y = \cosh x$ で表される曲線であることが知られている．

　$\sinh x$ と $\cosh x$ のグラフは，図 7.10 のようになっている．

　双曲線関数は 3 角関数と類似の公式が成り立つ (付録 A.1.3 参照)．3 平方の定理によく似た式や，加法定理などである．符号が少しずつ異なるところに注意しよう．周期性はもたない．

例題 7.4.1　次の関係式が成り立つ．

$$\sinh^2 x - \cosh^2 x = -1$$

$$\sinh(x + y) = \sinh x \cosh y + \cosh x \sinh y$$

$$\cosh(x + y) = \cosh x \cosh y + \sinh x \sinh y$$

いずれも定義式を代入すれば，ただちにわかる．

　双曲線関数の逆関数を求めてみよう．

例題 7.4.2　$\sinh x$ の逆関数を求めよう．すなわち，y が与えられたとき，$y =$

$\sinh x$ となる x を求めるのである.

これは

$$y = \frac{e^x - e^{-x}}{2}$$

を計算すると,$X = e^x$ に関する 2 次方程式 $X^2 - 2yX - 1 = 0$ が導かれる
ので $X = y \pm \sqrt{y^2 + 1}$ と求められる.ここで,$X = e^x > 0$ であることから
$e^x = y + \sqrt{y^2 + 1}$ すなわち,

$$x = \log\left(y + \sqrt{y^2 + 1}\right)$$

と求められる. 新しい関数の記号を導入して,

$$\mathrm{arcsinh}\, x = \log\left(x + \sqrt{x^2 + 1}\right)$$

と表すことにしよう. x を変数に用いるという習慣に従って x, y を入れ替えて
書いている.

例題 7.4.3 $\cosh x$ の逆関数を求めよう.

上と同じように $y = \cosh x$ を $X = e^x$ について解こうとすると

$$X = y \pm \sqrt{y^2 - 1}$$

となり,どちらの符号をとっても $X > 0$ となるので,x は 1 つには定まらない.
これは $y = \cosh x$ のグラフが,水平な直線 $y = y_0$ と 2 つの点で交わることに対
応している. そこで,どちらかの符号をとることに「約束」して $\mathrm{arccosh}\, x$ を定

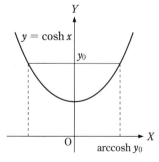

図 7.11 $\cosh x$ のグラフと水平直線の交点

めることにする. 普通は, 正のものをとり, $\cosh x$ の逆関数を

$$\operatorname{arccosh} x = \log\left(x + \sqrt{x^2 - 1}\right)$$

と定める.

この計算からも, そしてグラフからもわかることであるが, $\operatorname{arccosh} x$ は $x \geqq 1$ に対してのみ考えることができる. すなわち, 関数 $\operatorname{arccosh} x$ の定義域は $x \geqq 1$ である.

双曲線関数と逆双曲線関数の導関数を列挙する.

$$(\sinh x)' = \cosh x$$

$$(\cosh x)' = \sinh x$$

$$(\tanh x)' = \frac{1}{\cosh^2 x}$$

$$(\operatorname{arcsinh} x)' = \frac{1}{\sqrt{1 + x^2}}$$

$$(\operatorname{arccosh} x)' = \frac{1}{\sqrt{x^2 - 1}}$$

$$(\operatorname{arctanh} x)' = \frac{1}{1 - x^2}$$

この公式は無理関数の不定積分を発見するときに役立つことがある.

問題 7.4.1 次の関係式を示せ. この関係式が逆関数の定義式を表していることを確かめよ.

(1) $\sinh\left(\log\left(x + \sqrt{x^2 + 1}\right)\right) = x$

(2) $\cosh\left(\log\left(x + \sqrt{x^2 - 1}\right)\right) = x$

問題 7.4.2 $\operatorname{arctanh} x$ を表す式を求めよ.

問題 7.4.3 逆双曲線関数の導関数を, 次の 2 つの方法で求めよ.

(1) 逆関数の微分公式を用いて求めよ.

(2) 先に求めた数式による表示を直接微分して求めよ.

問題 7.4.4 付録 A.1.3 の公式を証明せよ.

問題 7.4.5 3 角関数と同じ性質，異なる性質を指摘せよ.

第8章

発展的な話題

8.1 極限の概念

§1.2 で述べたように，連続性や極限の概念を考えるには，「何々がどんどんと何とかするとき」，「いくらでも何とかである」といった事柄を正確に表現し，計算することが必要である．このような考え方のなかでもっとも基本的な概念が，数列 $\{a_n\}$ で $n \to \infty$ とするときの**極限**の概念である．

本節では，数列の収束についてもう少し詳しい解説を試み，自然対数の底 e について述べる．

定義 8.1 n をどんどん大きくしていくとき，数列 $\{a_n\}$ の各項の値 a_n がいくらでも一定値 a に近づいていくならば，$\{a_n\}$ の**極限値**は a であるといい

$$\lim_{n \to \infty} a_n = a$$

と表す．また，a_n がいくらでも大きくなるときには，a_n は無限大に**発散**するという．

例題 8.1.1 数列 $\{a_n\} = \left\{ \dfrac{n-1}{n} \right\}$ を考えると，n を $n = 10, 100, 1000, \cdots$ と次々に大きくしていくと，対応する値は $\dfrac{9}{10}, \dfrac{99}{100}, \dfrac{999}{1000}, \cdots$ といくらでも 1 に近づく．したがって $\left\{ \dfrac{n-1}{n} \right\}$ の極限値は 1 であり，これを $\displaystyle\lim_{n \to \infty} \dfrac{n-1}{n} = 1$ と表

すのである.

例題 8.1.2 数列 $a_n = \sqrt{n+1} - \sqrt{n-1}$ の極限値は，$\displaystyle\lim_{n\to\infty} a_n = 0$ である．
実際，

$$\sqrt{n+1} - \sqrt{n-1} = \frac{2}{\sqrt{n+1} + \sqrt{n-1}}$$

であることに注意すると，分母がいくらでも大きくなるから，極限値は 0 である．

　a_n が具体的に与えられ，うまく計算できればこの定義に従って数列の極限値が計算できる．しかし，極限値が具体的には計算できなくても，数列が収束することだけでも判定できないだろうか？
　そこで次のことを実数に備わった性質であると認めることにする．

　公理　次の 2 つの性質をもつ数列 $\{a_n\}$ は収束する．
(1)　$\{a_n\}$ は**単調増加**である，すなわち，すべての n に対して $a_n \leqq a_{n+1}$ が成り立つ.
(2)　$\{a_n\}$ は**上に有界**である，すなわち，すべての n に対して $a_n \leqq M$ となるような $M \in \mathbb{R}$ が存在する．

　この性質は，数直線の図を考えると明らかなようであるが，証明することはできない．そこでこの性質を，数直線に備わった性質であると認めてこれからの議論を進めるのである．このように，証明しないで議論の前提とする事実を**公理**という．平面幾何学において，直線外の 1 点を通って，これに平行な直線がただ1本存在することを認めることも公理の 1 つである．

例題 8.1.3 $a_1 = 1$ とし，帰納的に，$n = 2, 3, \cdots$ に対して

$$a_n = \sqrt{a_{n-1} + 3}$$

と定義された数列 $\{a_n\}$ を考える．

$a_n \leqq 3$ であることが数学的帰納法により確かめられ，さらに

$$a_n - a_{n-1} = \frac{a_{n-1} - a_{n-2}}{\sqrt{a_{n-1} + 3} + \sqrt{a_{n-2} + 3}} \geqq 0$$

であることも確かめられるので，上に有界な単調増加数列であることがわかる．したがって，数列 $\{a_n\}$ は公理により，収束する．収束することが確かめられたので，極限値を $a = \lim_{n \to \infty} a_n$ とし，定義式で $n \to \infty$ として $a - \sqrt{a + 3}$ が得られる．これより $a = \dfrac{1 + \sqrt{13}}{2}$ であることがわかる． ∎

次に述べる定理は，数列の極限についての基本的な定理である．

定理 8.1　$\alpha = \lim_{n \to \infty} a_n, \beta = \lim_{n \to \infty} b_n$ のとき，k を定数として，次の関係式が成立する．

(1) $\lim_{n \to \infty} k a_n = k\alpha$.

(2) $\lim_{n \to \infty} (a_n + b_n) = \alpha + \beta$.

(3) $a_n \leqq b_n$ ならば $\alpha \leqq \beta$ である．

(4) $\lim_{n \to \infty} a_n b_n = \alpha\beta$.

(5) $\lim_{n \to \infty} \dfrac{a_n}{b_n} = \dfrac{\alpha}{\beta}$　　$(\beta \neq 0)$.

この定理を用いて，いろいろな数列の極限値を求めることができる．特に，(3) は，既知の極限値をもつ数列で未知の数列を不等式で評価して (はさみ込んで)，数列の極限値を求めるときに利用される．

例題 8.1.4　$a > 0$ を定数とする．$\lim_{n \to \infty} \sqrt[n]{a} = 1$ である．

証明　まず，$a > 1$ の場合を考える．$\sqrt[n]{a} = 1 + h_n$ とおいて，新しい数列 $\{h_n\}$ を考える．いまの仮定から $h_n \geqq 0$ である．

$$a = (1 + h_n)^n$$
$$= 1 + n h_n + \cdots + {}_n\mathrm{C}_k h_n^k + \cdots + h_n^n$$
$$\geqq 1 + n h_n$$

であるから，不等式

$$0 \leqq h_n \leqq \frac{a-1}{n}$$

が得られ，$\displaystyle\lim_{n\to\infty} \frac{a-1}{n} = 0$ であるから，定理 8.1 の (3) を用いて，$\displaystyle\lim_{n\to\infty} h_n = 0$ すなわち，$\displaystyle\lim_{n\to\infty} \sqrt[n]{a} = 1$ であることがわかる．

$a < 1$ の場合は，$b = \dfrac{1}{a}$ とおくと，$b > 1$ であり $\displaystyle\lim_{n\to\infty} \sqrt[n]{b} = 1$ であるから，結論を得る．

$a = 1$ の場合は，明らかに $\displaystyle\lim_{n\to\infty} \sqrt[n]{a} = 1$ である． ∎

注意 8.1 $a_n = a \, (n = 1, 2, \cdots)$ となる定数の数列の極限値は，$\displaystyle\lim_{n\to\infty} a_n = a$ である．また，極限値は，番号 n をどんどん大きくしていったときの数列の様子を記述するものであるから，はじめの有限個の値には，依存しない．このため，数列の極限値を考えるときに，十分大きな番号についてだけ考えることがある．(5) では $\beta \neq 0$ から，十分大きな n については $b_n \neq 0$ となるので，そのような番号についてだけ考えればよい．

2 つの数列について，$a_n < b_n$ がすべての n について成り立っていても，極限値については $\displaystyle\lim_{n\to\infty} a_n = \lim_{n\to\infty} b_n$ となることがある．たとえば，$a_n = 0, \, b_n = \dfrac{1}{n}$ を考えればわかるであろう． ∎

次の例題で述べる極限値は，よく用いられる結果である．(2)—(4) は，分母，分子がいずれも $n \to \infty$ のときいくらでも大きくなる数列であるが，分母が分子に比較して「速く」無限大に発散することを表している．

例題 8.1.5 次の結果が成立する．

(1) $0 \leqq a < 1$ のとき，$\displaystyle\lim_{n\to\infty} a^n = 0$ である．

(2) $a > 1, \, p \in \mathbb{R}$ に対して，$\displaystyle\lim_{n\to\infty} \frac{n^p}{a^n} = 0$ である．

(3) $a > 1$ とするとき，$\displaystyle\lim_{n\to\infty} \frac{a^n}{n!} = 0$ である．

(4) $\displaystyle\lim_{n\to\infty} \frac{n!}{n^n} = 0$ である.

解   (1) は容易にわかる. (2), (3), (4) については, 理論的な証明を与える代わりに, 数値例を挙げる. この数値から, n がどんどん大きくなれば数列の値がいくらでも 0 に近づいていることが推測される. 数表で 0.0000000 となっているのは, 値が小数点 8 桁以下の数値であること (0 ではない) を示している. 関数計算のできる電卓があれば別の数値でも計算できるので実験してみればよい.

n	$\dfrac{n^p}{a^n}$ $(a=5, p=3)$	$\dfrac{a^n}{n!}$ $(a=5)$	$\dfrac{n!}{n^n}$
3	0.2160000	20.833333	0.2222222
10	0.0001024	2.6911444	0.0003628
15	0.0000001	0.0233337	0.0000029
20	0.0000000	0.0000391	0.0000000

またこれらの極限値は, 分母と分子の数列をグラフに描いて, それらの比を視覚的に捉えることもできる. 図 8.1 では n^3 と 5^n, 図 8.2 では 5^n と $n!$, 図 8.3 では $n!$ と n^n のグラフを描いた. 図 8.1 では n^3 のグラフは横軸とほとんど重なっている. いずれも分母の数列のグラフが, 分子の数列のグラフより遙かに速く無限大に発散している. 縦軸の目盛り $e+k$ は k 桁の数であることを示している.

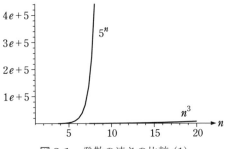

図 **8.1**　発散の速さの比較 (1)

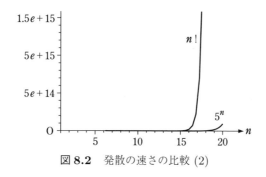

図 **8.2**　発散の速さの比較 (2)

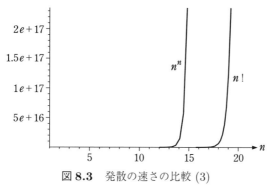

図 **8.3**　発散の速さの比較 (3)

さらに，無限個の項の和についても，極限を用いて考えることができる．

定義 8.2　数列 $\{a_n\}$ の各項を，第 n 項までの和をとった $s_n = \displaystyle\sum_{i=1}^{n} a_i$ のつくる数列 $\{s_n\}$ の極限値 (が存在するとき，この値) を数列 $\{a_n\}$ からできる**無限級数の和**といい，$\displaystyle\sum_{n=1}^{\infty} a_n$ と表す．

例題 8.1.6　等比数列 $a_n = ar^{n-1}$ $(n = 1, 2, \cdots)$ から得られる無限級数

$$\sum_{n=1}^{\infty} ar^{n-1} = a + ar + ar^2 + \cdots + ar^{n-1} + ar^n + \cdots$$

を**無限等比級数**という．無限等比級数は $|r| < 1$ のとき収束し，その和は $\dfrac{a}{1-r}$ である．

実数の公理は，級数の収束の判定にも応用できる．

> **定理 8.2** 　級数 $\displaystyle\sum_{n=1}^{\infty} a_n,\ \sum_{n=1}^{\infty} b_n$ に対して，$0 < a_n \leqq b_n$ であり，級数 $\displaystyle\sum_{n=1}^{\infty} b_n$ が
>
> 収束するならば，$\displaystyle\sum_{n=1}^{\infty} a_n$ も収束する．

証明　部分和の数列を $A_n = a_1 + a_2 + \cdots + a_n$ とし，級数の和を $S_b = \displaystyle\sum_{n=1}^{\infty} b_n$ とす

る．$\{A_n\}$ は単調増加であり，$A_n \leqq S_b$ であるから収束する．すなわち級数 $\displaystyle\sum_{n=1}^{\infty} a_n$ が

収束する． ∎

　これらの判定法を利用すると，自然対数の底 e の定義を述べることができ，その性質がわかる．

> **定理 8.3** 　任意の $0 \leqq a < 2$ に対して
> $$a_n = \left(1 + \frac{a}{n}\right)^n$$
> $$b_n = 1 + \frac{a}{1!} + \frac{a^2}{2!} + \frac{a^3}{3!} + \cdots + \frac{a^n}{n!}$$
> とおくと $\displaystyle\lim_{n\to\infty} a_n,\ \lim_{n\to\infty} b_n$ はともに存在し，一致する．

証明　a_n を 2 項展開して

$$a_n = \sum_{k=0}^{n} \frac{n(n-1)(n-2)\cdots(n-k+1)}{k!} \left(\frac{a}{n}\right)^k$$

$$= \sum_{k=0}^{n} \frac{a^k}{k!} \left(1 - \frac{1}{n}\right)\left(1 - \frac{2}{n}\right)\cdots\left(1 - \frac{k-1}{n}\right)$$

$$< \sum_{k=0}^{n} \frac{a^k}{k!} \left(1 - \frac{1}{n+1}\right)\left(1 - \frac{2}{n+1}\right)\cdots\left(1 - \frac{k-1}{n+1}\right)$$

$$< \sum_{k=0}^{n+1} \frac{a^k}{k!} \left(1 - \frac{1}{n+1}\right)\left(1 - \frac{2}{n+1}\right)\cdots\left(1 - \frac{k-1}{n+1}\right)$$

$$= a_{n+1}$$

が得られる. また,

$$b_{n+1} \leqq 1 + a + \frac{a^2}{2} + \frac{a^3}{2^2} + \cdots + \frac{a^{n+1}}{2^n}$$

$$= 1 + a\left(1 + \frac{a}{2} + \frac{a^2}{2^2} + \cdots + \frac{a^n}{2^n}\right)$$

$$= 1 + a\frac{1 - \left(\frac{a}{2}\right)^{n+1}}{1 - \frac{a}{2}}$$

$$< 1 + a\frac{1}{1 - \frac{a}{2}} = \frac{2+a}{2-a}$$

であるから, 不等式

$$a_n \leqq a_{n+1} \leqq \sum_{k=0}^{n+1} \frac{a^k}{k!} = b_{n+1} < \frac{2+a}{2-a} \tag{8.1}$$

が得られる. これより, $\{a_n\}$ が単調増加数列で上に有界であるから, 極限が存在する. $\lim_{n \to \infty} a_n = e(a)$ と表そう.

一方, $m > n$ のとき

$$a_m = \sum_{k=0}^{m} \frac{a^k}{k!}\left(1 - \frac{1}{m}\right)\left(1 - \frac{2}{m}\right)\cdots\left(1 - \frac{k-1}{m}\right)$$

$$> \sum_{k=0}^{n} \frac{a^k}{k!}\left(1 - \frac{1}{m}\right)\left(1 - \frac{2}{m}\right)\cdots\left(1 - \frac{k-1}{m}\right)$$

であるから, n を固定して $m \to \infty$ とすれば

$$e(a) > \sum_{k=0}^{n} \frac{a^k}{k!} = b_n$$

である. (8.1) も考慮すると, $a_n \leqq b_n < e(a)$ であるから, $n \to \infty$ とすれば $\lim_{n \to \infty} b_n = e(a)$ である. ∎

この定理で $a = 1$ とした値が e である. すなわち, 自然対数の底 e は次のように定義される.

> **定義 8.3** 数列 $a_n = \left(1 + \dfrac{1}{n}\right)^n$ は収束するので, その極限値を**自然対数の底**と呼び e と表す. すなわち,
>
> $$e = \lim_{n \to \infty} \left(1 + \frac{1}{n}\right)^n$$

変数 x が定点 x_0 にどんどん近づくときの，関数 $f(x)$ の極限は，点 x_0 に近づく数列 $\{x_n\}$ を考え，対応する関数の値 $f(x_n)$ でできる数列 $\{f(x_n)\}$ の極限として考えることができる．関数が $x = x_0$ で連続であるとは，関数のグラフがその点で切れ目なくつながっていることであるが，理論的には極限を用いて次のように定義される．

定義 8.4　関数 $f(x)$ が $x = x_0$ で連続であるとは，

$$f(x_0) = \lim_{x \to x_0} f(x) \tag{8.2}$$

が成り立つことである．

関数の極限値についても，数列の極限と同様に次の基本的な性質が成り立つ．

定理 8.4　$\displaystyle\lim_{x \to x_0} f(x) = \alpha$, $\displaystyle\lim_{x \to x_0} g(x) = \beta$ であり，k を定数とするとき，

(1) $\displaystyle\lim_{x \to x_0} kf(x) = k\alpha$

(2) $\displaystyle\lim_{x \to x_0} (f(x) + g(x)) = \alpha + \beta$

(3) $\displaystyle\lim_{x \to x_0} f(x)g(x) = \alpha\beta$

(4) $\displaystyle\lim_{x \to x_0} \frac{f(x)}{g(x)} = \frac{\alpha}{\beta}$　　$(\beta \neq 0)$

が成り立つ．

この性質から，連続関数について次の性質が成り立つことがわかる．

定理 8.5　$f(x), g(x)$ が連続関数，k を定数とする．

(1) $f(x) + g(x)$, $kf(x)$ も連続関数である．

(2) $f(x)g(x)$, $\dfrac{f(x)}{g(x)}$ も連続関数である．ただし，$g(x) \neq 0$ とする．

(3) 合成関数 $f(g(x))$ も連続関数である．特に，$|f(x)|$ は連続である．

定理 8.6　$f(x)$ が連続で，点 $x = a$ において $f(a) > 0$ とする．このとき，$x = a$ のある近傍において $f(x) > 0$ である．

例題 8.1.7　関数 $y = |x|$ は連続であるから，関数 $y = f(x)$ が連続ならば，これらを合成して得られる関数 $y = |f(x)|$ も連続である．$y = |f(x)|$ のグラフは，

$y = f(x)$ のグラフの負の部分を X 軸について上に折り返して得られる. ▮

8.2 テイラーの定理

定理 2.9 (p. 31) では, 2 次導関数を用いたテイラーの定理を述べたが, 誤差項の表示式は与えなかった. ここでは先に述べたテイラーの定理を高次導関数を用いた形に一般化し, さらに誤差の表示式を与える.

まず特別な $n = 2$ の場合を述べ, 次に一般の場合を述べる.

> **定理 8.7 テイラーの定理** $n \geqq 2$ を自然数とする. 関数 $y = f(x)$ について, $f^{(n-1)}(x)$ が閉区間 $[a, b]$ で定義され, 連続であり, 開区間 (a, b) で微分可能であるとき, $x \in (a, b]$ に対して次が成立する.
>
> (1) ($n = 2$ の場合)
> $$f(x) = f(a) + f'(a)(x - a) + \frac{1}{2}f''(a + \theta(x - a))(x - a)^2$$
> が成立するような $\theta \in (0, 1)$ が存在する.
>
> (2) (一般の場合)
> $$f(x) = f(a) + f'(a)(x - a) + \frac{1}{2!}f''(a)(x - a)^2$$
> $$+ \frac{1}{3!}f^{(3)}(a)(x - a)^3 + \cdots + \frac{1}{(n-1)!}f^{(n-1)}(a)(x - a)^{n-1}$$
> $$+ \frac{1}{n!}f^{(n)}(a + \theta(x - a))(x - a)^n$$
> が成立するような $\theta \in (0, 1)$ が存在する.

証明 (1) の場合を証明する. 関数
$$F(x) = f(b) - f(x) - f'(x)(b - x) - K(b - x)^2$$
を考える. 定数 K は $F(a) = 0$ となるように選んでおく. すなわち,
$$f(b) - f(a) - f'(a)(b - a) - K(b - a)^2 = 0 \tag{8.3}$$
である. $F(b) = 0$ も成り立っている. 区間の両端で $F(a) = F(b) = 0$ であるから, $F(x)$ の微分係数は区間内部のどこかで 0 にならなければならない ($F(x)$ のグラフを考えれば明らかである). すなわち, $F'(c) = 0$ となる $c \in (a, b)$ が存在する.
$$F'(x) = -f'(x) - f''(x)(b - x) + f'(x) + 2K(b - x)$$

より,

$$-f''(c)(b-c) + 2K(b-c) = 0$$

となるから

$$K = \frac{f''(c)}{2}$$

である. この関係式を上の式 (8.3) に代入して

$$f(b) = f(a) + f'(a)(b-a) + \frac{f''(c)}{2}(b-a)^2$$

が得られる. これで, $n = 2$ の場合に定理が証明された.

(2) 一般の $n \geqq 2$ の場合には

$$F(x) = f(b) - \sum_{k=0}^{n-1} \frac{f^{(k)}(x)}{k!}(b-x)^k - K(b-x)^n$$

と選んで同様の議論を行えばよい. 詳細は省略する.

定理 2.9 (p.31) で述べた誤差項 $R_2(x)$, $R_3(x)$ については, この定理により

$$R_2(x) = \frac{1}{2!}f''(x + \theta(x-a))(x-a)^2$$

$$R_3(x) = \frac{1}{3!}f^{(3)}(x + \theta(x-a))(x-a)^3$$

である.

この定理は, 特に $a = 0$ とした場合が応用上よく利用される. 定理の名前も別の名前がついているほどである.

定理 8.8　マクローリンの定理　n を自然数とする. 関数 $y = f(x)$ は 0 を含む開区間 (a,b) 上で定義されていて, n 次導関数 $f^{(n)}(x)$ が存在するとする. このとき, $x \in (a,b)$ に対して

$$f(x) = f(0) + f'(0)x + \frac{1}{2!}f''(0)x^2 + \frac{1}{3!}f^{(3)}(0)x^3$$

$$+ \cdots + \frac{1}{(n-1)!}f^{(n-1)}(0)x^{n-1} + \frac{1}{n!}f^{(n)}(\theta x)x^n$$

が成立するような $\theta \in (0,1)$ が存在する.

例題 8.2.1　高次導関数が計算できる関数については，マクローリンの定理が具体的に書き下せる.

$$e^x = 1 + x + \frac{x^2}{2!} + \frac{x^3}{3!} + \cdots + \frac{x^{n-1}}{(n-1)!} + \frac{e^{\theta x}}{n!}x^n \qquad (8.4)$$

$$\sin x = x - \frac{x^3}{3!} + \frac{x^5}{5!} - \cdots + (-1)^{m-1}\frac{x^{2m-1}}{(2m-1)!}$$
$$+ (-1)^m \frac{\cos\theta x}{(2m+1)!}x^{2m+1} \qquad (8.5)$$

$$\cos x = 1 - \frac{x^2}{2!} + \frac{x^4}{4!} - \cdots + (-1)^{m-1}\frac{x^{2m-2}}{(2m-2)!}$$
$$+ (-1)^m \frac{\cos\theta x}{(2m)!}x^{2m} \qquad (8.6)$$

$$\log(1+x) = x - \frac{x^2}{2} + \frac{x^3}{3} - \cdots + (-1)^{n-2}\frac{x^{n-1}}{n-1}$$
$$+ \frac{(-1)^{n-1}}{n(1+\theta x)^n}x^n \qquad (8.7)$$

$$(1+x)^\alpha = 1 + \binom{\alpha}{1}x + \binom{\alpha}{2}x^2 + \cdots + \binom{\alpha}{n-1}x^{n-1}$$
$$+ \binom{\alpha}{n}(1+\theta x)^{\alpha-n}x^n \qquad (8.8)$$

ここで，$\alpha \neq 1, 2, \cdots$ であり，$\binom{\alpha}{k} = \dfrac{\alpha(\alpha-1)\cdots(\alpha-k+1)}{k!}$ である. $\alpha = 1, 2, 3, \cdots$ のときには，$\binom{\alpha}{k} = {}_\alpha C_k$ であるから，$(1+x)^\alpha$ にマクローリンの定理を適用すると，得られる結果は $(1+x)^\alpha$ 自身である. ▮

　右辺の最後の項は，本文で誤差項と呼んだものであるが，**剰余項**とも呼ばれている. この定理は x が 0 の近傍になくても一般に成立している. この意味で，誤差項と呼ばずに剰余項と呼ぶのである. 剰余項の表現法は，このほかにもいろいろ知られている. 特に剰余項を積分形で表す式は，帰納的に証明することができるので，定理 3.6 (p. 61) で紹介した.

抽象的に存在するとだけ述べられている θ を含む項は，右辺最後の項だけで，残りは x によって具体的な式で書ける $n-1$ 次の多項式であるから，マクローリンの定理は

関数 $f(x)$ は，多項式と剰余項の和で表される

といい表すことができる．剰余項が小さければ，小さな誤差と考えて無視することができる．このとき，元の関数 $f(x)$ は多項式

$$f(0) + f'(0)x + \cdots + \frac{f^{(n-1)}(0)}{(n-1)!}x^{n-1}$$

で近似できることになる．

　元の関数が複雑でも，多項式は 四則演算のみで計算できるので，近似計算に便利である．関数電卓にもこの原理が利用されている．

例題 8.2.2　任意の自然数 n に対して，$\lim_{x\to\infty} x^n e^{-x} = 0$ が成立する．

　これは指数関数にマクローリンの定理 8.8 を適用して，

$$0 \leq \frac{x^n}{e^x} = \frac{x^n}{1 + \dfrac{x}{1!} + \dfrac{x^2}{2!} + \cdots + \dfrac{x^n}{n!} + \dfrac{e^{\theta x}x^{n+1}}{(n+1)!}}$$

$$= \frac{1}{\dfrac{1}{x^n} + \dfrac{1}{1!\,x^{n-1}} + \dfrac{1}{2!\,x^{n-2}} + \cdots + \dfrac{1}{n!} + \dfrac{xe^{\theta x}}{(n+1)!}}$$

$$< \frac{(n+1)!}{x}$$

と計算すると，$x \to \infty$ のとき右辺がいくらでも 0 に近づくことからわかる．

　この事実は，$x \to \infty$ のとき指数関数 e^{-x} が 0 に近づく速さが x^n が無限大に発散する速さより速いことを表している．応用においては，空間の無限遠方や時間が十分経過したときの自然現象の減衰状態を調べるときにこの関係式が用いられる．

問題 8.2.1　(1)　例題 8.2.2 を用いて $\lim_{x\to\infty} \dfrac{\log x}{x^n} = 0$ を示せ．

　　(2)　(1) を用いて $\lim_{\substack{x\to 0 \\ x>0}} x^n \log x = 0$ を示せ．

多くの関数では剰余項 $R_n(x)$ が n とともに小さくなる，すなわち，$\displaystyle\lim_{n\to\infty} R_n(x) = 0$ の成り立つことが知られている (x の範囲について制限条件がつくこともある)．このときにはマクローリンの定理は無限級数の等式として成立する．無限級数については，§8.2 (p. 197) を参照してほしい．

例題 8.2.3　基本的な関数の無限級数による表現式 (マクローリン級数展開) を書いておく．

$$e^x = 1 + x + \frac{x^2}{2!} + \frac{x^3}{3!} + \cdots + \frac{x^n}{n!} + \cdots$$

$$\sin x = x - \frac{x^3}{3!} + \frac{x^5}{5!} - \cdots + (-1)^m \frac{x^{2m+1}}{(2m+1)!} + \cdots$$

$$\cos x = 1 - \frac{x^2}{2!} + \frac{x^4}{4!} - \cdots + (-1)^m \frac{x^{2m}}{(2m)!} + \cdots$$

$$\log(1+x) = x - \frac{x^2}{2} + \frac{x^3}{3} - \cdots + (-1)^{n-1}\frac{x^n}{n} + \cdots \quad (-1 < x \leqq 1)$$

$$(1+x)^\alpha = 1 + \binom{\alpha}{1}x + \binom{\alpha}{2}x^2 + \cdots + \binom{\alpha}{n}x^n + \cdots \quad (-1 < x < 1)$$

$e^x, \sin x, \cos x$ については，任意の $x \in \mathbb{R}$ についてこの無限和の等式が成り立つ．最後の $\log(1+x), (1+x)^\alpha$ については，それぞれ $-1 < x \leqq 1, |x| < 1$ をみたす x についてのみ等式が成り立つ．

この展開式を見ると，$\sin x$ は奇数次の項ばかりの和であり，$\cos x$ は偶数次の項だけの和になっている．それぞれが奇関数，偶関数であることに対応している．

　元の関数が多項式で近似される様子は，関数とマクローリンの定理で得られる多項式をコンピュータで描画してみればよくわかる．図 8.4 では，$\log(1+x)$ とその近似多項式を描いている．この図から，近似多項式の次数が高くなれば $-1 < x \leqq 1$ の範囲で，元の関数がよりよい精度で近似されることがわかる．

　§8.1 では，数列から生成される級数について，その収束について考えた．また，定理 8.8 (p. 202) では，関数がマクローリン級数で表されることを学んだ．数列

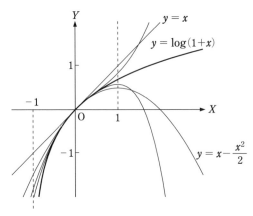

図 8.4　テイラーの定理の近似多項式の図

$\{a_0, a_1, a_2, \cdots\}$ を用いて

$$f(x) = a_0 + a_1 x + a_2 x^2 + \cdots + a_n x^n + \cdots$$

と表される x の関数を**整級数(べき級数)** という．マクローリン級数は，整級数の例である．

例題 8.2.4 $\sin x$ はマクローリン級数で

$$\sin x = x - \frac{x^3}{3!} + \frac{x^5}{5!} + \cdots + (-1)^n \frac{x^{2n+1}}{(2n+1)!} + \cdots$$

と表されるが，それぞれの項を

$$(x)' = 1, \quad \left(-\frac{x^3}{3!}\right)' = -\frac{x^2}{2!}, \quad \left(\frac{x^5}{5!}\right)' = \frac{x^4}{4!}, \cdots$$

のように微分して得られる整級数は，

$$1 - \frac{x^2}{2!} + \frac{x^4}{4!} + \cdots + (-1)^n \frac{x^{2n}}{(2n)!} + \cdots$$

であり，これは $\cos x$ のマクローリン級数展開になっている．すなわち，整級数をあたかも x の多項式のように考えて微分して，$(\sin x)' = \cos x$ を得たのである．

この例題のように，整級数で表された関数の微分が，各項ごとに行えるなら計算にも便利である．このことは，導関数の公式

$$(kf(x))' = kf'(x), \quad (f(x) + g(x))' = f'(x) + g'(x)$$

の拡張と考えられる自然な性質であるが，級数の和を考えるときに極限をとっているから，注意しなければならない．

整級数

$$f(x) = a_0 + a_1 x + a_2 x^2 + \cdots + a_n x^n + \cdots$$

は，x ごとに無限個の和 (級数) を考えているので，それがどのような x について収束するかを考えなければならない．

定理 8.9 $f(x)$ が x_0 のとき収束したとすると，$|x| < |x_0|$ をみたすすべての x で収束する．すなわち，$f(x)$ が収束するような x の全体は，開区間 $(-x_0, x_0)$ を含んでいる．

定義 8.5 $r \geqq 0$ が次の性質をみたすとき，r を整級数 $f(x)$ の**収束半径**という．

(1) $|x| < r$ ならば $f(x)$ は収束する．

(2) $r' > r$ とすると，$r < |x| < r'$ をみたし，$f(x)$ が収束しないような x が存在する．

すなわち，その中の x が収束するような開区間 $(-r, r)$ のうちで最大になる r の値を収束半径というのである．

実数の区間で「半径」と呼ぶのはふさわしくないと考えるかも知れないが，変数を複素数と考えた整級数についても，この節で述べるような性質が成り立つことが知られている．収束する範囲は区間でなく，複素数平面の円 $\{|z| < r\}$ になるから，「半径」と呼ぶのは自然なことなのである．複素数の整級数については，関数論で詳しく学ぶ．

整級数の，項別微分については次の定理が知られている．

定理 8.10 整級数

$$f(x) = a_0 + a_1 x + a_2 x^2 + \cdots + a_n x^n + a_{n+1} x^{n+1} + \cdots$$

について，収束半径が $r > 0$ であるとする．$|x| < r$ であれば $f(x)$ の導関数は項別微分して求められる．すなわち，

$$f'(x) = a_1 + 2a_2 x + \cdots + na_n x^{n-1} + (n+1)a_{n+1} x^n + \cdots$$

が成り立つ．

　整級数で表される関数は，無限次数の多項式のように考えられる．つまり，$\{1, x, x^2, \cdots, x^n, \cdots\}$ を基本にして，係数 $\{a_0, a_1, \cdots\}$ によって

$$f(x) = a_0 + a_1 x + a_2 x^2 + \cdots + a_n x^n + \cdots$$

と表される関数を考えたのであった．これに対して，別の関数を基本として表される関数を考えることができる．

　演習問題の形で3角関数の級数を紹介する．

問題 8.2.2

$$f(x) = \frac{1}{2} a_0 + \sum_{k=1}^{n} \left(a_k \cos kx + b_k \sin kx \right) \tag{8.9}$$

　とする．§3.5 の問題3 (p. 64) の結果を用いて考えよ．

(1)　(8.9) を $[-\pi, \pi]$ で積分して $a_0 = \dfrac{1}{\pi} \displaystyle\int_{-\pi}^{\pi} f(x) \, dx$ を示せ．

(2)　(8.9) の両辺に $\cos mx$ $(m = 1, 2, \cdots, k, \cdots, n)$ をかけて $[-\pi, \pi]$ で積分して

$$a_m = \frac{1}{\pi} \int_{-\pi}^{\pi} f(x) \cos mx \, dx \quad (m = 1, 2, \cdots, n)$$

　を示せ．

(3)　同様にして b_m $(m = 1, 2, \cdots, n)$ を求めよ．

8.3　積分の定義

8.3.1　定積分

　関数 $y = f(x)$ が閉区間 $[a, b]$ において連続で，$f(x) > 0$ をみたすとする．すなわち，関数のグラフが X 軸の上側にあるとする．区間 $[a, b]$ 上でこの関数を

考えると, X 軸, 関数のグラフと区間の両端の垂直線 $x = a$, $x = b$ で囲まれた図形ができる.

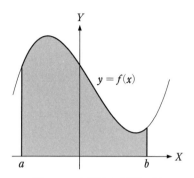

図 8.5   定積分と面積の図

本文では, この図形の面積を定積分と考えて, 微分との関係を求め, 計算してきた. しかし, 振り返って考えてみれば, 図形の面積といっても, 図形が非常に複雑になればどのように考えればよいのかわからなくなる. そこで, 定積分を理論的にきちんと定義し, その定積分の値を「面積」と考える方が, 理論的には筋道が通っている. ここでは, 定積分を理論的に定義する方法を紹介する.

我々のよく知っている図形の面積の公式は, 円の面積の公式を除いてすべて

長方形の面積 = たて × よこ

を基本にしている. 3角形, 平行4辺形, 台形など, 皆しかりである.

そこで, 問題の図形の面積を長方形の和で近似して順次考えよう. 図 8.6 のように区間 $[a,b]$ を細かく分割し, それぞれの小区間上の細長い図形に分割する.

分割されたそれぞれの細長い図形は, ほとんど長方形のように思えるから, これを長方形で置き換え, 和を求める.

ここまでの話を数式で表してみよう. 図 8.6 の記号と見比べて理解してほしい. まず, 区間 $[a,b]$ の分割 Δ は, 分点を

$$\Delta : a = x_0 < x_1 < x_2 < \cdots < x_n = b$$

と書けば表すことができる. 必ずしも等分に分割する必要はない. 各小区間から代表点 $\xi_i \in [x_{i-1}, x_i]$ をとり, i 番目の小区間 $[x_{i-1}, x_i]$ 上の細長い図形を, 底

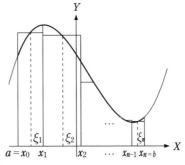

図 8.6　リーマン和による近似

辺 $[x_{i-1}, x_i]$，高さ $f(\xi_i)$ の長方形で置き換える．

　これらの和を**リーマン和**といい $R(f, \Delta)$ と表す．すなわち，

$$R(f, \Delta) = f(\xi_1)(x_1 - x_0) + f(\xi_2)(x_2 - x_1) + \cdots + f(\xi_n)(x_n - x_{n-1})$$

$$= \sum_{i=1}^{n} f(\xi_i)(x_i - x_{i-1})$$

である．

　代表点 ξ_i は，小区間 $[x_{i-1}, x_i]$ の中からならどの点を選んでもよい．区間の幅が小さければ，そこでの関数の値の変動も小さく，どの点をとっても大差はないからである．

　ここで区間の分割をどんどん細かくしていけば，リーマン和の値はいくらでも求める面積の値に近づくであろう．ここで述べたような「どんどん」や「いくらでも」という考え方は，関数の極限を考える方法と同じである．

　分割を細かくするとは分点の数を増やすだけでなく，それらの間の区間の長さも 0 に近づけることである．このことを記号で $|\Delta| \to 0$ と表す．

　このように考えた極限を

$$\lim_{|\Delta| \to 0} \sum_{i=1}^{n} f(\xi_i)(x_i - x_{i-1})$$

と表し，その極限値を記号で $\displaystyle\int_a^b f(x)\,dx$ と表し，関数 $f(x)$ の区間 $[a, b]$ 上で

の**定積分**という. すなわち,

$$\int_a^b f(x)\,dx = \lim_{|\Delta| \to 0} \sum_{i=1}^{n} f(\xi_i)(x_i - x_{i-1})$$

である.

図形の面積という固定観念を離れても, 関数 $f(x)$ に対して区間 $[a, b]$ 上での分割 Δ に対するリーマン和を考え, 分割をどんどん細かくする極限を考えることができる. 関数 $f(x)$ に対するはじめの仮定 $f(x) > 0$ はもはや必要ではない.

定義 8.6　一般の関数 $f(x)$ に対して, リーマン和の極限値は, いつでも存在するとは限らないが, 存在するときには, その極限値をやはり $f(x)$ の区間 $[a, b]$ 上における**定積分**という. すなわち,

$$\int_a^b f(x)\,dx = \lim_{|\Delta| \to 0} \sum_{i=1}^{n} f(\xi_i)(x_i - x_{i-1})$$

である. 今後, 定積分の値を計算するとその値がマイナスになったり, 0 になったりすることがあるが. これは定積分を, 面積だけではなく, ここでの定義の意味で拡張して考えているからである.

例題 8.3.1　$f(x) = x^2$ について, 区間 $[0, 1]$ 上でリーマン和を求めて, 定積分の値を求めよ.

解　区間 $[0, 1]$ の分割を等分割

$$x_0 = 0,\ x_1 = \frac{1}{n},\ x_2 = \frac{2}{n}, \cdots, x_n = 1$$

とし, $\xi_i = x_i\ (i = 1, 2, \cdots, n)$ ととると,

$$\sum_{i=1}^{n} f(x_i)(x_i - x_{i-1}) = \left(\frac{1}{n}\right)^2 \frac{1}{n} + \left(\frac{2}{n}\right)^2 \frac{1}{n} + \cdots + \left(\frac{n}{n}\right)^2 \frac{1}{n}$$

$$= \frac{1^2 + 2^2 + \cdots + n^2}{n^3}$$

$$= \frac{n(n+1)(2n+1)}{6} \frac{1}{n^3}$$

$$= \frac{1}{3} + \frac{1}{2n} + \frac{1}{6n^2}$$

となる．分割を細かくすることは $n \to \infty$ とすることに対応するから，

$$\lim_{|\varDelta| \to 0} \sum_{i=1}^{n} f(\xi_i)(x_i - x_{i-1}) = \lim_{n \to \infty} \left(\frac{1}{3} + \frac{1}{2n} + \frac{1}{6n^2} \right) = \frac{1}{3}$$

である．ここでは，等分割という特別の分割を考えたが，一般の分割についても
このような考察が適用できるので，

$$\int_0^1 x^2 \, dx = \frac{1}{3}$$

である．

このように，等分割を用いて定積分を求める方法を**区分求積法**という．

問題 8.3.1　関数 $f(x) = x$ について，区間 $[0, 1]$ 上で，区分求積法を用いて定積分 $\displaystyle\int_0^1 x \, dx$ の値を求めよ．

理論的な話になるが，基本的な定理を1つ紹介しておく．定積分を定義する際
に，リーマン和の極限が存在するときに，と述べたが，いったいどんなときに極
限が存在するのかという疑問が生じる．これに対する1つの答えが次の定理で
ある．

定理 8.11　有限な長さの閉区間 $[a, b]$ 上で連続な関数 f に対してリーマン和の
極限が収束する，すなわち，f の $[a, b]$ 上での定積分 $\displaystyle\int_a^b f(x) \, dx$ は存在する．

8.3.2　重積分

定積分を細長い長方形の面積の和で近似し，その極限値を考えて定義したよう
に，重積分の定義も小さな立体の和で近似して定義される．

平面上の領域 D を底面とし，$z = f(x, y)$ のグラフの曲面でできる立体の体積
を小さな立体で近似する方法は，いくつか考えられる．

底面 D を X 軸，Y 軸に平行な辺（その長さを dx, dy とする）をもつ微小な
区間で分割して，それを底面とする細長い立体の和で近似したと考えると，細長

い立体の体積は，底面積 × 高さ だから

$$f(x, y)\, dx\, dy$$

で近似できる．重積分の記号

$$\iint_D f(x, y)\, dxdy$$

は，そのような細長い立体の和をとって極限値を考えていることを象徴している．

この立体の体積はまた，X 軸方向にスライスして薄い立体の総和でも近似できる．スライスされた薄い立体の体積は，厚さ（X 軸の短い長さ）を dx とすると側面積 × dx なので

$$\left(\int_{\psi_1(x)}^{\psi_2(x)} f(x, y)\, dy \right) dx$$

と近似できる．領域が縦型の領域ならこれをたし合わせて

$$\int_a^b \left(\int_{\psi_1(x)}^{\psi_2(x)} f(x, y)\, dy \right) dx$$

として立体の体積が求められる．これが繰り返し積分である．領域が横型なら，Y 軸方向にスライスして同様に考えることができる．これらをまとめたものが，本文で述べた定理 6.3 (p.128) である．

重積分の正確な定義や，この定理の証明には精密な議論が必要なので本書では述べない．興味ある読者は，先生に尋ねてみるとよい．

8.4 広義積分

本文中では，定積分については主として有界閉区間で連続な関数の定積分を考えてきた．無限区間での定積分は，端点についての極限を考えればよいとして計算した．重積分でも有界領域上での重積分を考え，無限領域の場合には，極限を考えればよいとだけ述べた．

しかし，これらの場合については，極限の意味についてもう少し精密な議論をしなければならない．そのような考え方を**広義積分**という．

定積分を考えるにあたっては，グラフで囲まれた図形の面積を表すと考えたか

ら，最初に定積分を考える際には無限に延びた図形や無限に振動するといった「変な」図形を除外して考えてきたのである．

しかし，無限に延びているような図形の面積も考えることが必要になる場合がある．このような図形は，いつでも面積が有限値とは限らないから，慎重な取り扱いが必要である．本節で述べる広義積分が，このような無限に延びた図形の面積を考える方法に相当する．

定義 8.7 関数 $f(x)$ が半開区間 $(a, b]$ で連続な場合には

$$\int_a^b f(x)\,dx = \lim_{\substack{\varepsilon \to 0 \\ \varepsilon > 0}} \int_{a+\varepsilon}^b f(x)\,dx$$

と定義して，この極限値が有限の値をもつとき，$f(x)$ は**広義積分**(あるいは**特異積分**) 可能であるという．

図 8.7 で考えると，まず $\varepsilon > 0$ だけ妥協して定積分 $\displaystyle\int_{a+\varepsilon}^b f(x)\,dx$ を考え (これは従来の定積分である)，次に $\varepsilon \to 0$ の極限を考えたのである．

関数 $f(x)$ が半開区間 $[a, b)$ で連続な場合 (したがって，関数の値が $x = b$ の近傍では無限大になっていく場合も考えている) も同じ考え方で $\varepsilon' > 0$ を用いて，広義積分

$$\int_a^b f(x)\,dx = \lim_{\substack{\varepsilon' \to 0 \\ \varepsilon' > 0}} \int_a^{b-\varepsilon'} f(x)\,dx$$

を定義する．

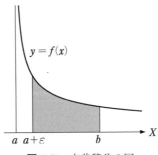

図 8.7 広義積分の図

例題 8.4.1 次の広義積分 $\int_0^1 \dfrac{dx}{\sqrt{x}}$ の値を求めよ.

解 関数 $f(x) = \dfrac{1}{\sqrt{x}}$ は, 区間 $(0,1)$ で考えるとき, 図 8.7 でわかるように $x = 0$ で無限大に発散しているから,

$$\int_0^1 \frac{dx}{\sqrt{x}} = \lim_{\varepsilon \to 0} \int_\varepsilon^1 \frac{dx}{\sqrt{x}} = \lim_{\varepsilon \to 0} [2\sqrt{x}]_\varepsilon^1 = \lim_{\varepsilon \to 0} (2 - 2\sqrt{\varepsilon}) = 2$$

と計算できる.

例題 8.4.2

$$\int_0^1 \frac{1}{x}\, dx = \lim_{\varepsilon \to 0} \int_\varepsilon^1 \frac{1}{x}\, dx = \lim_{\varepsilon \to 0} [\log x]_\varepsilon^1 = \lim_{\varepsilon \to 0} (-\log \varepsilon)$$

であるから, 広義積分 $\int_0^1 \dfrac{1}{x}\, dx$ は収束しない (値をもたない).

関数 $f(x)$ が無限区間上で連続な場合も, 同じ考え方で広義積分が定義できる.

定義 8.8 関数 $f(x)$ が区間 $[a, \infty)$ で連続な場合

$$\int_a^\infty f(x)\, dx = \lim_{T \to \infty} \int_a^T f(x)\, dx$$

で定義する. この極限値が有限の値をもつとき, $f(x)$ は**広義積分可能**であるという.

例題 8.4.3 広義積分 $\int_a^\infty e^{-x}\, dx$ を求めよ.

解 定義に従って

$$\int_a^\infty e^{-x}\, dx = \lim_{T \to \infty} \int_a^T e^{-x}\, dx$$

$$= \lim_{T \to \infty} \left[-e^{-x}\right]_a^T$$

$$= e^a - \lim_{T \to \infty} e^{-T} = e^a$$

と求められる.

注意 8.2 これまでの例題では広義積分の定義に従って計算したが，不定積分の式で $x = a$ や $x = \infty$ の値を直接 (極限と考えて) 代入した結果と一致している．広義積分の考え方が理解できれば，実際の計算では，これまでの定積分のように計算すればよい．

　広義積分が収束するかどうかを，1つひとつの関数について定義から判定することは面倒である．次の定理を用いると，代表的な関数について収束・発散が知られていれば，関数の大小を比較するだけで広義積分の収束・発散が判定できる．

定理 8.12　区間 (a, b) 上で，正数 $C > 0$ に対して $0 \leqq f(x) \leqq Cg(x)$ とする．広義積分 $\displaystyle\int_a^b g(x)\,dx$ が収束すれば，$\displaystyle\int_a^b f(x)\,dx$ も収束する．広義積分 $\displaystyle\int_a^b f(x)\,dx$ が発散すれば，$\displaystyle\int_a^b g(x)\,dx$ も発散する．

　ただし，区間が有限区間で，関数 $f(x)$ が $x = a$ または $x = b$ で有界でないときは，有限区間での広義積分，(a, b) が無限区間の場合は無限区間での広義積分と考える．

証明　b が有限とし，関数 $f(x)$ が $x = a$ で有限値でない場合を考える．$\displaystyle\int_a^b g(x)\,dx$ が収束するとする．$\varepsilon > 0$ に対して $\displaystyle\int_{a+\varepsilon}^b f(x)\,dx$ を考える．$\varepsilon \to 0$ のとき $\displaystyle\int_{a+\varepsilon}^b f(x)\,dx$ は単調増加で $C\displaystyle\int_a^b g(x)\,dx$ によって上に有界である．したがって $\displaystyle\int_a^b f(x)\,dx$ は収束する．単調増加で有界な数列が収束することについては，§8.1 に解説しておいた．

　その他の場合も明らかであろう．

　この定理を適用して収束・発散を判定するときによく利用される関数には次のような関数がある．

例題 8.4.4　広義積分 $\displaystyle\int_0^1 \frac{1}{x^\alpha}\,dx$ は $0 < \alpha < 1$ のとき収束し，$1 \leqq \alpha$ のとき発散する．また，広義積分 $\displaystyle\int_1^\infty \frac{1}{x^\alpha}\,dx$ は $1 < \alpha$ のとき収束し，$0 < \alpha \leqq 1$ のとき

発散する.

解 $0 < \alpha < 1$ とするとき,

$$\int_0^1 \frac{dx}{x^\alpha} = \lim_{\varepsilon \to 0} \int_\varepsilon^1 \frac{dx}{x^\alpha} = \lim_{\varepsilon \to 0} \left[\frac{1}{1-\alpha} x^{1-\alpha} \right]_\varepsilon^1 = \frac{1}{1-\alpha} \left(1 - \lim_{\varepsilon \to 0} \varepsilon^{1-\alpha} \right) = \frac{1}{1-\alpha}$$

であるから, 広義積分 $\int_0^1 \frac{1}{x^\alpha} \, dx$ は収束する.

$1 \leqq \alpha$ とすると, $0 < x \leqq 1$ において $\frac{1}{x} \leqq \frac{1}{x^\alpha}$ である. また, 例題 8.4.2 より

$\int_0^1 \frac{1}{x} \, dx$ は発散するから, 定理 8.12 より広義積分 $\int_0^1 \frac{1}{x^\alpha} \, dx$ は発散する.

$1 < \alpha$ とするとき,

$$\int_1^\infty \frac{dx}{x^\alpha} = \lim_{T \to \infty} \int_1^T \frac{dx}{x^\alpha} = \lim_{T \to \infty} \left[\frac{1}{1-\alpha} x^{1-\alpha} \right]_1^T$$

$$= \frac{1}{1-\alpha} \left(\lim_{T \to \infty} T^{1-\alpha} - 1 \right) = \frac{1}{\alpha-1}$$

であるから, 広義積分 $\int_1^\infty \frac{1}{x^\alpha} \, dx$ は収束する.

$0 < \alpha \leqq 1$ とすると, $1 \leqq x$ において $\frac{1}{x} \leqq \frac{1}{x^\alpha}$ である. また,

$$\int_1^\infty \frac{1}{x} \, dx = \lim_{T \to \infty} \int_1^T \frac{1}{x} \, dx = \lim_{T \to \infty} [\log x]_1^T = \lim_{T \to \infty} \log T = +\infty$$

であるから, 定理 8.12 より広義積分 $\int_1^\infty \frac{1}{x^\alpha} \, dx$ は発散する. ▌

例題 8.4.5 任意の自然数 n に対して, 広義積分 $\int_1^\infty x^n e^{-x} \, dx$ は収束するか.

解 任意の自然数 n に対して, $|x^n e^{-x}| < |x|^{-2}$ が十分大きな x に対して成立する. また, $\int_1^\infty \frac{1}{x^2} \, dx = 1$ だから, 上の定理 8.12 により広義積分 $\int_1^\infty x^n e^{-x} \, dx$ は収束する. ▌

注意 8.3 上の例題で, 定理 8.12 を適用するに当たっては, 不等式の成立する範囲は, 広義積分が問題になる, 無限遠方あるいは区間の端点の近傍だけでよい. ▌

重積分についても，広義積分が考えられる．領域の境界付近で関数が不連続である場合や，無限遠方にのびた領域を底面とする立体の体積を考えることに相当する．ここでは，詳しい解説は省略する．

8.5　曲線

平面上の曲線は，t を変数として（パラメータという）$x = x(t)$, $y = y(t)$ と表すことができる．パラメータ t を時刻変数のように考えて，時刻 t のときに点 P が P $= (x(t), y(t))$ と表されていると考えると，点 P が運動する軌跡が曲線として表されるともいうことができる．関数 $y = f(x)$ のグラフも曲線である．これはパラメータを用いると

$$x(t) = t, \quad y(t) = f(t)$$

と表される．

たとえば，

$$x(t) = \cos t, \quad y(t) = \sin t \qquad (0 \leqq t \leqq 2\pi)$$

と表される曲線は $x^2 + y^2 = 1$ と表現できるから，原点を中心とする半径 1 の円を表している．

直線上を滑ることなく回転する半径 1 の円周上の 1 点の運動を表す曲線は，図 8.8 からわかるように

$$x(t) = t - \sin t, \quad y(t) = 1 - \cos t \qquad (t \in \mathbb{R})$$

と表される．この曲線を**サイクロイド**という．

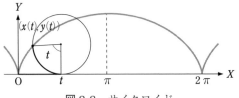

図 **8.8**　サイクロイド

この 2 式からパラメータ t を消去して x と y だけの式にすることはできない．このことからもパラメータを用いた曲線の表示法が有効であることがわかる．

$t = t_0$ のとき，曲線は点 $(x(t_0), y(t_0))$ を通る．この点の近傍で，この曲線を X-Y 平面に描いたときの接線の傾き (微分係数) を求めよう．

$$\frac{dy}{dx}(t_0) = \lim_{\Delta t \to 0} \frac{y(t_0 + \Delta t) - y(t_0)}{x(t_0 + \Delta t) - x(t_0)}$$

$$= \lim_{\Delta t \to 0} \frac{y(t_0 + \Delta t) - y(t_0)}{\Delta t} \frac{\Delta t}{x(t_0 + \Delta t) - x(t_0)}$$

$$= \frac{\frac{dy}{dt}}{\frac{dx}{dt}}(t_0)$$

と計算できるから，

$$\frac{dy}{dx}(t_0) = \frac{\frac{dy}{dt}(t_0)}{\frac{dx}{dt}(t_0)}$$

である．これは，導関数 $\dfrac{dy}{dx}$ を微分 dx, dy の比であると考えると，分母分子を dt で割ったと考えればよい．ここでも微分の記号を利用すると，公式がうまく説明できる．

t が $t = a$ から $t = b$ まで変化したときの**曲線の長さ** L は

$$L = \int_a^b \sqrt{\left(\frac{dx}{dt}\right)^2 + \left(\frac{dy}{dt}\right)^2}\, dt \tag{8.10}$$

で求められる．なぜなら，t が t から $t + \Delta t$ まで変化するときの曲線の微小部分を，線分で近似すると，その長さは

$$\sqrt{(x(t + \Delta t) - x(t))^2 + (y(t + \Delta t) - y(t))^2}$$

$$= \sqrt{\left(\frac{x(t + \Delta t) - x(t)}{\Delta t}\right)^2 + \left(\frac{y(t + \Delta t) - y(t)}{\Delta t}\right)^2}\, \Delta t$$

となる．これらをすべて和して，$\Delta t \to 0$ の極限を考えると，(8.10) が得られる．

3 次元空間の中の曲線は，パラメータを用いて 3 つの座標成分を表して，

$$x = x(t), \quad y = y(t), \quad z = z(t)$$

と表される．この曲線の $t = a$ から $t = b$ までの部分の長さ L は，平面の場合

と同様に

$$L = \int_a^b \sqrt{\left(\frac{dx}{dt}\right)^2 + \left(\frac{dy}{dt}\right)^2 + \left(\frac{dz}{dt}\right)^2}\, dt$$

で表される.

問題 8.5.1　$x^{\frac{2}{3}} + y^{\frac{2}{3}} = a^{\frac{2}{3}}$ $(a > 0)$ で定まる曲線の概形を描け. この曲線を**ア**
ステロイドという.

問題 8.5.2　$x(t) = \sin t,\ y(t) = \cos t + \log\left(\tan\frac{t}{2}\right)$ で定まる曲線の概形を描
け. この曲線を**トラクトリクス**という.

問題 8.5.3　$x(t) = 2\cos t - \cos(2t),\ y(t) = 2\sin t - \sin(2t)$ で定まる曲線の概
形を描け. この曲線を**カージオイド**という.

　平面上の曲線はまた, 2 変数関数から定めることもできる.

　2 変数関数 $f(x,y)$ について, $f(x,y) = 0$ をみたす (x,y) の全体は, 一般に平
面上の曲線になる. これは, $z = f(x,y)$ のグラフの定める曲面が, 平面 $z = 0$
と交わってできる曲線である. 曲面の等高線と考えるとわかりやすいだろう. 次
の図 8.9 は, $z = x^3 + y^3 - 3xy$ のグラフの定める曲面 (図 5.13) が X-Y 平面

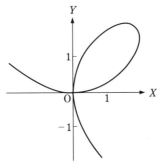

図 8.9　$x^3 + y^3 - 3xy = 0$ の定める曲線

$z = 0$ と交わってできる曲線である．この曲線は $x^3 + y^3 - 3xy = 0$ で定まる曲線であり，**デカルトの葉線**と呼ばれている．

　この曲線の図からわかるように，$f(x, y) = 0$ で定まる曲線を $y = \varphi(x)$（あるいは $x = \psi(y)$）と，1 変数関数として表すことは必ずしもできない．

例題 8.5.1　$f(x, y) = x^2 + y^2 - 1$ とすると $f(x, y) = 0$ で定まる曲線は，原点中心，半径 1 の円周である．この円周を，1 つの関数で表すことはできない．しかし，$y = \sqrt{1 - x^2}, y = -\sqrt{1 - x^2}$ はそれぞれ，この円周の上半分，下半分を表している．　∎

　上の例題で見たように，$f(x, y) = 0$ から定まる曲線の（一部）が，$y = \varphi(x)$ と表せるとき，$y = \varphi(x)$ を $f(x, y) = 0$ から定まる**陰関数**という．陰関数 $y = \varphi(x)$ は

$$f(x, \varphi(x)) = 0$$

をみたす．

　図 8.9 や例題 8.5.1 から想像できるように，$f(x, y) = 0$ で定まる曲線が $y = \varphi(x)$ と表せないような状況がおきるのは，曲線の接線が Y 軸に平行になるときであり，また，$x = \psi(y)$ と表せないような状況がおきるのは，接線が X 軸に平行になるときである．このような考察をもとに，陰関数がどのようなときに存在するかについて，次の定理がある．

　接線を考えるので，導関数が存在するような関数が考察の対象である．関数 $f(x, y)$ 自身とそのすべての偏導関数が連続関数であるような関数を C^1 **級の関数**という．

定理 8.13　陰関数の存在定理　$f(x, y)$ は C^1 級とする．$f(a, b) = 0$ となる点 (a, b) において，さらに $f_y(a, b) \neq 0$ が成り立っているとする．このとき，$x = a$ の近傍で $\varphi(a) = b, f(x, \varphi(x)) = 0$ をみたす関数 $y = \varphi(x)$ が存在する．この

$\varphi(x)$ も C^1 級で，その導関数は
$$\frac{dy}{dx} = \varphi'(x) = -\frac{f_x(x, \varphi(x))}{f_y(x, \varphi(x))}$$
で与えられる．

例題 8.5.2　$f(x, y) = x^3 + y^3 - 3xy = 0$ の定める曲線について考えよう．

$f_y(x, y) = 3(y^2 - x)$ であるから，曲線 $f(x, y) = 0$ 上で $f_y(x, y) = 0$ となるのは，これらを連立方程式と考えて計算すると，$(x, y) = (0, 0)$ または $(x, y) = \left(\sqrt[3]{4}, \sqrt[3]{2}\right)$ のときである．すなわち，この点以外の曲線上の点の近傍では $y = \varphi(x)$ と関数のグラフになっている．この式 $\varphi(x)$ が直接書き表せるわけではない．しかし，$\varphi(x)$ の導関数を計算するとその増減がわかる．すなわち，
$$\varphi'(x) = -\frac{f_x(x.y)}{f_y(x, y)} = -\frac{x^2 - y}{y^2 - x}$$
であるから，陰関数で表される曲線上で $\varphi'(x) = 0$ となるのは，$(x, y) = \left(\sqrt[3]{2}, \sqrt[3]{4}\right)$ のときであることがわかる．また，この点は極大点である．以上の考察は x と y を入れ替えても成立する．すなわち，曲線は直線 $y = x$ について対称である．このような情報を総合して，この曲線が図 8.9 のような形状であることがわかる．必要に応じて，$\varphi(x)$ の 2 階導関数を計算して凸性などを判断するともっと正確な形がわかる．

また，この曲線は，パラメータ t を用いて
$$x = \frac{3t}{1 + t^3}, \qquad y = \frac{3t^2}{1 + t^3}$$
と表すこともできる．

8.6　図形や曲面の面積

関数 $f(x)$ が区間 $[a, b]$ 上で連続で $f(x) \geqq 0$ をみたすとき，関数のグラフ $y = f(x)$ と 3 直線 $x = a$, $x = b$, X 軸で囲まれる図形 S の面積 $|S|$ は，
$$|S| = \int_a^b f(x)\, dx$$

で求められる．これは，定積分を考えた動機でもあり，また理論的には，この定積分で「面積」を定義していると考えてもよい．

2つの連続関数 $f(x)$, $g(x)$ が $g(x) \leqq f(x)$ をみたすとき，この2つのグラフと2直線 $x = a$, $x = b$ で囲まれた部分の面積は，

$$\int_a^b (f(x) - g(x)) \, dx$$

で求められる．実際の図形の面積を求めるときには，対称性などの図形の性質も考慮して計算することが多い．

例題 8.6.1 楕円 $\dfrac{x^2}{a^2} + \dfrac{y^2}{b^2} = 1 \ (a, b > 0)$ で囲まれる図形の面積を求めよ．

解 図形の対称性から，第1象限の部分の面積を求めて，4倍すればよい．求める面積を $|S|$ とすると，第1象限では，楕円は $y = \dfrac{b}{a}\sqrt{a^2 - x^2}$ と表されるから

$$\frac{|S|}{4} = \int_a^b \frac{b}{a}\sqrt{a^2 - x^2} \, dx$$

$$= \frac{b}{2a}\left[x\sqrt{a^2 - x^2} + a^2 \arcsin \frac{x}{a} \right]_0^a = \frac{\pi}{4}ab$$

と計算でき，$|S| = \pi ab$ であることが得られる．

また，パラメータで表された曲線で囲まれる図形の面積は，パラメータ表示を変数変換と考えて計算すればよい．$f(x, y) = 0$ の陰関数で定まる曲線でできる図形の面積も，パラメータで表すとうまく計算できる場合がある．

例題 8.6.2 サイクロイド $x = a(t - \sin t)$, $y = a(1 - \cos t) \ (a > 0, 0 \leqq t \leqq 2\pi)$ と X 軸で囲まれる部分の面積を求めよ．

解 求める図形の面積は，$\displaystyle\int_0^{2\pi a} y \, dx$ と表されるが，サイクロイドの表示式を x と t の変数変換と考えると

$$\int_0^{2\pi a} y \, dx = \int_0^{2\pi} a(1 - \cos t)a(1 - \cos t) \, dt$$

$$= a^2 \int_0^{2\pi} (1 - \cos t)^2 \, dt = 3\pi a^2$$

と求められる．また，手続きとしては，$x = a(t - \sin t)$ の微分を $dx = a(1 - \cos t) \, dt$ と計算して，定積分に代入して t に関する定積分に書き換えたと考えればよい．▌

問題 8.6.1　アステロイド $x^{\frac{2}{3}} + y^{\frac{2}{3}} = a^{\frac{2}{3}}$ $(a > 0)$ がパラメータ t を用いて $x = a \cos^3 t$, $y = a \sin^3 t$ $(0 \leqq t \leqq 2\pi)$ と表されることを利用して，その囲む図形の面積を求めよ．

　平面上の図形の面積を考えてきたが，次に空間内の曲面の面積について考える．

　ベクトル $\boldsymbol{a} = (a_1, a_2, a_3)$ と $\boldsymbol{b} = (b_1, b_2, b_3)$ は空間内で平行4辺形をつくる．この平行4辺形の面積 $|S|$ は，次のようにして求められる．まず，平行4辺形の面積は「底辺の長さ」×「高さ」であることと，内積の性質から，2つのベクトルの間の角度を θ とすると

$$|S| = |\boldsymbol{a}||\boldsymbol{b}| \sin \theta$$

$$(\boldsymbol{a}, \boldsymbol{b}) = |\boldsymbol{a}||\boldsymbol{b}| \cos \theta$$

である．これから

$$
\begin{aligned}
|S|^2 &= |\boldsymbol{a}|^2 |\boldsymbol{b}|^2 \sin^2 \theta \\
&= |\boldsymbol{a}|^2 |\boldsymbol{b}|^2 (1 - \cos^2 \theta) \\
&= |\boldsymbol{a}|^2 |\boldsymbol{b}|^2 - (\boldsymbol{a}, \boldsymbol{b})^2 \\
&= (a_1{}^2 + a_2{}^2 + a_3{}^2)(b_1{}^2 + b_2{}^2 + b_3{}^2) - (a_1 b_1 + a_2 b_2 + a_3 b_3)^2 \\
&= (a_2 b_3 - b_2 a_3)^2 + (a_1 b_3 - b_1 a_3)^2 + (a_1 b_2 - b_1 a_2)^2
\end{aligned}
$$

と計算できるから，

$$|S| = \sqrt{(a_2 b_3 - b_2 a_3)^2 + (a_1 b_3 - b_1 a_3)^2 + (a_1 b_2 - b_1 a_2)^2}$$

であることが得られる．

関数 $z = f(x, y)$ のグラフで定まる曲面の表面積を求めよう．曲面上の点 $z_0 = f(x_0, y_0)$ での接平面は，2つのベクトル

$$(1, 0, f_x(x_0, y_0)), \quad (0, 1, f_y(x_0, y_0))$$

で生成される．x, y 方向にそれぞれ微小な長さ $\Delta x, \Delta y$ をもつ小区間 $[x_0, x_0 + \Delta x] \times [y_0, y_0 + \Delta y]$ 上の曲面の小部分は，2つの接ベクトル

$$(\Delta x, 0, f_x(x_0, y_0) \Delta x), \quad (0, \Delta y, f_y(x_0, y_0) \Delta y)$$

のつくる平行4辺形で近似される．

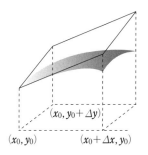

$(x_0, y_0 + \Delta y)$

(x_0, y_0) $(x_0 + \Delta x, y_0)$

図 8.10 曲面と接平面の図

この平行4辺形の面積は，先の計算より

$$\sqrt{1 + f_x{}^2 + f_y{}^2}\, \Delta x\, \Delta y$$

であるから，これらを考えている領域 D 上で総和をとり，小部分を細かくする極限を考えると，極限は重積分で表される．したがって，曲面の表面積は

$$\iint_D \sqrt{1 + f_x{}^2 + f_y{}^2}\, dxdy \tag{8.11}$$

と求められる．

例題 8.6.3 球の表面積を求めよ．

解 原点を中心とする半径 a の球の上半分は

$$f(x, y) = \sqrt{a^2 - x^2 - y^2}$$

と表される.

$$f_x = -\frac{x}{\sqrt{a^2 - x^2 - y^2}}, \quad f_y = -\frac{y}{\sqrt{a^2 - x^2 - y^2}}$$

で, 積分領域は $D = \{(x, y) \mid x^2 + y^2 \leqq a^2\}$ であるから, この部分の面積 $|S|$ は

$$
\begin{aligned}
|S| &= \iint_D \sqrt{1 + f_x{}^2 + f_y{}^2}\, dxdy \\
&= \iint_D \frac{a}{\sqrt{a^2 - x^2 - y^2}}\, dxdy \\
&= \int_0^{2\pi} \int_0^a \frac{ar}{\sqrt{a^2 - r^2}}\, dr\, d\theta \\
&= 2\pi a \left[-\sqrt{a^2 - r^2} \right]_{r=0}^{r=a} = 2\pi a^2
\end{aligned}
$$

と求められる. ここでは, 極座標への変数変換を用いて計算した.

これより, 半径 a の球の表面積は $4\pi a^2$ であることが示された.

例題 8.6.4 半径 $2a$ の球に, 半径 a の円柱が, 球の直径が円柱の側面と重なるように, 交わっているとする. この円柱によって切り取られる球面の一部分の表面積を求めよ.

解　球面 $x^2 + y^2 + z^2 = 4a^2$ の円柱 $(x - a)^2 + y^2 = a^2$ に囲まれた曲面の面積を求めればよい. 対称性を考慮すると, 関数 $f(x, y) = \sqrt{4a^2 - x^2 - y^2}$ の $D = \{(x, y) \mid (x - a)^2 + y^2 \leqq a^2, y \geqq 0\}$ の範囲で定まる曲面の表面積が, 求める面積の $\frac{1}{4}$ であることがわかる. 次の図 8.11 を見て, 図形の形を思い描いてほしい. この曲面を, **ヴィヴィアーニの穹 (きゅう) 面**という.

f_x, f_y の計算は, 先の例題と同じである. したがって

$$\iint_D \frac{2a}{\sqrt{4a^2 - x^2 - y^2}}\, dxdy$$

を計算すればよい. ここでも極座標への変数変換 $x = r\cos\theta, y = r\sin\theta$ を用いると, 領域 D は $\Omega = \left\{ (r, \theta) \mid r \leqq 2a\cos\theta,\ 0 \leqq \theta \leqq \frac{\pi}{2} \right\}$ に対応するから,

$$\iint_D \frac{2a}{\sqrt{4a^2 - x^2 - y^2}}\, dxdy = 2a \int_0^{\pi/2} \int_0^{2a\cos\theta} \frac{r}{\sqrt{4a^2 - r^2}}\, dr\, d\theta$$

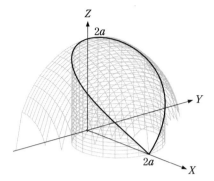

図 8.11 ヴィヴィアーニの穹面

$$= 2a \int_0^{\pi/2} \left[-\sqrt{4a^2 - r^2} \right]_0^{2a\cos\theta} d\theta$$

$$= 2a \int_0^{\pi/2} \left(2a - 2a\sqrt{1 - \cos^2\theta} \right) d\theta$$

$$= 4a^2 \left[\theta + \cos\theta \right]_0^{\pi/2} = 2a^2(\pi - 2)$$

と計算できる. これより, 求める図形の表面積は, $8a^2(\pi - 2)$ であることが得られる.

　曲面が関数 $f(x, y)$ だけでは表されないときには, 表面積を求める公式は複雑になる. ここでは, 回転面の表面積を求めよう. 1 変数の関数 $y = f(x)$ のグラフを $a \leqq x \leqq b$ の範囲で考える. いま, $f(x) \geqq 0$ であるとする. このグラフを, X 軸を中心軸として 1 回転すると立体図形が得られる. この立体を**回転体**という.

　X 軸の区間 $[a, b]$ を分割し, この分割で回転体を薄い立体に分割して, その側面積を考える. この薄い立体の $[x, x + \Delta x]$ の部分の側面は長さ $\sqrt{1 + f'(x)^2}\,\Delta x$ の線分で近似でき, 薄い立体は, 半径 $f(x)$ の円柱で近似できるから, その側面積は $2\pi f(x)\sqrt{1 + f'(x)^2}\,\Delta x$ で近似されることになる. これらの総和をとり, 分

割を細かくする極限を考えると，求める回転面の表面積は，定積分

$$2\pi \int_a^b f(x)\sqrt{1 + f'(x)^2}\, dx$$

で与えられることがわかる.

例題 8.6.5　X-Y 平面の点 $(0, a)$ に中心をもつ半径 r $(a > r)$ の円周を，X 軸を中心軸にして 1 回転すると，ドーナツ型の曲面ができる．これを**輪環面 (トーラス)** という．この輪環面の表面積を求めよ.

解　まず，$f_1(x) = a + \sqrt{r^2 - x^2}$ で表される関数のグラフを，X 軸を中心にして回転してできる，輪環面の外側の表面積を計算する.

$$f_1'(x) = -\frac{x}{\sqrt{r^2 - x^2}}, \quad \sqrt{1 + f_1'(x)^2} = \frac{r}{\sqrt{r^2 - x^2}}$$

であるから，

$$2\pi \int_{-r}^r \left(a + \sqrt{r^2 - x^2}\right) \frac{r}{\sqrt{r^2 - x^2}}\, dx = 4\pi a r \int_0^r \frac{dx}{\sqrt{r^2 - x^2}} + 4\pi r \int_0^r dx$$

$$= 2\pi^2 a r + 4\pi r^2$$

と計算できる.

同様に，$f_2(x) = a - \sqrt{r^2 - x^2}$ で表される関数のグラフを，X 軸を中心にして回転してできる，輪環面の内側の表面積は，

$$2\pi \int_{-r}^r \left(a - \sqrt{r^2 - x^2}\right) \frac{r}{\sqrt{r^2 - x^2}}\, dx = 2\pi^2 a r - 4\pi r^2$$

と計算できるので，輪環面の表面積は，$4\pi^2 a r$ であることが得られた.

問題 8.6.2　次の立体の表面積を求めよ．ただし，$a > 0$ とする.

(1)　球面 $x^2 + y^2 + z^2 = a^2$ の平面 $z = b$ $(a > b > 0)$ より上方にある部分の表面積.

(2)　円柱 $x^2 + y^2 = a^2$ の内部にある円柱 $x^2 + z^2 = a^2$ の表面積.

(3)　円柱 $x^2 + y^2 = a^2$ の内部にある曲面 $z = xy$ の表面積.

(4)　曲面 $z = x^2 + y^2$ の平面 $z = a^2$ より下方にある部分の表面積.

問題 8.6.3   関数 $f(x) = 1 - x^2$ の $-1 \leqq x \leqq 1$ の範囲のグラフを X 軸を中心に 1 回転してできる立体の表面積を求めよ (図形は単純だが，計算が面倒である．力試しに挑戦してみるとよい).

8.7   立体の体積

重積分を導入するに当たって，立体の体積を念頭に置いて考えた．したがって，いろいろな立体の体積を，積分を用いて求めることができる.

まず，回転体の体積を求めよう．$y = f(x)$ のグラフの区間 $[a, b]$ 上の部分を，X 軸を中心に 1 回転してできる回転体を考える．$f(x) \geqq 0$ とする．X 軸の区間 $[a, b]$ を分割し，この分割で回転体を薄い立体に分割して，その体積を考える．この薄い立体の $[x, x + \Delta x]$ の部分は，半径 $f(x)$，高さ Δx の円柱で近似できるから，その体積は $\pi f(x)^2 \Delta x$ で近似される．これらを集めて，分割を細かくする極限を考えると，求める回転体の体積は，定積分

$$\pi \int_a^b f(x)^2 \, dx$$

で与えられることがわかる.

例題 8.7.1 X-Y 平面の点 $(0, a)$ に中心をもつ半径 r $(a > r)$ の円周を，X 軸を中心軸にして 1 回転してできる輪環面で囲まれる立体の体積を求めよ.

解   関数 $f_1(x) = a + \sqrt{r^2 - x^2}$ の $-r \leqq x \leqq r$ の範囲のグラフを回転してできる回転体の体積 V_1 は，次のように計算できる.

$$
\begin{aligned}
V_1 &= 2\pi \int_0^r \left(a + \sqrt{r^2 - x^2} \right)^2 dx \\
&= 2\pi \int_0^r \left(a^2 + r^2 - x^2 + 2a\sqrt{r^2 - x^2} \right) dx \\
&= 2\pi \left(a^2 r + \frac{2}{3} r^3 \right) + 4\pi a \int_0^r \sqrt{r^2 - x^2} \, dx \\
&= 2\pi \left(a^2 r + \frac{2}{3} r^3 \right) + \pi^2 a r^2
\end{aligned}
$$

同様に，関数 $f_2(x) = a - \sqrt{r^2 - x^2}$ の $-r \leqq x \leqq r$ の範囲のグラフを回転して

できる回転体の体積 V_2 は,

$$V_2 = 2\pi \left(a^2 r + \frac{2}{3} r^3 \right) - \pi^2 a r^2$$

と計算できるから, 求める立体の体積は $2\pi^2 a r^2$ であることが得られた. ▌

　重積分の概念を, 体積を念頭に置いて導入したことから, 領域 D を底面とし, 関数 $z = f(x, y)$ のグラフを上面とする立体の体積は, $\displaystyle\iint_D f(x, y)\, dxdy$ で与えられる. 実際の立体の体積を求めるには, 立体の形から, 関数や領域を数式で表さなければならないので, 立体の形をよく考えなければならない.

例題 8.7.2　半径の等しい 2 本の直円柱が, 中心軸が直角になるように交わっているとする. このとき 2 本の円柱の共通部分としてできる立体の体積を求めよ.

解　円柱の半径を a とし, 2 本の軸を Y 軸と Z 軸にとると, 円柱は $x^2 + y^2 \leqq a^2$, $x^2 + z^2 \leqq a^2$ と表される. このときこの図形は, 次の図 8.12 のようになっている.

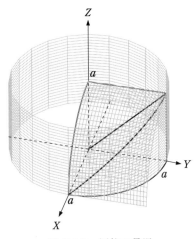

図 8.12　円柱の貫通

対称性を考慮すると, 第 1 象限の部分が, 全体の $\dfrac{1}{8}$ である. この部分は,

X-Y 平面上で円の $\dfrac{1}{4}$ にあたる $D = \left\{ (x,y) \mid x^2 + y^2 \leqq a^2,\, x, y \geqq 0 \right\}$ の上で，$z = \sqrt{a^2 - x^2}$ のグラフで囲まれる立体になっている．したがって，求める立体の体積 V は

$$\frac{V}{8} = \iint_D \sqrt{a^2 - x^2}\, dxdy$$

で求められる．この重積分は，繰り返し積分で

$$\frac{V}{8} = \int_0^a \left(\int_0^{\sqrt{a^2 - x^2}} \sqrt{a^2 - x^2}\, dy \right) dx$$

$$= \int_0^a \left[y\sqrt{a^2 - x^2} \right]_{y=0}^{y=\sqrt{a^2 - x^2}} dx$$

$$= \int_0^a a^2 - x^2\, dx = \left[a^2 x - \frac{1}{3} x^3 \right]_0^a = \frac{2}{3} a^3$$

と計算できるから，求める体積は $V = \dfrac{16}{3} a^3$ である．

例題 8.7.3 半径 $2a$ の球に，半径 a の円柱が，球の直径が円柱の側面になるように貫通しているとき，この球と円柱の共通部分の体積を求めよ．

解 球の中心を原点，円柱の中心軸を $x = a$ とすると，求める立体は球 $x^2 + y^2 + z^2 \leqq 4a^2$ と円柱 $(x - a)^2 + y^2 \leqq a^2$ の共通部分である．対称性を考慮すると，求める体積 V は

$$\frac{V}{4} = \iint_D \sqrt{4a^2 - x^2 - y^2}\, dxdy$$

で計算できることがわかる．ここで $D = \left\{ (x,y) \mid (x - a)^2 + y^2 \leqq a^2,\, y \geqq 0 \right\}$ であり，立体は図 8.11 (p. 227) のようになっている．この重積分は，極座標に変換して計算すると，D は領域 $\varOmega = \left\{ (r, \theta) \mid 0 \leqq r \leqq 2a\cos\theta,\, 0 \leqq \theta \leqq \dfrac{\pi}{2} \right\}$ に対応するから，

$$\iint_D \sqrt{4a^2 - x^2 - y^2}\, dxdy = \int_0^{\pi/2} \int_0^{2a\cos\theta} r\sqrt{4a^2 - r^2}\, dr\, d\theta$$

$$= \int_0^{\pi/2} \left[-\frac{1}{3} (4a^2 - r^2)^{3/2} \right]_{r=0}^{r=2a\cos\theta} d\theta$$

$$= \frac{(2a)^3}{3} \int_0^{\pi/2} (1 - \sin^3 \theta)\, d\theta$$

$$= \frac{4}{3}\pi a^3 - \frac{8}{3}a^3 \int_0^{\pi/2} (1 - \cos^2 \theta)\sin\theta\, d\theta$$

$$= \frac{4}{3}\pi a^3 - \frac{8}{3}a^3 \left[-\cos\theta + \frac{1}{3}\cos^3\theta \right]_0^{\pi/2}$$

$$= \frac{8a^3}{3}\left(\frac{\pi}{2} - \frac{2}{3} \right)$$

と計算できる．したがって，求める体積は，$V = \dfrac{16}{3}\pi a^3 - \dfrac{64}{9}a^3$ である． ∎

また，立体 K の体積は，3 重積分 $\displaystyle\iiint_K dxdydz$ によっても求められる．この立体が，$K = \{(x, y, z) \mid (x, y) \in D, 0 \leqq z \leqq f(x, y)\}$ と表されているときには，3 重積分を繰り返し積分で

$$\iiint_K dxdydz = \iint_D \left(\int_0^{f(x,y)} dz \right) dxdy$$

と書き直せば，重積分により体積を求める場合と同じである．

問題 8.7.1 底面の半径 r，高さ h の直円錐の体積が $\dfrac{1}{3}\pi r^2 h$ であることを示せ．

問題 8.7.2 次の立体の体積を求めよ．ただし，$a > 0$ とする．

(1) 円柱面 $x^2 + y^2 = a^2$ と平面 $x + z = a$, $z = 0$ とで囲まれる立体の体積．

(2) 円柱面 $x^2 + y^2 = a^2$ の X-Y 平面の上方，平面 $z = x$ の下方にある部分の立体の体積．

(3) 曲面 $x^2 + y^2 = az$ と円柱面 $x^2 + y^2 = 2ax$, および平面 $z = 0$ とで囲まれる立体の体積．

(4) 曲面 $z = xy$ と円柱面 $x^2 + y^2 = 2ax$, および平面 $z = 0$ とで囲まれる立体の体積．

問題 8.7.3 次の 2 つの立体の共通部分の体積を求めよ.

$$K_1 = \left\{ (x, y, z) \mid 0 \leqq z \leqq 1 - x^2 \right\}$$

$$K_2 = \left\{ (x, y, z) \mid 0 \leqq z \leqq 1 - y^2 \right\}$$

8.8 重心

長さ a の棒の両端に等しい重さのおもりを下げるとき, 棒の中点で支えるとつり合いがとれる. 棒の両端の座標をそれぞれ a_1, a_2 $(a_1 < a_2)$ とし, それぞれに m_1, m_2 の重さのおもりを下げるとすると, つり合いのとれる点の座標 G は

$$G = \frac{m_1 a_1 + m_2 a_2}{m_1 + m_2} \tag{8.12}$$

である. このとき, 棒の重さは考えていない.

材質が必ずしも一様でない棒を, 一点でつり合いをとって支えることができるだろうか.

棒の両端を a_1, a_2 $(a_1 < a_2)$ とし点 x での棒の密度を $\rho(x)$ とする, すなわち, x を含む短い長さ dx の部分の重さは $\rho(x)\,dx$ である. (8.12) の分子 $m_1 a_1 + m_2 a_2$ に対応する和は, 多くの微小な部分 dx に分けたそれぞれの重さ $\rho(x)\,dx$ と位置 x の積の和で, さらに分割を細かくする極限を考えると, 定積分

$$\int_{a_1}^{a_2} x\rho(x)\,dx$$

になる. (8.12) の分母にあたるものは全質量

$$M = \int_{a_1}^{a_2} \rho(x)\,dx$$

である. すなわち, つり合いをとる点の座標 G は

$$G = \frac{1}{M} \int_{a_1}^{a_2} x\rho(x)\,dx \tag{8.13}$$

で求められる. この G を区間 $[a_1, a_2]$ に連続分布 $\rho(x)$ があるときの**重心**という.

平面上の 3 点 $P_1(x_1, y_1)$, $P_2(x_2, y_2)$, $P_3(x_3, y_3)$ にそれぞれ m_1, m_2, m_3 のお

もさのおもりが下がっているとき，この平面をつり合うように支える点の座標は

$$G = \left(\frac{m_1 x_1 + m_2 x_2 + m_3 x_3}{m_1 + m_2 + m_3}, \frac{m_1 y_1 + m_2 y_2 + m_3 y_3}{m_1 + m_2 + m_3} \right) \tag{8.14}$$

と表される．領域 D に面密度 $\rho(x,y)$ の連続分布があるときの重心 $G = (G_x, G_y)$ は，(8.14) から類推できるように

$$G_x = \frac{1}{M} \iint_D x\rho(x,y)\,dxdy$$

$$G_y = \frac{1}{M} \iint_D y\rho(x,y)\,dxdy$$

で求められる．ここで，

$$M = \iint_D \rho(x,y)\,dxdy$$

は全質量である．

例題 8.8.1　均一な物質でできている半円形の板の重心を求めよ．

解　半径 a の半円が

$$D = \left\{ (x,y) \mid 0 \leqq y \leqq \sqrt{a^2 - x^2 - y^2},\ -a \leqq x \leqq a \right\} \tag{8.15}$$

と表されているとする．図形の対称性から，重心 $G = (G_x, G_y)$ は Y 軸上にあることはあきらかだから，$G_x = 0$ である．

G_y を計算しよう．密度分布が一様だから $\rho(x,y) \equiv 1$ としてよい．

$$G_y = \frac{1}{M} \iint_D y\,dxdy$$

$$M = \iint_D dxdy$$

であるから，極座標に変換して計算する．領域 G は

$$\Omega = \{ (r,\theta) \mid 0 \leqq r \leqq a,\ 0 \leqq \theta \leqq \pi \}$$

に対応している．

$$M = \iint_\Omega r\,drd\theta = \frac{\pi a^2}{2}$$

は半円の面積である.

$$G_y = \frac{1}{M} \int_0^\pi \int_0^a r^2 \sin\theta \, dr \, d\theta$$

$$= \frac{1}{M} \left(\int_0^a r^2 \, dr \right) \left(\int_0^\pi \sin\theta \, d\theta \right) = \frac{4a}{3\pi}$$

と計算できるので, 重心の座標は $G = \left(0, \dfrac{4a}{3\pi} \right)$ である. ▮

問題 8.8.1 均一な材質でできた3角形の板の重心を, 次の順で求めよ.

(1) 3角形の頂点を A$(a,0)$, B$(b,0)$, C$(0,c)$ $(a < 0 < b, \ c > 0)$ とすると, 直線 AC, BC は, それぞれ $\dfrac{x}{a} + \dfrac{y}{c} = 1$, $\dfrac{x}{b} + \dfrac{y}{c} = 1$ と表されることを示せ.

(2) 重心の座標 $G = (G_x, G_y)$ を求めよ.

(3) 3角形 △ABC の幾何学的な重心と, (2) で求めた重心 G が一致していることを確かめよ.

　立体の重心も同様に求めることができる. 空間の立体 K の内部に連続分布 $\rho(x,y,z)$ があるときの重心 $G = (G_x, G_y, G_z)$ は

$$G_x = \frac{1}{M} \iiint_K x\rho(x,y,z) \, dxdydz$$

$$G_y = \frac{1}{M} \iiint_K y\rho(x,y,z) \, dxdydz$$

$$G_z = \frac{1}{M} \iiint_K z\rho(x,y,z) \, dxdydz$$

と求められる. M はここでも全質量

$$M = \iiint_K \rho(x,y,z) \, dxdydz$$

である.

例題 8.8.2 均一な材質でできた半球形の立体の重心を求めよ.

解 立体を

$$K = \left\{ (x,y,z) \mid x^2 + y^2 \leqq a^2, \ 0 \leqq z \leqq \sqrt{a^2 - x^2 - y^2} \right\}$$

と表す．3 次元の極座標変換を用いて積分を計算しよう．例題 6.7.3 で紹介したように

$$x = r \sin\theta \cos\varphi, \ y = r \sin\theta \sin\varphi, \ z = r \cos\theta$$

であり，ヤコビアンは $J = r^2 \sin\theta$ である．

領域 K は，極座標の領域

$$\Omega = \left\{ (r, \theta, \varphi) \mid 0 \leqq r \leqq a, \ 0 \leqq \theta \leqq \frac{\pi}{2}, \ 0 \leqq \varphi \leqq 2\pi \right\}$$

と対応している．材質が均一なので $\rho(x, y, z) \equiv 1$ としてよい．このとき全質量 M は，K の体積に等しく，

$$M = \frac{2}{3}\pi a^3$$

である．また，対称性から重心は Z 軸上にあり，$G_x = G_y = 0$ である．G_z は

$$
\begin{aligned}
G_z &= \frac{1}{M} \iiint_K z \, dx dy dz \\
&= \frac{1}{M} \int_0^{2\pi} \int_0^{\frac{\pi}{2}} \int_0^a r^3 \sin\theta \cos\theta \, dr \, d\theta \, d\varphi \\
&= \frac{1}{M} \left(\int_0^{2\pi} d\varphi \right) \left(\int_0^{\frac{\pi}{2}} \frac{1}{2}\sin 2\theta \, d\theta \right) \left(\int_0^a r^3 \, dr \right) \\
&= \frac{\pi a^4}{4M} = \frac{3a}{8}
\end{aligned}
$$

と計算できる．したがって，重心の座標は $G = \left(0, 0, \dfrac{3a}{8} \right)$ である．

問題 8.8.2　半径 a の円を底面とし，高さ h の直円錐が均一な材質でできているとき，この立体の重心を次の順で求めよ．

(1) 円錐が

$$K = \left\{ (x, y, z) \mid 0 \leqq z \leqq h, \ 0 \leqq \sqrt{x^2 + y^2} \leqq a \left(1 - \frac{z}{h} \right) \right\}$$

と表せることを示せ．

(2) 円柱座標

$$x = r \cos\theta, \ y = r \sin\theta, \ z = z$$

に変換して重心を求めよ.

問題 8.8.3 均一な材質でできた立体

$$K = \{(x, y, z) \mid x, y, z \geqq 0, \ x + y + z \leqq 1\}$$

の重心を求めよ.

8.9 ラグランジュの未定乗数法

§5.8 では2変数関数 $f(x, y)$ の極値を求める方法について述べた. このとき, 変数 (x, y) は関数 f の定義域全体を動くとして考えた. ここでは, (x, y) が制約条件 $g(x, y) = 0$ をみたしながら変化するとき, $f(x, y)$ の極値を考えよう.

このような極値を求める問題を, グラフで考えると次のようになっている. 一般に, $g(x, y) = 0$ をみたす (x, y) の全体は, X-Y 平面上の曲線になっている. この曲線を C とする. 関数 $z = f(x, y)$ のグラフで定まる曲面上で, 曲線 C の上にある部分だけを考えると, 空間内の曲線 $\widetilde{C}$ が得られる. 制約条件 $g(x, y) = 0$ のもとで $f(x, y)$ の極値を考えることは, この空間曲線 $\widetilde{C}$ の極値を求めることに対応している.

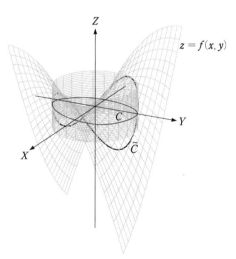

図 8.13 条件付き極値

点 (a, b) で極値をとったとして，(a, b) のみたす条件を考えてみよう．(a, b) の近傍で曲線 C が $y = \varphi(x)$ と表されているとする．このような表現は $g_y(a, b) \neq 0$ ならば可能である．詳しくは陰関数の存在定理 (p. 221) を参照してほしい．$y = \varphi(x)$ を $f(x, y)$ に代入すると，1 変数関数 $f(x, \varphi(x))$ が得られるが，(a, b) の仮定から，これは $x = a$ で極値をとっている．したがって，

$$f_x(a, b) + f_y(a, b)\varphi'(a) = 0$$

が成立している．一方，制約条件についても $g(x, \varphi(x)) = 0$ であるから，

$$g_x(a, b) + g_y(a, b)\varphi'(a) = 0$$

が成り立つ．これらから $\varphi'(a)$ を消去すると

$$f_x(a, b) - \frac{g_x(a, b)}{g_y(a, b)} f_y(a, b) = 0$$

が得られる．これを

$$\frac{f_x(a, b)}{g_x(a, b)} = \frac{f_y(a, b)}{g_y(a, b)}$$

と表し，この値を λ とおく．すなわち，

$$f_x(a, b) - \lambda g_x(a, b) = 0, \quad f_y(a, b) - \lambda g_y(a, b) = 0$$

が成り立つ．

ここまでの考察をまとめると，次のようになる．

> **定理 8.14　ラグランジュの未定乗数法**　制約条件 $g(x, y) = 0$ のもとで，関数 $f(x, y)$ が点 (a, b) で極値をとるとする．ただし，$g_x(a, b) \neq 0$ または $g_y(a, b) \neq 0$ であるとする．このとき
>
> $$f_x(a, b) - \lambda g_x(a, b) = 0, \quad f_y(a, b) - \lambda g_y(a, b) = 0$$
>
> をみたす定数 λ が存在する．

この定理を利用して，実際に極値の候補となる点を求めるには，次のようにすればよい．λ を定数として，2 変数関数

$$F(x, y) = f(x, y) - \lambda g(x, y)$$

を考え，その極値を求めるときのように，$F_x(x, y) = 0$, $F_y(x, y) = 0$ を計算すると，関係式

$$f_x - \lambda g_x = 0, \quad f_y - \lambda g_y = 0$$

が得られる．この関係式から，x, y を (λ を用いて) 求め，$g(x, y) = 0$ に代入して λ を求めることができる．この λ により，改めて x, y が定まるが，これが極値の候補となる点である．このようにして求めた点に対して，実際に極値となるかどうか，極小値か，極大値かなどを判定すればよい．このようにして，制約条件のもとでの極値問題を解く方法を**ラグランジュの未定乗数法**という．

例題 8.9.1　制約条件 $x + y = 2$ のもとで，関数 $x^2 + y^2$ の極値を求めよ．

解　λ を定数とし，関数 $F(x, y) = x^2 + y^2 - \lambda(x + y - 2)$ を考える．

$$F_x = 2x - \lambda, \quad F_y = 2y - \lambda$$

であるから，$F_x = F_y = 0$ より，

$$x = \frac{\lambda}{2}, \quad y = \frac{\lambda}{2}$$

が得られる．これを制約条件 $x + y = 2$ に代入して $\lambda = 2$ が得られる．また，このとき $x = 1$, $y = 1$ である．したがって，$x^2 + y^2$ が制約条件の下で極値をとるとすれば，$(x, y) = (1, 1)$ の点のみである．

　実際に $(1, 1)$ で極値をとるかどうかを判定するには，制約条件から $y = 2 - x$ であるから，関数 $x^2 + (2 - x)^2$ を考える．これは 1 変数関数であり，$x = 1$ のとき，極小値をとる．したがって，$x^2 + y^2$ は $(x, y) = (1, 1)$ で極小値をとることがわかる．

例題 8.9.2　制約条件 $x^2 + y^2 = 1$ のもとで，$x^2 - 4xy - 2y^2$ の極値を考えよう．
　関数 $F(x, y) = x^2 - 4xy - 2y^2 - \lambda(x^2 + y^2 - 1)$ を考えると，$F_x = F_y = 0$ より

$$x - 2y - \lambda x = 0, \quad -2x - 2y - \lambda y = 0$$

となる．この関係式は，x, y に関する連立 1 次方程式

$$(1 - \lambda)x - 2y = 0$$

$$-2x + (-2 - \lambda)y = 0$$

であり，$x^2 + y^2 = 1$ すなわち非自明な解をもつとすると，係数行列について

$$\begin{vmatrix} 1 - \lambda & -2 \\ -2 & -2 - \lambda \end{vmatrix} = 0 \tag{8.16}$$

でなければならない (行列と行列式で学んだ事実を用いた)．これより，$\lambda = 2, -3$ であることが得られる．したがって，連立 1 次方程式と制約条件より，極値の候補は $\lambda = 2$ のときには $(x, y) = \left(\pm \dfrac{2}{\sqrt{5}}, \mp \dfrac{1}{\sqrt{5}} \right)$，$\lambda = -3$ のときには $(x, y) = \left(\pm \dfrac{1}{\sqrt{5}}, \pm \dfrac{2}{\sqrt{5}} \right)$ (いずれも複号同順) であることがわかる．

　実際には，$\lambda = -3$ に対応する (x, y) で極小値，$\lambda = 2$ に対応する (x, y) で極大値をとる．このことを確かめるには，次に述べるように，行列と行列式の知識を応用するとわかりやすい．

　上の例題で，(8.16) は，行列 $A = \begin{pmatrix} 1 & -2 \\ -2 & -2 \end{pmatrix}$ の固有多項式であるから，ラグランジュの未定乗数 λ は A の固有値，(x, y) は固有ベクトルである．また，

$$x^2 - 4xy - 2y^2 = (x, y) \begin{pmatrix} 1 & -2 \\ -2 & -2 \end{pmatrix} \begin{pmatrix} x \\ y \end{pmatrix}$$

と表されるから，例題は，$|\boldsymbol{x}| = 1$ のベクトル $\boldsymbol{x}$ に関して 2 次形式 $(A\boldsymbol{x}, \boldsymbol{x})$ の極値を求める問題と表すこともできる．このように，ラグランジュの未定乗数法は，固有値問題とも関連している．

　行列と行列式の知識を用いて，先に求めた極値の候補において，実際に極値をとるかどうか考えよう．$\boldsymbol{a} = \left(\dfrac{2}{\sqrt{5}}, -\dfrac{1}{\sqrt{5}} \right)$, $\boldsymbol{b} = \left(\dfrac{1}{\sqrt{5}}, \dfrac{2}{\sqrt{5}} \right)$ とする．$A\boldsymbol{a} = 2\boldsymbol{a}$, $A\boldsymbol{b} = -3\boldsymbol{b}$ と $(\boldsymbol{a}, \boldsymbol{b}) = 0$ に注意する．$x^2 + y^2 = 1$ をみたす任意の $\boldsymbol{x} = (x, y)$ は，$p^2 + q^2 = 1$ をみたす p, q を用いて，$\boldsymbol{x} = p\boldsymbol{a} + q\boldsymbol{b}$ と表すことができる．$(A\boldsymbol{x}, \boldsymbol{x}) = -3 + 5p^2$ であり，$0 \leqq p^2 \leqq 1$ であるから，$-3 \leqq (A\boldsymbol{x}, \boldsymbol{x}) \leqq 2$ である．

すなわち, $x^2 - 4xy - 2y^2$ は $\left(\dfrac{2}{\sqrt{5}}, -\dfrac{1}{\sqrt{5}}\right)$ のとき最大値 (極大値) 2, $\left(\dfrac{1}{\sqrt{5}}, \dfrac{2}{\sqrt{5}}\right)$ のとき最小値 (極小値) -3 をとる. $\boldsymbol{a} = \left(-\dfrac{2}{\sqrt{5}}, \dfrac{1}{\sqrt{5}}\right)$, $\boldsymbol{b} = \left(-\dfrac{1}{\sqrt{5}}, -\dfrac{2}{\sqrt{5}}\right)$ のときも同様に計算することができる.

問題 8.9.1　制約条件 $x^2 + y^2 = 1$ のもとで, xy の極値を求めよ.

付　録 A

A.1　基本的な関数の公式

A.1.1　指数関数，対数関数

$$e^x e^y = e^{x+y}, \quad (e^x)^y = e^{xy}$$

$$e^{\log x} = x, \quad \log(e^x) = x$$

$$\log(xy) = \log x + \log y, \quad \log x^a = a \log x$$

$$a^x = e^{x \log a} \quad (a > 0)$$

A.1.2　3 角関数

対称性と 3 平方の定理，周期性から得られる公式

$$\sin(x + 2n\pi) = \sin x, \quad \cos(x + 2n\pi) = \cos x,$$

$$\tan(x + n\pi) = \tan x \quad (n = 0, \pm 1, \pm 2, \cdots)$$

$$\sin(-x) = -\sin x, \quad \cos(-x) = \cos x, \quad \tan(-x) = -\tan x$$

$$\sin^2 x + \cos^2 x = 1, \quad 1 + \tan^2 x = \frac{1}{\cos^2 x}$$

基本となる加法定理

$$\sin(x + y) = \sin x \cos y + \cos x \sin y$$

$$\cos(x + y) = \cos x \cos y - \sin x \sin y$$

加法定理から得られる公式

$$\tan(x + y) = \frac{\tan x + \tan y}{1 - \tan x \tan y}$$

$$\sin(2x) = 2\sin x \cos x, \quad \tan(2x) = \frac{2\tan x}{1 - \tan^2 x}$$

$$\cos(2x) = \cos^2 x - \sin^2 x = 2\cos^2 x - 1 = 1 - 2\sin^2 x$$

$$\sin x \cos y = \frac{1}{2}\{\sin(x + y) + \sin(x - y)\}$$

$$\cos x \sin y = \frac{1}{2}\{\sin(x + y) - \sin(x - y)\}$$

$$\cos x \cos y = \frac{1}{2}\{\cos(x + y) + \cos(x - y)\}$$

$$\sin x \sin y = -\frac{1}{2}\{\cos(x + y) - \cos(x - y)\}$$

$$\sin x + \sin y = 2\sin\left(\frac{x + y}{2}\right)\cos\left(\frac{x - y}{2}\right)$$

$$\sin x - \sin y = 2\cos\left(\frac{x + y}{2}\right)\sin\left(\frac{x - y}{2}\right)$$

$$\cos x + \cos y = 2\cos\left(\frac{x + y}{2}\right)\cos\left(\frac{x - y}{2}\right)$$

$$\cos x - \cos y = -2\sin\left(\frac{x + y}{2}\right)\sin\left(\frac{x - y}{2}\right)$$

A.1.3　双曲線関数

$$\sinh x = \frac{e^x - e^{-x}}{2}, \quad \cosh x = \frac{e^x + e^{-x}}{2}, \quad \tanh x = \frac{\sinh x}{\cosh x}$$

$$\cosh^2 x - \sinh^2 x = 1, \quad 1 - \tanh^2 x = \frac{1}{\cosh^2 x}$$

$$\sinh(x + y) = \sinh x \cosh y + \cosh x \sinh y$$

$$\cosh(x + y) = \cosh x \cosh y + \sinh x \sinh y$$

$$\text{arcsinh}\, x = \log\left(x + \sqrt{x^2 + 1}\right)$$

$$\text{arccosh}\, x = \log\left(x + \sqrt{x^2 - 1}\right) \quad (x > 1)$$

$$\text{arctanh}\, x = \frac{1}{2}\log\left(\frac{1 + x}{1 - x}\right) \quad (|x| < 1)$$

A.2　導関数と原始関数の表

$F(x) = \displaystyle\int f(x)\,dx$	$f(x) = F'(x)$
c(定数)	0
x^n	nx^{n-1}
$\dfrac{1}{a+1}x^{a+1}$	$x^a \quad (a \neq -1)$
$\log|x|$	$\dfrac{1}{x}$
$x(\log x - 1)$	$\log x$
e^x	e^x
$a^x \quad (a > 0)$	$a^x \log a$
$\sin x$	$\cos x$
$\cos x$	$-\sin x$
$\tan x$	$\dfrac{1}{\cos^2 x}$
$\sinh x$	$\cosh x$
$\cosh x$	$\sinh x$
$\arcsin x$	$\dfrac{1}{\sqrt{1 - x^2}}$
$\arccos x$	$-\dfrac{1}{\sqrt{1 - x^2}}$
$\arctan x$	$\dfrac{1}{1 + x^2}$

A.3　ギリシャ文字

　読み方は，代表的なものを挙げた．よく似たローマ字と区別して書くよう気を
つけなければいけない．また，ϕ, φ は同じ文字であるが，記号としては別の記号
として用いることがあるので注意が必要である．

大文字	小文字	読み方	大文字	小文字	読み方
A	α	アルファ alpha	N	ν	ニュー nu
B	β	ベータ beta	Ξ	ξ	グザイ，クシー xi
Γ	γ	ガンマ gamma	O	o	オミクロン omicron
Δ	δ	デルタ delta	Π	π	パイ pi
E	ϵ, ε	イプシロン epsilon	P	ρ	ロー rho
Z	ζ	ゼータ，ツェータ zeta	Σ	σ	シグマ sigma
H	η	イータ，エータ eta	T	τ	タウ，トウ tau
Θ	θ	シータ，テータ theta	Υ	υ	ウプシロン upsilon
I	ι	イオタ iota	Φ	ϕ, φ	ファイ，フィー phi
K	κ	カッパ kappa	X	χ	カイ chi
Λ	λ	ラムダ lambda	Ψ	ψ	プサイ，プシー psi
M	μ	ミュー mu	Ω	ω	オメガ omega

付　録 B

問題の解答

　本文や例題から解法が類推できる問題では，答えの数値のみを示す．計算途中のチェックポイントとなる式や，考え方のヒントを適宜示したものもある．また，計算方法はここに書いた以外の方法もありうるので，各自で検討してほしい．

第 1 章

問題 1.1.1 (1) $\dfrac{\pi}{6}$. (2) $-\dfrac{\pi}{3}$. (3) $-\dfrac{\pi}{2}$. (4) $\dfrac{3\pi}{4}$. (5) $\dfrac{\pi}{6}$. (6) $\dfrac{\pi}{2}$. (7) $\dfrac{\pi}{6}$. (8) $-\dfrac{\pi}{3}$. (9) $\dfrac{\pi}{4}$.

問題 1.1.2 $\arcsin x = \theta$ とおくと，$\sin\theta = x = \cos\left(\dfrac{\pi}{2} - \theta\right)$ である．$-\dfrac{\pi}{2} \leqq \theta \leqq \dfrac{\pi}{2}$ より $0 \leqq \dfrac{\pi}{2} - \theta \leqq \pi$ なので $\dfrac{\pi}{2} - \theta = \arccos x$ である．

問題 1.2.1 $\dfrac{(a+h)^3 - a^3}{h} = 3a^2 + 3ah + h^2$ であるから，$h \to 0$ のときの極限値は $3a^2$ である．

問題 1.2.2 (1) $\dfrac{\sin 2x}{x} = 2\dfrac{\sin 2x}{2x}$ より，極限値は 2 である．(2) $\dfrac{\cos x - 1}{x^2} = \dfrac{(\cos x - 1)(\cos x + 1)}{x^2(\cos x + 1)} = -\dfrac{\sin^2 x}{x^2(\cos x + 1)}$ より極限値は $-\dfrac{1}{2}$ である．(3) $\dfrac{\tan x}{x} = \dfrac{1}{\cos x}\dfrac{\sin x}{x}$ より，極限値は 1 である．(4) $y = \log(1 + x)$ とおくと $x = e^y - 1$ である．これより $x \to 0$ の極限は $y \to 0$ の極限と同じである．$\dfrac{\log(1 + x)}{x} =$

$\left(\dfrac{e^y - 1}{y}\right)^{-1}$ より，極限値は 1 である．

1.3 演習問題 A

問題 1 逆関数は $y = x^{\frac{1}{3}}$, 定義域は $\mathbb{R}$ 全体である．

問題 2 (1) $\theta = \arcsin x$ とおくと $x = \sin\theta$ より $-x = \sin(-\theta)$ である．また，$-\dfrac{\pi}{2} \leqq \theta \leqq \dfrac{\pi}{2}$ より $-\dfrac{\pi}{2} \leqq -\theta \leqq \dfrac{\pi}{2}$ であるから，$-\theta = \arcsin(-x)$ である．

(2) $\theta = \arctan x$ とおくと $x = \tan\theta$ より $-x = \tan(-\theta)$ である．また，$-\dfrac{\pi}{2} < \theta < \dfrac{\pi}{2}$ より $-\dfrac{\pi}{2} < -\theta < \dfrac{\pi}{2}$ であるから，$-\theta = \arctan(-x)$ である．

(3) $\theta = \arccos x$ とおくと $x = \cos\theta, 0 \leqq \theta \leqq \pi$ である．$\cos(\pi - \theta) = -\cos\theta = -x, 0 \leqq \pi - \theta \leqq \pi$ であるから，$\arccos(-x) = \pi - \theta$ である．

問題 3 グラフは次のようになる．

(1)
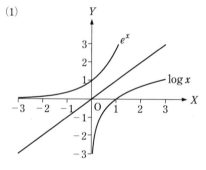

(2)
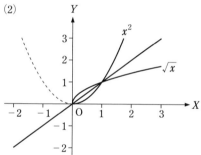

(3)
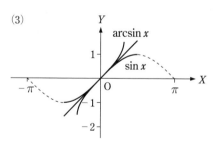

(4)
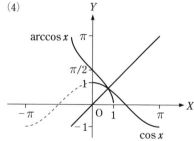

(5)

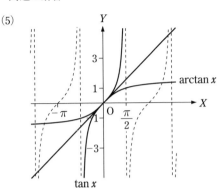

問題 4 (1) 分子を計算すると $2h^2$ だから，極限値は 2 である．(2) 分子を展開して計算すると $6ah^2$ だから，極限値は $6a$ である．(3) 分子を加法定理で展開して計算すると $2\sin a(\cos h - 1)$ だから，問題 1.2.2 (2) を用いて，極限値は $-\sin a$ である．(4) 分子を変形すると $e^a e^{-h}(e^h - 1)^2$ になることを用いて，極限値は e^a である．

1.3 演習問題 B

問題 1 (1) 定義域は $[-1, 1]$, 値域は $\left[0, \dfrac{\pi}{2}\right]$ (2) 定義域は $[-1, 1]$, 値域は $\left[0, \dfrac{\pi}{4}\right]$

問題 2 $A(x_0, y_0)$ の直線 $y = x$ に関する対称点は $B(y_0, x_0)$ である．$y_0 = f(x_0)$ なら $x_0 = g(y_0)$ であるから，$y = f(x)$ のグラフ上の点 A に対して，$y = g(x)$ のグラフ上の点 B が対応している．

問題 3 $\angle A$ が直角の直角 3 角形 $\triangle ABC$ を考える．$AB = x$, $BC = 1$, $C = \sqrt{1 - x^2}$ とする．(1) $\cos B = x$ より $B = \arccos x$, また，$\sin C = x$ より $C = \arcsin x$ である．$B + C = \dfrac{\pi}{2}$ であるから，結論が得られる．

(2) $\tan C = \dfrac{x}{\sqrt{1 - x^2}}$ より，$C = \arctan\left(\dfrac{x}{\sqrt{1 - x^2}}\right)$ である．(3) $\sin(\arccos x) = \sin B = \cos C = \cos(\arcsin x)$ である．

問題 4 $2\arctan\sqrt{\dfrac{1+x}{1-x}} = y$ とおくと $\sqrt{\dfrac{1+x}{1-x}} = \tan\dfrac{y}{2}$ となり，$\dfrac{1+x}{1-x} = \tan^2\dfrac{y}{2}$ となる．よって，$x = \dfrac{\tan^2\frac{y}{2} - 1}{1 + \tan^2\frac{y}{2}} = \sin^2\dfrac{y}{2} - \cos^2\dfrac{y}{2} = -\cos y = \sin\left(y - \dfrac{\pi}{2}\right)$ である．ゆえに，$\arcsin x = y - \dfrac{\pi}{2} = 2\arctan\sqrt{\dfrac{1+x}{1-x}} - \dfrac{\pi}{2}$.

第2章

問題 2.1.1 (1.1) より, $f'(0) = 1$, 接線は $y = x$.

問題 2.1.2 $\displaystyle\lim_{h\to 0}\frac{e^{2h}-1}{h} = 2$ なので, $f'(0) = 2$, 接線は $y = 2x + 1$.

問題 2.1.3 問題 1.2.2 (2) を用いて $\displaystyle\lim_{h\to 0}\frac{\sin(\frac{\pi}{2}+h)-\sin\frac{\pi}{2}}{h} = \lim_{h\to 0}\frac{\cos h - 1}{h} = 0$ であるから, $f'(\frac{\pi}{2}) = 0$, 接線は $y = 1$.

問題 2.1.4 $\displaystyle\frac{e^{a+h}-e^a}{h} = e^a\frac{e^h-1}{h}$ より, $f'(a) = e^a$ である.

問題 2.2.1 (1) $3x^2 - 12x + 4$. (2) $6x^2 - 2x + 2$. (3) $-\dfrac{1}{(2x+1)^2}$. (4) xe^x.
(5) $x\cos x$. (6) $e^x(\cos x - \sin x)$. (7) $-\dfrac{4}{x^5}$. (8) $\dfrac{x\cos x - \sin x}{x^2}$.

問題 2.2.2 (1) $2e^{2x} + e^{-x}$. (2) $3\cos 3x + 2\sin 2x$. (3) $(2-3x)xe^{-3x}$.
(4) $\dfrac{1}{2\cos^2\frac{x}{2}}\left(=\dfrac{1}{1+\cos x}\right)$. (5) $e^{-x}\sin 2x$ (6) $\dfrac{1}{1+\sin x}$.

問題 2.2.3 (1) $\cosh x$. (2) $\sinh x$. (3) $\dfrac{1}{\cosh^2 x}$.

問題 2.3.1 (1) $6(2x+1)^2$. (2) $\dfrac{12}{(2-3x)^5}$. (3) $\dfrac{1}{2}\left(\dfrac{1}{\sqrt{x}} - \dfrac{1}{x^{\frac{3}{2}}}\right)$. (4) $-\dfrac{x}{\sqrt{4-x^2}}$. (5) $-3e^{1-3x}$. (6) $-2\cos\left(\dfrac{\pi}{4}-2x\right)$. (7) $\log x$. (8) $\dfrac{1-\log x}{x^2}$.

問題 2.3.2 (1) 0. (2) $\dfrac{1}{a^2+x^2}$. (3) $\dfrac{1}{\sqrt{a^2-x^2}}$. (4) 0. (5) $\dfrac{1}{\sqrt{x(1-x)}}$. (6) $\dfrac{1}{1+x^2}$.

問題 2.3.3 (1) $3(x^2+1)^2(7x^2+4x+1)$. (2) $60\big((x^5+1)^4+2\big)^2(x^5+1)^3x^4$.
(3) $\dfrac{1}{x^2\sqrt{x^2+1}}$. (4) $2\cos(2x+1)e^{\sin(2x+1)}$. (5) $\dfrac{2}{x^2-1}$. (6) $\dfrac{1}{\sin x}$.

問題 2.3.4 $f(x) = \sqrt{x}, g(x) = x^2$ とすると $f(g(x)) = x$ である. 両辺を微分すると $f'(g(x))g'(x) = 1$ となり, $g'(x) = 2x$ であるから $f'(x^2) = \dfrac{1}{2x}$ が得られる. これより, $(\sqrt{x})' = \dfrac{1}{2\sqrt{x}}$ である.

問題 2.4.1 (1) e^x. (2) $\cos\left(x + \dfrac{n\pi}{2}\right)$. (3) $n!$. (4) $(-1)^{n-1}\dfrac{(n-1)!}{(1+x)^n}$.

(5) $\alpha(\alpha-1)\cdots(\alpha-n+1)x^{\alpha-n}$. (6) $a^n e^{ax+b}$.

問題 2.4.2 実際に関数を微分して代入すればよい.

問題 2.4.3 $u_1(x) = -x+1$, $u_2(x) = x^2 - 4x + 2$, $u_3(x) = -x^3 + 9x^2 - 18x + 6$.

問題 2.5.1 (1) $1 - \dfrac{1}{2}x^2$. (2) $x - x^2$. (3) $1 - \dfrac{1}{2}x + \dfrac{3}{8}x^2$. (4) $1 + \dfrac{1}{2}x^2$

問題 2.6.1 増減表は省略する. (1) $x = -2$ で極大値 $\dfrac{21}{2}$, $x = 1$ で極小値 -3.

(2) $x = -1$ で極小値 $-\dfrac{11}{2}$, $x = 0$ で極大値 -3, $x = 2$ で極小値 -19. (3) 奇関

数である. $x = -1$ で極小値 $-\dfrac{1}{2}$, $x = 1$ で極大値 $\dfrac{1}{2}$. (4) 定義域は $x > 0$ であ

る. $x = 1$ で極小値 2. (5) 奇関数である. $x = -1$ 極小値 $-\dfrac{1}{\sqrt{e}}$, $x = 1$ で極大

値 $\dfrac{1}{\sqrt{e}}$. (6) 周期 2π の周期関数で奇関数でもある. $-\pi \leqq x \leqq \pi$ では $x = -\dfrac{\pi}{3}$

で極小値 $-\dfrac{3\sqrt{3}}{4}$, $x = \dfrac{\pi}{3}$ で極大値 $\dfrac{3\sqrt{3}}{4}$.

グラフは次のようになる.

(1)

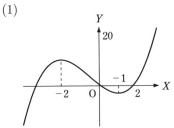

(2)

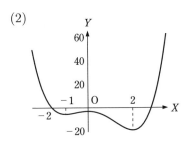

(3)

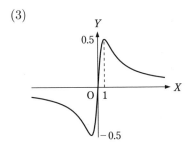

(4)

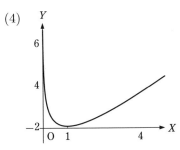

(5)

(6)

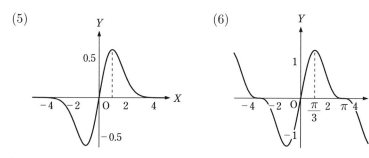

2.7 演習問題 A

問題 1 (1) $12x^3 + 3x^2 + 8x - 2$. (2) $\dfrac{5}{2}(x^{\frac{3}{2}} - x^{-\frac{7}{2}})$. (3) $(x^2+1)(5x^2+20x+1)$.

(4) $\dfrac{x^2 - 2x - 5}{(x-1)^2}$. (5) $3xe^{\frac{3}{2}x^2}$. (6) $\sin(1-x)$.

問題 2 (1) $\arctan x$. (2) $(x^2 + x)e^x$. (3) $(2x \sin x + \cos x)e^{x^2}$.

(4) $(\log x)^2 + 2\log x$. (5) $\dfrac{e^{2x}(e^x + 3e^{-x})}{(e^x + e^{-x})^2}$. (6) $\dfrac{1}{(\sin x + \cos x)^2}$.

問題 3 $u_1(x) = 2x$, $u_2(x) = 4x^2 - 2$, $u_3(x) = 8x^3 - 12x$.

問題 4 (1) x. (2) x. (3) $x - \dfrac{1}{2}x^2$. (4) x.

問題 5 以下順に (1) $y = 2x - 1$, $y = 4x - 4$. (2) $y = \dfrac{1}{2}x + \dfrac{1}{2}$, $y = \dfrac{1}{4}x + 1$.

(3) $y = x + 1$, $y = ex$. (4) $y = x$, $y = 2x - \dfrac{\pi}{2} + 1$.

問題 6 増減表は省略する. (1) $\tan x = 2$ となる x で極値をとる. (2) 定義域は $x \neq 0$ である. $x = \dfrac{1}{\sqrt[3]{2}}$ で極小値 $\dfrac{3}{2}\sqrt[3]{2}$. (3) 奇関数で, 単調増加である. (4) 定義域は $x \leqq 3$ である. $x = 2$ で極大値 2.

グラフは次のようになる.

(1)

(2)

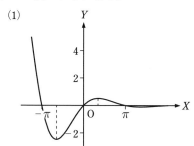

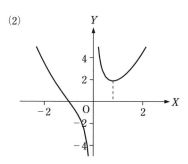

(3)

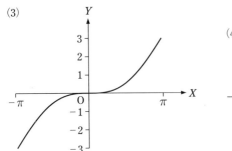

(4)

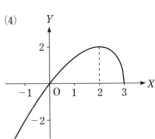

2.7 演習問題 B

問題 1 (1) $(\log 2)2^x$. (2) $\dfrac{1}{(\log 2)x}$. (3) $\dfrac{\log x}{x^2}$. (4) $\dfrac{e^x}{e^{2x}-1}$. (5) $\sin^3 x$.

(6) $\tan^3 x$. (7) $\dfrac{1}{\sqrt{(2-x)(x+1)}}$. (8) $\dfrac{1}{\sqrt{(2-x)(x+1)}}$. (9) $\dfrac{1}{\sqrt{x^2+1}}$.

(10) $\dfrac{1}{\sqrt{(x-2)(x+1)}}$.

問題 2 (1) $4x^2 e^{2x}$. (2) $6\dfrac{(1+x)^2}{(1-x)^4}$. (3) $\dfrac{4}{3}(2x+3)^{-\frac{1}{3}}$. (4) $\dfrac{1}{(x+\sqrt{x^2+1})^2\sqrt{x^2+1}}$.

(5) $\dfrac{1}{\cos x}$. (6) $\dfrac{1}{1+x^2}$. (7) $\sqrt{1-x^2}$. (8) $\sqrt{1+x^2}$. (9) $\dfrac{1}{2}$. (10) $\sqrt{\dfrac{1-x}{x}}$.

問題 3 (1) $\dfrac{d}{dx} = \dfrac{dt}{dx}\dfrac{d}{dt} = \dfrac{1}{\frac{dx}{dt}}\dfrac{d}{dt} = e^{-t}\dfrac{d}{dt}$ であり, $\dfrac{d^2}{dx^2} = e^{-t}\dfrac{d}{dt}(e^{-t}\dfrac{d}{dt})$ であ

ることを用いる. (2) 同様に $\dfrac{d}{dx} = -\dfrac{1}{\sin t}\dfrac{d}{dt}$ を用いる.

問題 4 (1) $\dfrac{(-1)^n n!}{2}\left(\dfrac{1}{(x-1)^{n+1}} - \dfrac{1}{(x+1)^{n+1}}\right)$.

(2) $x^2\sin\left(x+\dfrac{\pi}{2}n\right) + 2nx\sin\left(x+\dfrac{\pi}{2}(n-1)\right) + n(n-1)\sin\left(x+\dfrac{\pi}{2}(n-2)\right)$.

第 3 章

問題 3.1.1 (1) $x^4 - 2x^2$. (2) $\dfrac{2}{5}x^{\frac{5}{2}}$. (3) $\sin(1+x)$. (4) $\log|x+1|$.

問題 3.1.2 (1) $-\dfrac{49}{20}$. (2) $\dfrac{2}{3}$. (3) 2. (4) $\log\dfrac{6}{5}$. (5) 2. (6) 1.

問題 3.2.1 (1) $\dfrac{3}{5}(x-1)^{\frac{5}{3}}$. (2) $\dfrac{2}{3}(2x+1)^{\frac{3}{4}}$. (3) $\cosh x$. (4) $\dfrac{1}{3}\log|3x+2|$.

(5) $\arcsin\dfrac{x}{\sqrt{2}}$. (6) $\dfrac{1}{\sqrt{2}}\arctan\dfrac{x}{\sqrt{2}}$.

問題 3.2.2 (1) $\dfrac{1}{2}\left(x-\dfrac{1}{2}\sin 2x\right)$. (2) $-x+\tan x$. (3) $-\dfrac{1}{2}\left(\cos x+\dfrac{1}{7}\cos 7x\right)$.

(4) $\dfrac{1}{2}\left(\sin x+\dfrac{1}{7}\sin 7x\right)$.

問題 3.2.3 (1) $\dfrac{1}{2}e^{-1}$. (2) 2. (3) $\dfrac{3}{2}$. (4) 3.

問題 3.2.4 (1) $\dfrac{3}{2}\log|2x-1|$. (2) $2\log|2x^2-x+2|$. (3) $\log|\log x|$.

(4) $\log|\sin x|$. (5) $(2x^2-x+2)^2$. (6) $\dfrac{1}{2}(\log x)^2$.

問題 3.3.1 (1) $\dfrac{1}{3}\log\left|\dfrac{(x+2)^7}{x-1}\right|$. (2) $\dfrac{2}{x-1}+3\log\left|\dfrac{x-2}{x-1}\right|$. (3) $-\dfrac{1}{2}\log(x^2+$

$9)+\dfrac{2}{3}\arctan\dfrac{x}{3}+\log|x|$. (4) $x+\dfrac{3}{10}\log|2x-1|+\dfrac{1}{5}\log|x+2|$.

問題 3.4.1 (1) $-x\cos x+\sin x$. (2) $x^2\sin x+2(x\cos x-\sin x)$.

(3) $(x^2-2x+2)e^x$. (4) $\dfrac{x^3}{3}\log x-\dfrac{x^3}{9}$. (5) $(x+1)\log(x+1)-x$.

(6) $x(\log x)^2-2(x\log x-x)$.

問題 3.4.2 (1) 4. (2) $5e^{-1}$.

問題 3.4.3 (1) $\dfrac{1}{2}e^x(\sin x+\cos x)$. (2) $\dfrac{1}{5}e^x(\sin 2x-2\cos 2x)$.

(3) $\dfrac{e^{-kx}}{k^2+\omega^2}\{-k\cos(\omega x+\alpha)+\omega\sin(\omega x+\alpha)\}$. (4) $\dfrac{1}{2}\left\{x\sqrt{1+x^2}+\log(x+\sqrt{1+x^2})\right\}$.

問題 3.4.4 (1) $\dfrac{1}{2}$. (2) $\dfrac{1}{5}$.

3.5 演習問題 (その 1)A

問題 1 (1) $x^2+\dfrac{1}{3}x^3-\dfrac{4}{5}x^5$. (2) $2\log x-\dfrac{3}{x}$. (3) $\dfrac{1}{10}(2x-3)^5$. (4) $\dfrac{1}{12(1-3x)^4}$.

(5) $\dfrac{2}{15}(5x+2)^{\frac{3}{2}}$. (6) $\dfrac{1}{2}\log|2x+1|$.

問題 2 (1) $-\dfrac{1}{3}\cos\left(3x+\dfrac{\pi}{6}\right)$. (2) $-\dfrac{1}{3}\sin(2-3x)$. (3) $-\dfrac{1}{4}e^{2-4x}$. (4) $2\sinh\dfrac{x}{2}$.

(5) $\dfrac{1}{2}\arcsin 2x$. (6) $\dfrac{1}{3}\arctan\dfrac{x}{3}$.

問題 3 (1) $\left[x^3+\dfrac{x^2}{2}-2x\right]_{-1}^{2}=\dfrac{9}{2}$. (2) $\left[\dfrac{1}{4}(1+y)^4\right]_{-2}^{-1}=-\dfrac{1}{4}$.

(3) $\left[\dfrac{1}{2}\sin 2\theta\right]_0^{\pi/2}=0.$ (4) $\left[\dfrac{1}{5}\cos(\pi-5t)\right]_0^{\pi}=\dfrac{2}{5}.$ (5) $\left[\dfrac{1}{2}\log(1+s^2)\right]_0^1=$

$\dfrac{1}{2}\log 2.$ (6) $[\arcsin\theta]_0^{1/\sqrt{2}}=\dfrac{\pi}{4}.$ (7) $[\arctan z]_0^{\infty}=\dfrac{\pi}{2}$

(8) $[\sin\varphi-\varphi\cos\varphi]_{-\pi/4}^{\pi/4}=\sqrt{2}\left(1-\dfrac{\pi}{4}\right).$ (9) $\left[(t^2-2t+2)e^t\right]_0^1=e-2.$

(10) $[x\log x-x]_1^e=1.$

問題 4 (1) $\dfrac{1}{5}(4\log|x+3|+\log|x-2|).$ (2) $\dfrac{x^2}{2}+x+\dfrac{1}{3}(2\log|x+2|+\log|x-1|).$

(3) $\dfrac{1}{4}\left(9\log|x+3|-5\log|x+1|-\dfrac{2}{x+1}\right).$ (4) $\dfrac{1}{2}\log|x|-\dfrac{1}{4}\log(x^2+4).$

問題 5 (1) $\log(1+e^x).$ (2) $\dfrac{1}{2}(1+\sin x)^2.$ (3) $\dfrac{1}{2}\sinh^2 x=\dfrac{1}{2}\cosh^2 x.$

(4) $\log(e^x+e^{-x})$ または $\log(\cosh x).$ (5) $-\dfrac{1}{x}(\log x+1).$ (6) $x\arctan x-$

$\dfrac{1}{2}\log(1+x^2).$

3.5 演習問題 (その 1)B

問題 1 (1) $\dfrac{1}{3}(x-1)\sqrt{2x+1}.$ (2) $\dfrac{1}{4}\left(x^2+x\sin 2x+\dfrac{1}{2}\cos 2x\right).$

(3) $\dfrac{2}{3}\left((1+x)^{\frac{3}{2}}-x^{\frac{3}{2}}\right).$ (4) $\dfrac{1}{4}\log(x^4+1).$ (5) $x-\sin x.$ (6) $-\log(1+\cos x).$

(7) $\dfrac{1}{2}(\arcsin x)^2.$ (8) $\dfrac{x^2}{2}\log x(\log x-1)+\dfrac{x^2}{4}.$

問題 2 (1) $I_0=\dfrac{\pi}{2},\ I_1=1.$ (2) 部分積分で $I_n=\left[\sin^{n-1}x(-\cos x)\right]_0^{\pi/2}+$

$(n-1)\displaystyle\int_0^{\pi/2}\sin^{n-2}x\cos^2 x\,dx=(n-1)I_{n-2}-(n-1)I_n.$ (3) n が偶数なら

$I_n=\dfrac{n-1}{n}I_{n-2}=\dfrac{(n-1)(n-2)\cdots 1}{n(n-2)\cdots 2}I_0$ による. 奇数の場合も同様である.

(4) $I_2=\dfrac{\pi}{4},\ I_3=\dfrac{2}{3},\ I_4=\dfrac{3\pi}{16},\ I_5=\dfrac{8}{15}.$

問題 3 $\sin mx\cos nx=\dfrac{1}{2}\{\sin(m+n)x+\sin(m-n)x\}$ などによる.

問題 4 (1) $v_0t-\dfrac{1}{2}gt^2.$ (2) $\dfrac{1}{2}\dfrac{v_0^2}{g}.$

問題 3.6.1 (1) $\dfrac{1}{6}(x^2+x+1)^3.$ (2) $\dfrac{1}{3}e^{x^3+2}.$ (3) $\dfrac{1}{3}\sin^3 x.$ (4) $\dfrac{1}{2}\arctan x^2.$

(5) $\dfrac{2}{3}(x-1)^{\frac{3}{2}} + \dfrac{2}{5}(x-1)^{\frac{5}{2}}$. (6) $\dfrac{1}{3}\arcsin x^3$.

問題 3.6.2 (1) $\left[-\dfrac{1}{4}(4-x)^4\right]_4^5 = -\dfrac{1}{4}$. (2) $\left[-\dfrac{1}{3}\cos^3 x\right]_{3\pi/2}^{2\pi} = -\dfrac{1}{3}$.

(3) $\left[\dfrac{1}{2}e^{x^2}\right]_0^1 = \dfrac{1}{2}(e-1)$. (4) $\left[\dfrac{1}{8}(2x-1)^4\right]_2^3 = 68$.

(5) $\left[-\dfrac{1}{3}\cos\left(3x-\dfrac{\pi}{2}\right)\right]_{2\pi/9}^{\pi/3} = \dfrac{\sqrt{3}}{6}$. (6) $\left[e^{2x^2}\right]_0^1 = e^2-1$.

3.7 演習問題 (その2)A

問題 1 (1) $\dfrac{1}{2}e^{x^2}$. (2) $\dfrac{1}{4}\sin^4 x$. (3) $\dfrac{1}{3}(1+x^2)^{\frac{3}{2}} = \dfrac{1}{3}(1+x^2)\sqrt{1+x^2}$.

(4) $-\sqrt{1-x^2} = -(1-x^2)^{\frac{1}{2}}$. (5) $-\dfrac{1}{6}(x^2+1)^{-3}$. (6) $-e^{\cos x}$.

問題 2 (1) $\dfrac{1}{3}\displaystyle\int te^t\,dt = \dfrac{1}{3}e^{x^3}(x^3-1)$. (2) $\displaystyle\int \dfrac{dt}{t(1+t)} = \log\dfrac{e^x}{1+e^x}$.

(3) $\displaystyle\int \dfrac{t}{1+t}\,dt = \log\dfrac{x}{|1+\log x|}$. (4) $2\displaystyle\int te^t\,dt = 2e^{\sqrt{x}}(\sqrt{x}-1)$.

(5) $\displaystyle\int \dfrac{1}{\cos^2 t}\,dt = \dfrac{x}{\sqrt{1-x^2}}$. (6) $\displaystyle\int \dfrac{1+t^2}{t^2}\,dt = -\dfrac{1}{\tan x}+\tan x = \dfrac{1-2\cos^2 x}{\sin x\cos x} =$

$-\dfrac{\cos 2x}{\sin x\cos x}$. (7) $\displaystyle\int \dfrac{t^2-1}{t^2+1}\,dt = \cos x - 2\arctan(\cos x)$.

(8) $\displaystyle\int \dfrac{dt}{t^2-1} = \dfrac{1}{2}\log\dfrac{\sqrt{x^2+1}-1}{\sqrt{x^2+1}+1}$.

問題 3 (1) $(4x-x^4+1=t)$, $\dfrac{1}{4}\displaystyle\int_1^4 \dfrac{dt}{\sqrt{t}} = \dfrac{1}{2}$. (2) $(e^x=t)$, $\displaystyle\int_1^e \dfrac{dt}{1+t^2} =$

$\arctan e - \dfrac{\pi}{4}$. (3) $(\cos x=t)$, $\displaystyle\int_0^1 \dfrac{dt}{1+t^2} = \dfrac{\pi}{4}$. (4) $(\cos x=t)$, $\displaystyle\int_0^1 (1-t^2)\,dt =$

$\dfrac{2}{3}$.

問題 4 (1) $\dfrac{16}{15}$. (2) $\dfrac{1}{3}$. (3) $\dfrac{1}{2}$. (4) -1.

3.7 演習問題 (その2)B

問題 1 (1) $(\sin x=t)$, $\displaystyle\int t^2(1-t^2)\,dt = \dfrac{1}{3}\sin^3 x - \dfrac{1}{5}\sin^5 x$.

(2) (部分積分) $x\arcsin x + \sqrt{1-x^2}$. (3) $(e^x=t)$, $\displaystyle\int \dfrac{t}{\sqrt{1+t^2}}\,dt = \sqrt{1+e^{2x}}$.

(4)（部分積分）$x \log(1 + x^2) - 2x + 2 \arctan x$. (5)（$\sqrt{x} = t$）, $2 \displaystyle\int \dfrac{t}{1+t} \, dt =$

$2\sqrt{x} - 2\log(1 + \sqrt{x})$. (6) $\left(\dfrac{1}{x^2 + 1} \right)' = -\dfrac{2x}{(x^2 + 1)^2}$ であることを用いて

$\displaystyle\int \dfrac{x^2}{(x^2 + 1)^2} \, dx = \int x \dfrac{x}{(x^2 + 1)^2} \, dx = \dfrac{1}{2} \left(\arctan x - \dfrac{x}{x^2 + 1} \right)$.

問題 2 (1) $\cos x = 2\cos^2 \dfrac{x}{2} - 1 = 2 \left(1 + \tan^2 \dfrac{x}{2} \right)^{-1} = \dfrac{1 - t^2}{1 + t^2}$, $\sin x =$

$2 \tan \dfrac{x}{2} \cos^2 \dfrac{x}{2} = \dfrac{2t}{1 + t^2}$, $\dfrac{dx}{dt} = 2\cos^2 \dfrac{x}{2} = \dfrac{2}{1 + t^2}$.

(2) (i) $\displaystyle\int \dfrac{dt}{1 + t} = \log \left| \tan \dfrac{x}{2} + 1 \right|$. (ii) $\dfrac{1}{2} \displaystyle\int (1 + t^2) \, dt = \dfrac{1}{6} \tan^3 \dfrac{x}{2} + \dfrac{1}{2} \tan \dfrac{x}{2}$.

問題 3 (1) X 軸上に a, Y 軸上に b をとる. $\displaystyle\int_0^a f(x) \, dx$ は X 軸, $x = a$ と

$y = f(x)$ の囲む面積, $\displaystyle\int_0^b f^{-1}(y) \, dy$ は Y 軸, $y = b$ と $y = f(x)$ の囲む面積で

ある. 等号成立は $f(a) = b$ のとき. (2) $\displaystyle\int_0^a x^{p-1} \, dx = \dfrac{a^p}{p}$, $f^{-1}(y) = y^{q-1}$ に

よる. 等号成立は $a^p = b^q$ のとき.

第 4 章

問題 4.1.1 (1) $Ce^{-3t} + e^{-2t}$. (2) $Ce^{2t} + te^{2t}$. (3) $Ce^t - (t + 2)$.

(4) $Ce^{-t} + \dfrac{1}{2}(\sin t - \cos t)$.

問題 4.1.2 (1) $2e^{4t} - e^{3t}$. (2) $e^{-t} + t^2 - 2t + 2$. (3) $\dfrac{1}{2}(e^t + \sin t - \cos t)$.

(4) $-e^{-2t} + \dfrac{1}{3}t^3 e^{-2t}$.

問題 4.1.3 微分方程式に代入して, 各々が解であることを用いる.

問題 4.1.4 微分方程式に代入して, 各々が解であることを用いる.

問題 4.2.1 (i) (1) $Ae^{2t} + Be^{-t}$. (2) $Ae^{(2+\sqrt{3})t} + Be^{(2-\sqrt{3})t}$.

(ii) (1) $Ae^{-t} + Bte^{-t}$. (2) $Ae^{\frac{2}{3}t} + Bte^{\frac{2}{3}t}$. (iii) (1) $e^t(A\sin 2t + B\cos 2t)$.

(2) $A\sin \dfrac{3}{2}t + B\cos \dfrac{3}{2}t$.

問題 4.2.2 (1) $e^{5t} - 2$. (2) $2(e^{-\frac{1}{2}t} + te^{-\frac{1}{2}t})$. (3) $e^{2t}(3\cos 2t - 4\sin 2t)$.

問題 4.2.3 $\dfrac{v_0}{k} \sin kt$.

4.3 演習問題 A

問題 1 (1) $u = Ae^t$. (2) $u = Ae^{-3t}$. (3) $u = Ae^{5t}$. (4) $u = Ae^{-2t}$.
(5) $u = Ae^{4t}$. (6) $u = Ae^{-6t}$.

問題 2 (1) $u = Ae^t - (t^2 + 2t + 2)$. (2) $u = Ae^{-3t} + \dfrac{1}{2}e^{-t}$. (3) $u = Ae^{5t} - 1$.

(4) $u = Ae^{-2t} + te^{-2t}$. (5) $u = Ae^{4t} + \dfrac{1}{17}(\sin t - 4\cos t)$.

(6) $u = Ae^{-6t} + \dfrac{1}{2}e^{-5t}(\sin t - \cos t)$.

問題 3 (1) $u = \dfrac{2}{3}e^{-t} + \dfrac{1}{3}e^{2t}$. (2) $u = \dfrac{1}{2}(e^{2t} - 1)$. (3) $u = \dfrac{1}{10}(-e^{-3(t-\pi)} + 3\sin t - \cos t)$. (4) $u = e^{3t-1} - \dfrac{1}{3}\left(t + \dfrac{1}{3}\right)$. (5) $u = \left(\dfrac{t^4}{4} - 4\right)e^{-2t}$.

(6) $u = e^{-t}\log 2(1 + e^t)$.

問題 4 (1) $u = Ae^t + Be^{-t}$. (注意：A と B をとり直せば $u = A\sinh t + B\cosh t$ とも書ける.) (2) $u = A\sin t + B\cos t$. (3) $u = (A + Bt)e^{3t}$.

(4) $u = A + Be^{5t}$. (5) $u = e^{-t}(A\sin\sqrt{2}t + B\cos\sqrt{2}t)$. (6) $u = (A + Bt)e^{-\frac{t}{2}}$.

(7) $u = e^{-\frac{t}{2}}\left(A\sin\dfrac{\sqrt{7}}{2}t + B\cos\dfrac{\sqrt{7}}{2}t\right)$. (8) $u = Ae^{\frac{t}{2}} + Be^{-3t}$.

問題 5 (1) $u = \dfrac{1}{5}(4e^{2t} + e^{-3t})$. (2) $u = -\sin t - \cos t$. (3) $u = (2 - t)e^{\frac{t}{2}}$.

(4) $u = e^{-2t}(\sin 3t + 2\cos 3t)$. (5) $u = \dfrac{\sqrt{5}}{10}(e^{(-2+\sqrt{5})t} - e^{(-2-\sqrt{5})t})$.

(6) $u = (t - 1)e^{-3(t-1)}$.

4.3 演習問題 B

問題 1 (1) $u = \left(v_0 - \dfrac{mg}{k}\right)e^{-\frac{k}{m}t} + \dfrac{mg}{k}$. (2) $\dfrac{mg}{k}$.

問題 2 (1) $A = -\dfrac{1}{8}$. (2) $A = \dfrac{1}{4}$, $B = 0$, $C = -\dfrac{1}{8}$. (3) $A = \dfrac{1}{k^2 - \omega^2}$, $B = 0$.

(4) $A = 0$, $B = -\dfrac{1}{2k}$.

問題 3 (1) $k = 1, 2, \cdots$ (自然数). (2) $u = A\sin kt$. ($k = 1, 2, \cdots$ で, A は 0 でない定数.)

第 5 章

問題 5.1.1 (1) $\dfrac{x+2}{-3} = \dfrac{y-1}{2} = \dfrac{z}{5}$. (2) $x = 1,\ z = -1$.

(3) $\dfrac{x-1}{3} = \dfrac{y+3}{-8} = z - 4$.

問題 5.1.2 (1) $3x + 11y + 6z - 14 = 0$. (2) $-3x + 4y + 2z + 11 = 0$.

(3) $7x + 11y + 12z - 34 = 0$. (4) $x = -1$.

問題 5.1.3 (1) $5x + 6y + z + 11 = 0$. (2) 交点は $(0, 1, 1)$ $2x - y - 3z + 4 = 0$.

問題 5.1.4 $x = \dfrac{y-9}{4} = \dfrac{z-13}{5}$.

問題 5.2.1 等高線は図のような双曲線になる. グラフは図 5.12 のようになる.

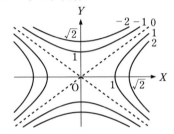

問題 5.3.1 (1) $f_x = 9x^2 - 4xy$, $f_y = -2x^2 + 4y^3$. (2) $f_x = 2e^{2x}\sin 3y$, $f_y = 3e^{2x}\cos 3y$. (3) $f_x = \dfrac{1}{\sqrt{2x+3y}}$, $f_y = \dfrac{3}{2\sqrt{2x+3y}}$. (4) $f_x = -\sin(x + y^2)$,

$f_y = -2y\sin(x + y^2)$. (5) $f_x = -\dfrac{1}{y}\sin\dfrac{x}{y}$, $f_y = \dfrac{x}{y^2}\sin\dfrac{x}{y}$. (6) $f_x = \dfrac{y}{x^2 + y^2}$,

$f_y = \dfrac{-x}{x^2 + y^2}$.

問題 5.3.2 (1) $6x + 5y - z - 8 = 0$. (2) $2x + 3y - 4z + 4 = 0$. (3) $x - y - z = 0$.

問題 5.4.1 (1) $f_{xx} = 6x + 2y$, $f_{xy} = f_{yx} = 2x - 4y - 3$, $f_{yy} = -4x$.

(2) $f_{xx} = \dfrac{2}{(x+2y)^3}$, $f_{xy} = f_{yx} = \dfrac{4}{(x+2y)^3}$, $f_{yy} = \dfrac{8}{(x+2y)^3}$. (3) $f_{xx} = \dfrac{2xy}{(x^2+y^2)^2}$, $f_{xy} = f_{yx} = \dfrac{y^2 - x^2}{(x^2+y^2)^2}$, $f_{yy} = \dfrac{-2xy}{(x^2+y^2)^2}$. (4) $f_{xx} = 4e^{2x}\sin 3y$, $f_{xy} = f_{yx} = 6e^{2x}\cos 3y$, $f_{yy} = -9e^{2x}\sin 3y$.

問題 5.5.1 (1) $z_t = f_x(a\cos t, b\sin t)(-a\sin t) + f_y(a\cos t, b\sin t)(b\cos t)$. (2) $z_t = -f_x(e^{-t}, e^t)e^{-t} + f_y(e^{-t}, e^t)e^t$.

問題 5.6.1 偏導関数を求めて, 方程式に代入すればよい. たとえば $u_{xx} =$

$$\left(-\frac{1}{8\pi t^2} + \frac{x^2}{16\pi t^3}\right) \exp\left(-\frac{x^2+y^2}{4t}\right) \text{ である.}$$

問題 5.7.1 (1) $x+y$. (2) $1 - \frac{(x-y)^2}{2}$. (3) $1 + x - \frac{y}{2} - \frac{1}{2}\left(x - \frac{y}{2}\right)^2$.
(4) $1 + x + x^2 - y^2$.

問題 5.8.1 (1) $(1,-1)$ で極小値 -2. (2) $(2,-1)$ で極大値 8. (3) 極値をとらない. (4) $(3,1)$ で極大値 10. (5) 極値をとらない. (6) $(1,1)$ で極小値 -4.

5.9 演習問題 A

問題 1 (1) $f_x = 6x^2 + 6xy + y^3$, $f_y = 3x^2 + 3xy^2 - 4y^3$. (2) $f_x = -\frac{1}{(x+y^2)^2}$,
$f_y = -\frac{2y}{(x+y^2)^2}$. (3) $f_x = \frac{3}{2\sqrt{3x-2y}}$, $f_y = \frac{-1}{\sqrt{3x-2y}}$. (4) $f_x = \frac{2}{2x+3y}$,
$f_y = \frac{3}{2x+3y}$. (5) $f_x = -y^2\sin(1+xy^2)$, $f_y = -2xy\sin(1+xy^2)$.
(6) $f_x = 2xe^{x^2+2y}$, $f_y = 2e^{x^2+2y}$.

問題 2 (1) $f_x = \frac{5y}{(2x+3y)^2}$, $f_y = \frac{-5x}{(2x+3y)^2}$. (2) $f_x = \frac{x-y^2}{\sqrt{x^2-2xy^2}}$,
$f_y = \frac{-2xy}{\sqrt{x^2-2xy^2}}$. (3) $f_x = -2e^{-2x}\cos 3y$, $f_y = -3e^{-2x}\sin 3y$. (4) $f_x = \frac{4xy^2}{(x^2+y^2)(x^2-y^2)}$, $f_y = \frac{-4x^2y}{(x^2+y^2)(x^2-y^2)}$. (5) $f_x = \frac{1}{\sqrt{y^2-x^2}}$, $f_y = \frac{1}{\sqrt{y^2-x^2}}\left(-\frac{x}{y}\right)$. (6) $f_x = \frac{1}{1+x^2}$, $f_y = \frac{1}{1+y^2}$.

問題 3 (1) $z = -4x - 8y + 12$. (2) $z = \frac{e}{2}x + \frac{\sqrt{3}e}{2}y - \frac{e\pi}{6}$. (3) $z = 2e^2x + e^2y - e^2$.

問題 4 (1) $f_{xx} = 12x + 2y$, $f_{xy} = f_{yx} = 2x - 4y$, $f_{yy} = -4x - 6y$. (2) $f_{xx} = e^{-x+2y}$, $f_{xy} = f_{yx} = -2e^{-x+2y}$, $f_{yy} = 4e^{-x+2y}$. (3) $f_{xx} = -4\sin(2x+3y)$,
$f_{xy} = f_{yx} = -6\sin(2x+3y)$, $f_{yy} = -9\sin(2x+3y)$. (4) $f_{xx} = \frac{2y}{(x^2+2y)^{\frac{3}{2}}}$,
$f_{xy} = f_{yx} = \frac{-x}{(x^2+2y)^{\frac{3}{2}}}$, $f_{yy} = \frac{-1}{(x^2+2y)^{\frac{3}{2}}}$.

問題 5 (1) $f_x = e^x(\sin y + \cos y)$, $f_y = e^x(\cos y - \sin y)$ をもう一度偏微分する. (2) $f_x = \frac{1}{x^2+y^2} - \frac{2x^2}{(x^2+y^2)^2}$ をもう一度偏微分する. f_y, f_{yy} も同様で

ある.

問題 6 (1)　$1 - \dfrac{1}{2}(x-y) + \dfrac{3}{8}(x-y)^2$. (2)　$y + xy$.

問題 7 (1)　$(3,2)$ で極小値 -9. (2)　$(-2,-2)$ で極大値 5. (3)　$(0,0)$ で極小値 3. (4)　$(1,1)$ で極小値 -2, $(-1,-1)$ で極小値 -2.

5.9 演習問題 B

問題 1 (1)　$f_y(x,0) = x$. (2)　$f_{yx}(0,0) = 1$.

問題 2　$f_x = \dfrac{x}{\sqrt{x^2 - y^2}} \arcsin \dfrac{y}{x} - \dfrac{y}{x}$, $f_y = -\dfrac{y}{\sqrt{x^2 - y^2}} \arcsin \dfrac{y}{x} + 1$ による.

問題 3　$f_x = -\dfrac{x}{4\pi(x^2 + y^2 + z^2)^{3/2}}$, $f_{xx} = -\dfrac{1}{4\pi(x^2 + y^2 + z^2)^{3/2}}$

$+\dfrac{3x^2}{4\pi(x^2 + y^2 + z^2)^{5/2}}$ による.

問題 4 (1)　$(0,1)$ で極小値 0, $(0,-1)$ で極大値 4. (2)　極値はとらない.

(3)　$(1,-1)$ で極小値 -8, $(-1,1)$ で極大値 0. (4)　$\left(\dfrac{2}{3}, \dfrac{2}{3}\right)$ で極大値 $\dfrac{8}{27}$.

問題 5　極値の候補は $(2,-1)$, $(0,0)$ で, $\Delta(2,-1) < 0$ より $(2,-1)$ では極値をとらない. 原点 $(0,0)$ では $\Delta(0,0) = 0$ となるが, $f(x,0) = x^3$ より原点の近傍で正負いずれの値もとるので, 極値をとらない.

第 6 章

問題 6.1.1 (1)　$2(\sqrt{1+y} - \sqrt{y})$. (2)　$2\sin x$. (3)　$-\left(\dfrac{\pi}{2} - 1\right)\sin y + \cos y$.

(4)　$3(x^2 + y^2 + 1)$.

問題 6.1.2 (1)　$1 - x^2$. (2)　$-\dfrac{1}{y} + y$. (3)　$\dfrac{1}{3}(1 - 8x^3)$. (4)　$\dfrac{1}{2}\log(1 + y^2)$.

問題 6.1.3　$y' = \displaystyle\int_0^x f(t)\,dt$, $y'' = f(x)$.

問題 6.1.4　$y(x)$ を微分する.

問題 6.2.1 (1)　$\dfrac{19}{6}$. (2)　$\dfrac{4}{3}(2\sqrt{2} - 1)$. (3)　$\dfrac{16}{3}$. (4)　2. (5)　$\dfrac{1}{2}(e^2 - 1)^2$. (6)　$\dfrac{2}{3}$.

問題 6.2.2　$\displaystyle\int_a^b f(x)\,dx$ は y に関して定数であることに注意すればよい.

問題 **6.3.1**

(1)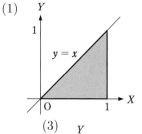

(2)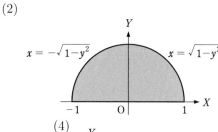

(3)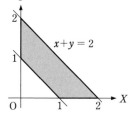

(4)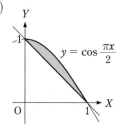

問題 **6.3.2** (1) $\{(x,y) \mid 1 - y \leqq x \leqq 1,\ 0 \leqq y \leqq 1\}$,

$\{(x,y) \mid 1 - x \leqq y \leqq 1,\ 0 \leqq x \leqq 1\}$ または $\{(x,y) \mid 1 \leqq x + y,\ x \leqq 1,\ y \leqq 1\}$

(2) $\left\{(x,y) \mid \dfrac{x+1}{\sqrt{3}} \leqq y \leqq \sqrt{x+1}\right\}$ または $\left\{(x,y) \mid y^2 - 1 \leqq x \leqq \sqrt{3}y - 1\right\}$.

問題 **6.3.3** (1) $\dfrac{5}{12}$. (2) $\dfrac{2}{3}$. (3) -1. (4) $\dfrac{1}{4}(e - 1)$.

問題 **6.3.4** (1) $\dfrac{1}{6}$. (2) $\sqrt{2} - 1$. (3) $2\log 2 - 1$. (4) $\dfrac{5}{8}$.

(1)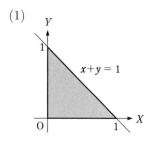

(2)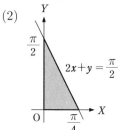

(3)
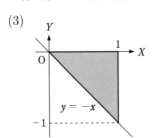

(4)
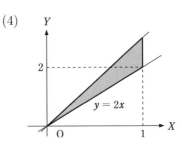

問題 6.3.5 (1) $\dfrac{7}{2}$. (2) $\dfrac{9}{4}$. (3) $\dfrac{2}{15}$. (4) $\dfrac{1}{2}(e^4 - e^2) - e$.

問題 6.3.6 (1) $\dfrac{1}{2}$. (2) $\dfrac{1}{3}(e - 1)$. (3) $\dfrac{1}{3}$. (4) $\dfrac{1}{2}\left(1 - \dfrac{1}{\sqrt{2}}\right)$.

問題 6.4.1 (1) $1 - e^{-1}$. (2) 1.

問題 6.4.2 (1) $\dfrac{2}{5}$. (2) $\dfrac{4}{3}$.

問題 6.4.3 $\dfrac{1}{3}$.

問題 6.5.1 (1) $x^2 + y^2 = 2$. (2) $y = -\sqrt{3}x \ (x > 0)$. (3) $x^2 + \left(y - \dfrac{3}{2}\right)^2 = \dfrac{9}{4}$.

(4) $\left(x - \dfrac{\sqrt{2}}{2}\right)^2 + \left(y + \dfrac{\sqrt{2}}{2}\right)^2 = 1$.

(1)
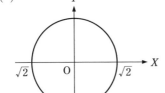

(2)
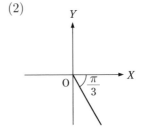

(3)
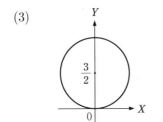

(4)
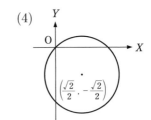

問題 **6.5.2** (1) $\Omega = \left\{ (r,\theta) \mid 0 \leqq r \leqq \sqrt{2},\ 0 \leqq \theta \leqq \pi \right\}$. (2) $\Omega = \Big\{ (r,\theta) \mid \sqrt{2}$
$\leqq r \leqq 2,\ -\dfrac{\pi}{2} \leqq \theta \leqq \dfrac{\pi}{2} \Big\}$. (3) $\Omega = \left\{ (r,\theta) \mid 0 \leqq r \leqq 3,\ \dfrac{\pi}{4} \leqq \theta \leqq \dfrac{5\pi}{4} \right\}$.
(4) $\Omega = \left\{ (r,\theta) \mid r \leq 2\cos\theta,\ -\dfrac{\pi}{2} \leq \theta \leq \dfrac{\pi}{2} \right\}$.

D を図示すると次のようになる. Ω の図は省略する.

(1) (2)

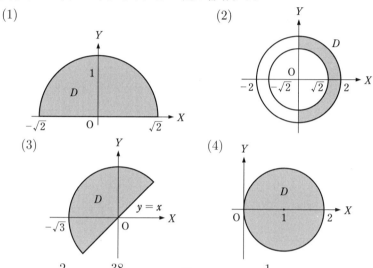

(3) (4)

問題 **6.5.3** (1) $\dfrac{2}{3}\pi$. (2) $\dfrac{38}{3}\pi$. (3) $(\sqrt{2}-1)\pi$. (4) $\dfrac{1}{15}$.

問題 **6.5.4** π.

問題 **6.6.1** (1) $J = -\dfrac{1}{2}$, $\Omega = \{(u,v) \mid 1 \leqq u \leqq 3,\ -1 \leqq v \leqq 2\}$. (2) $J = 1$,
$\Omega = \{(u,v) \mid 0 \leqq u \leqq 1,\ -1 \leqq v \leqq 1\}$. (3) $J = -\dfrac{1}{3}$, $\Omega = \{(u,v) \mid -1 \leqq u \leqq 0,$
$0 \leqq v \leqq 1\}$. (4) $J = 1$, $\Omega = \{(u,v) \mid 0 \leqq u \leqq 1,\ u \leqq v \leqq 1\}$.

(1)

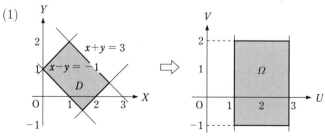

(2)
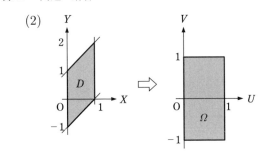

(3)
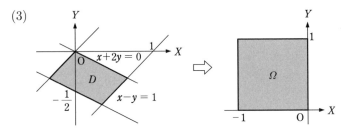

(4)
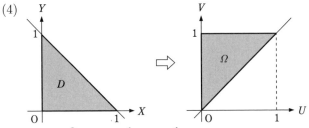

問題 **6.6.2** (1) 3. (2) $\dfrac{2}{3}$. (3) $-\dfrac{1}{18}$. (4) $\dfrac{1}{8}$.

問題 **6.6.3** (1) $J = \dfrac{1}{u}$, $\Omega = \{(u,v) \mid 2 \leqq u \leqq 3,\ 1 \leqq v \leqq 2\}$. (2) $J = v$, $\Omega = \{(u,v) \mid 1 \leqq u \leqq 2,\ 0 \leqq v \leqq 1\}$. (3) $J = v$, $\Omega = \{(u,v) \mid 0 \leqq u \leqq 1,\ 0 \leqq v \leqq 2\}$.

(4) $J = abr$, $\Omega = \{(r,\theta) \mid 0 \leqq r \leqq 1,\ 0 \leqq \theta < 2\pi\}$

D の図は次のようになる．Ω の図はすべて長方形になるので，省略する．

(1)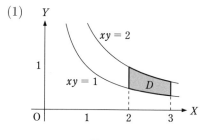

(2)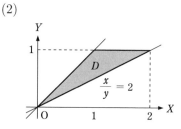

(3)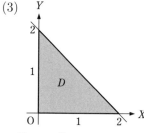

(4)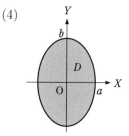

問題 **6.6.4** (1) $\dfrac{7}{3}$. (2) $\dfrac{3}{4}(1-e^{-1})$. (3) $2(e-1)$. (4) $\dfrac{2}{3}\pi ab$.

問題 **6.6.5** πab.

問題 **6.7.1** (1) 18. (2) $\dfrac{27}{32}$. (3) $\dfrac{\pi^2}{2}-2$.

問題 **6.7.2** $\dfrac{4}{3}\pi abc$.

問題 **6.7.3** (1) $\dfrac{5}{6}\pi$. (2) $\dfrac{1}{6}$.

問題 **6.7.4** (1) $\dfrac{4}{5}\pi$. (2) $\dfrac{\pi}{16}$.

問題 **6.8.1** (1) $\displaystyle\int_0^\infty e^{-x}x^s\,ds = [-e^{-x}x^s]_0^\infty + s\int_0^\infty e^{-x}x^{s-1}\,ds$. (2) (i) 6.
(ii) $\dfrac{\sqrt{\pi}}{2}$. (iii) $\dfrac{3}{4}\sqrt{\pi}$.

問題 **6.8.2** (1) $\Gamma\left(\dfrac{1}{2}\right)=\sqrt{\pi}$. (2) $\Gamma(6)=120$. (3) $\Gamma\left(\dfrac{7}{2}\right)=\dfrac{15}{8}\sqrt{\pi}$.

問題 **6.8.3** (1) $dx=2t\,dt$ による. (2) (i) $\dfrac{1}{2}\Gamma\left(\dfrac{3}{2}\right)=\dfrac{\sqrt{\pi}}{4}$. (ii) $\dfrac{1}{2}\Gamma(2)=\dfrac{1}{2}$.

問題 **6.8.4** (1) $\dfrac{1}{12}$. (2) $\dfrac{4}{3}$. (3) $\dfrac{\pi}{16}$.

問題 6.8.5 (1) $B\left(\dfrac{1}{2}, \dfrac{1}{2}\right) = \pi$. (2) $B\left(\dfrac{3}{2}, \dfrac{1}{2}\right) = \dfrac{\pi}{2}$. (3) $B(4,3) = \dfrac{1}{60}$.

6.9 演習問題 A

問題 1 (1) $\dfrac{1}{2(1+y)^2}$. (2) $\dfrac{1}{x}$. (3) $x(e^x - 1)$. (4) $\dfrac{a^3}{3}(1 - \sin^3\theta)$.

問題 2 (1) $2\sqrt{1 - x - z}$. (2) $\dfrac{1}{2}\{1 - \sin(x - y)\}$. (3) $18y^2$. (4) $-x + (x + 1)\log(x + 1)$. (5) $\dfrac{\pi}{2} - \arcsin x$. (6) $\dfrac{\pi}{4y}$.

問題 3 (1) $-\dfrac{29}{10}$. (2) 2. (3) $2\log 3 - 3\log 2$. (4) $1 - \dfrac{1}{2}\log 2$. (5) π.

(6) $\dfrac{e}{2} - 1$. (7) $\dfrac{3}{4}\log 2$. (8) $\dfrac{1}{2}(\log 2)^3$.

問題 4 (1) $\dfrac{1}{48}$. (2) $\dfrac{1}{12}$. (3) $\dfrac{1}{6}(\log 2)^3$. (4) $\dfrac{4}{3}$.

問題 5 (1) $\dfrac{2}{3}$. (2) $\dfrac{3}{35}$. (3) $\log 2 - \dfrac{1}{2}\log 3$. (4) $-\dfrac{2}{3}$. (5) $e^3 + e$.

(6) $2\log 2 - \dfrac{5}{4}$. (7) $\sqrt{2} - 1$. (8) $\dfrac{\sqrt{2}}{3}$.

問題 6 (1) $\displaystyle\int_0^1 \left(\int_x^1 f(x,y)\,dy\right)dx$. (2) $\displaystyle\int_0^1 \left(\int_{-\sqrt{y}}^0 f(x,y)\,dx\right)dy$.

(3) $\displaystyle\int_{-1}^1 \left(\int_0^{\sqrt{1-x^2}} f(x,y)\,dy\right)dx$. (4) $\displaystyle\int_0^1 \left(\int_0^{\arccos y} f(x,y)\,dx\right)dy$.

(5) $\displaystyle\int_{-1}^0 \left(\int_0^{x+1} f(x,y)\,dy\right)dx + \int_0^1 \left(\int_0^{-x+1} f(x,y)\,dy\right)dx$.

(6) $\displaystyle\int_0^{\frac{1}{2}} \left(\int_1^2 f(x,y)\,dx\right)dy + \int_{\frac{1}{2}}^1 \left(\int_1^{\frac{1}{y}} f(x,y)\,dx\right)dy$.

問題 7 (1) $\dfrac{1}{2}(\sqrt{2} - 1)$. (2) $\dfrac{1}{2}$. (3) $\dfrac{1}{2}(1 - \sin 1)$. (4) $e - 2$.

問題 8 (1) $u = x + y,\ v = x - y$ と変換すると $J = -\dfrac{1}{2}$, $\Omega = \{(u,v) \mid 0 \leqq u \leqq \dfrac{\pi}{2},\ 1 \leqq v \leqq 2\}$ で, 積分値は $\dfrac{3}{4}$. (2) $u = x + y,\ v = x - y$ と変換すると $J = -\dfrac{1}{2}$, $\Omega = \{(u,v) \mid u \leqq 1,\ -u \leqq v \leqq u\}$ で, 積分値は $\dfrac{1}{4}(e + e^{-1} - 2)$.

(3) $x = uv,\ y = v$ と変換すると $J(u,v) = v$, $\Omega = \{(u,v) \mid 0 \leqq u \leqq 1,\ 0 \leqq v \leqq$

1} で, 積分値は $\dfrac{1}{\pi}$. (4) $x = u + uv, y = u - uv$ と変換すると $J(u,v) = -2u,$

$\Omega = \{(u,v) \mid 1 \leq u \leq 2, -1 \leq v \leq 1\}$ で, 積分値は $3(e - e^{-1})$.

問題 9 (1) 1. (2) 2. (3) $\dfrac{1}{2}\left(\log 2 - \dfrac{5}{8}\right)$. (4) $\dfrac{1}{2}e^2 - e$.

問題 10 (1) $\dfrac{\pi}{9}$. (2) $\dfrac{1}{105}$.

6.9 演習問題 B

問題 1 $\dfrac{2}{\pi}$.

問題 2 (1) $\displaystyle\int_0^b \left(\int_{\frac{c}{a}x}^{\frac{d}{b}x} dy \right) dx + \int_b^a \left(\int_{\frac{c}{a}x}^{\frac{c}{a}(x-b)+d} dy \right) dx +$

$\displaystyle\int_a^{a+b} \left(\int_{\frac{d}{b}(x-a)+c}^{\frac{c}{a}(x-b)+d} dy \right) dx = ad - bc.$ (2) $J(u,v) = ad - bc.$

(3) $\Omega = \{(u,v) \mid 0 \leq u \leq 1, 0 \leq v \leq 1\}$. (4) $ad - bc$.

問題 3 $y' = f(x) - \omega \displaystyle\int_0^x f(t) \sin\omega(x-t)\, dt$ をもう一度微分する.

問題 4 $\Delta\varphi = \varphi(x+h) - \varphi(x), \Delta\psi = \psi(x+h) - \psi(x)$ とおくと

$\dfrac{1}{h}\left(\displaystyle\int_{\psi(x+h)}^{\varphi(x+h)} f(t)\, dt - \int_{\psi(x)}^{\varphi(x)} f(t)\, dt \right) = \dfrac{\Delta\varphi}{h} \dfrac{1}{\Delta\varphi} \int_{\varphi(x)}^{\varphi(x+h)} f(t)\, dt -$

$\dfrac{\Delta\psi}{h} \dfrac{1}{\Delta\psi} \displaystyle\int_{\psi(x)}^{\psi(x+h)} f(t)\, dt$ が成り立つ. ここで, $h \to 0$ とする.

問題 5 $u_t = \dfrac{c}{2}\left(-\varphi'(x-ct) + \varphi'(x+ct) \right) + \dfrac{1}{2}\left(\psi(x+ct) + \psi(x-ct) \right), u_x =$

$\dfrac{1}{2}\left(\varphi'(x-ct) + \varphi'(x+ct) \right) + \dfrac{1}{2c}\left(\psi(x+ct) - \psi(x-ct) \right)$ をもう一度偏微分する.

問題 6 (1) $P = \dfrac{1}{\sqrt{2}}\begin{pmatrix} 1 & 1 \\ -1 & 1 \end{pmatrix}, \lambda_1 = 2, \lambda_2 = 4.$ (2) $\dfrac{\sqrt{2}}{4}\pi.$

問題 7 $x^4 = t$ とおく. $\dfrac{1}{4}\Gamma\left(\dfrac{3}{2}\right) = \dfrac{\sqrt{\pi}}{8}.$

問題 8 $x^2 = t$ とおく. $\dfrac{1}{2}B\left(\dfrac{7}{2}, \dfrac{1}{2}\right) = \dfrac{5}{32}\pi.$

問題 9 $\displaystyle\int_0^\infty \left(\int_0^\infty e^{-xy} \sin x\, dx \right) dy = \int_0^\infty \left[-\dfrac{e^{-xy}\cos x}{y^2+1} - \dfrac{ye^{-xy}\sin x}{y^2+1} \right]_{x=0}^\infty dy$

$$= \int_0^\infty \frac{dy}{y^2+1} \ \text{である. また} \ \int_0^\infty \left(\int_0^\infty e^{-xy} \sin x \, dy \right) dx = \int_0^\infty \frac{\sin x}{x} \, dx \ \text{で}$$

あるから,

$$\int_0^\infty \frac{\sin x}{x} \, dx = \frac{\pi}{2}.$$

問題 10 (1) $dx = -2\cos\theta\sin\theta \, d\theta$ による. (2) (i) $\dfrac{1}{2}B\left(\dfrac{3}{2}, \dfrac{3}{2}\right) = \dfrac{\pi}{16}$.

(ii) $\dfrac{1}{2}B\left(2, \dfrac{5}{2}\right) = \dfrac{2}{35}$.

問題 11 (1) $dx = \dfrac{dt}{(1+t)^2}$, $1 - x = \dfrac{1}{1+t}$ による. (2) $\displaystyle\int_0^\infty \dfrac{dx}{(1+x^2)^n} =$

$\dfrac{1}{2}\displaystyle\int_0^\infty \dfrac{t^{-1/2}}{(1+t)^n}\, dt$ による. (3) (i) $\dfrac{1}{2}B\left(\dfrac{1}{2}, \dfrac{3}{2}\right) = \dfrac{\pi}{4}$. (ii) $\dfrac{1}{2}B\left(\dfrac{1}{2}, \dfrac{5}{2}\right) = \dfrac{3}{16}\pi$.

問題 12 (1) $\dfrac{\pi^2}{24}$. (2) $\dfrac{1}{360}$.

問題 13 (1) $J(u,v,w) = \dfrac{1}{8}\dfrac{1}{\sqrt{uvw}}$. (2) $K = \{(u,v,w) \mid u, v, w \geqq 0, \ u+v+w \leqq$

$1\}$. (3) $\dfrac{4}{3}\pi$.

第 7 章

問題 7.1.1 (1) $\displaystyle\int e^{(a+ib)x} \, dx = \dfrac{1}{a+ib}e^{(a+ib)x} = \dfrac{a-ib}{a^2+b^2}e^{(a+ib)x}$.

(2) $\dfrac{a-ib}{a^2+b^2}e^{ax}(\cos bx + i\sin bx) =$

$\dfrac{e^{ax}}{a^2+b^2}\{(a\sin bx - b\cos bx) + i\,(a\cos bx + b\sin bx)\}$ による.

(3) 例題 3.4.3 (1) と同様の計算をすればよい.

問題 7.2.1 (1) $e^x e^{-x} = e^0 = 1$ による. (2) $y = \log x$ は $x = e^y$ を表す.

(3) $y = e^x$ は $x = \log y$ を表す. (4) $e^{\log\frac{1}{x}} = \dfrac{1}{x} = \dfrac{1}{e^{log x}} = e^{-\log x}$ による.

問題 7.2.2 図 7.2 のグラフを Y 軸に関して対称に写したグラフになる.

問題 7.2.3 $e^{\log x^a} = x^a = \left(e^{\log x}\right)^a = (ここが 7.2 による) = e^{a\log x}$ による.

問題 7.2.4 (1) 7. (2) 18. (3) $\sqrt{5}$.

問題 7.2.5 (1) 4. (2) 1. (3) 0. (4) $2x$.

問題 7.3.1 (1) $\dfrac{\sqrt{3}}{2}$. (2) $\dfrac{\sqrt{2}}{2}$. (3) $-\sqrt{3}$. (4) -1. (5) $\dfrac{\sqrt{3}}{2}$. (6) 0. (7) $-\dfrac{\sqrt{2}}{2}$.

(8) $\dfrac{1}{2}$. (9) $-\dfrac{\sqrt{3}}{3}$.

問題 7.3.2 例題 7.3.2 を参照せよ.

問題 7.3.3 (1) $\sin 2x = \sin(x + x)$ による. (2) $\tan 2x = \tan(x + x)$ による. (3) $\cos 2x = \cos(x + x)$ と $\sin^2 x + \cos^2 x = 1$ による. (4) (3) を用いて $\cos x = 2\cos^2 \dfrac{x}{2} - 1$ を書き換える. (5) (3) を用いて $\cos x = 1 - 2\sin^2 \dfrac{x}{2}$ を書き換える.

問題 7.3.4 (1) $x = \dfrac{\pi}{6} + 2n\pi,\ \dfrac{5\pi}{6} + 2n\pi\ (n = 0, \pm 1, \pm 2, \cdots)$ これはまた, $x = (-1)^n \dfrac{\pi}{6} + n\pi\ (n = 0, \pm 1, \pm 2, \cdots)$ と表してもよい. (2) $x = -\dfrac{\pi}{3}$.
(3) $x = 2n\pi \pm \dfrac{\pi}{4}\ (n = 0, \pm 1, \pm 2, \cdots)$. (4) $x = \pi$.

問題 7.3.5 (1) 与式 $= \sin\left(\dfrac{\pi}{3} - \dfrac{\pi}{4}\right) = \dfrac{\sqrt{2}\left(\sqrt{3} - 1\right)}{4}$.
(2) 与式 $= \cos\left(\dfrac{\pi}{2} - \dfrac{\pi}{12}\right) = \sin\dfrac{\pi}{12} = \dfrac{\sqrt{2}\left(\sqrt{3} - 1\right)}{4}$. (3) $\cos\dfrac{\pi}{12} = \dfrac{\sqrt{2}\left(\sqrt{3} + 1\right)}{4}$ より $\tan\dfrac{\pi}{12} = -2 - \sqrt{3}$.

問題 7.3.6 (1) $\dfrac{2\pi}{3}$. (2) π. (3) 2.

問題 7.3.7 (1) $\sqrt{2}\sin\left(\omega t + \dfrac{\pi}{4}\right)$, 振幅 $\sqrt{2}$, 周期 $\dfrac{2\pi}{\omega}$, 初期位相 $\dfrac{\pi}{4}$.
(2) $2\sin\left(\pi t + \dfrac{\pi}{6}\right)$, 振幅 2, 周期 2, 初期位相 $\dfrac{\pi}{6}$.

問題 7.3.8 $\tan(x+y) = \dfrac{\sin(x + y)}{\cos(x + y)} = \dfrac{\sin x \cos y + \cos x \sin y}{\cos x \cos y - \sin x \sin y} = \dfrac{\tan x + \tan y}{1 - \tan x \tan y}$.

問題 7.3.9 $\sin(x + y) = \cos\left(\dfrac{\pi}{2} - x - y\right) =$
$\cos\left(\dfrac{\pi}{2} - x\right)\cos y - \sin\left(\dfrac{\pi}{2} - x\right)\sin(-y) = \sin x \cos y + \cos x \sin y$.

問題 7.3.10 図 7.5 によると $\pi - x$ と x は Y 軸に関して対称な角である. また, $\sin(\pi - x) = \sin\pi\cos x - \cos\pi\sin x = \sin x$ である.

問題 7.4.1 (1) $\sinh\left(\log\left(x + \sqrt{x^2 + 1}\right)\right) = \dfrac{1}{2}\left(x + \sqrt{x^2 + 1} - \dfrac{1}{x + \sqrt{x^2 + 1}}\right)$
$= \dfrac{1}{2}\left(x + \sqrt{x^2 + 1} - \left(-x + \sqrt{x^2 + 1}\right)\right)$. (2) (1) と同様である.
いずれも, $f(g(x)) = x$ の形であるから, 逆関数を表している.

問題 7.4.2 $\operatorname{arctanh} x = \dfrac{1}{2} \log \dfrac{1+x}{1-x}$, $(|x| < 1)$.

問題 7.4.3 $f(x) = \operatorname{arcsinh}(x)$ に対して $\sinh(f(x)) = x$ である．両辺を微分して，$\cosh(f(x))f'(x) = 1$ より $f'(x) = \dfrac{1}{\cosh f(x)} = \dfrac{1}{\sqrt{1 + (\sinh(f(x))^2)}} = \dfrac{1}{\sqrt{1+x^2}}$ である．一方，$f(x) = \log\left(x + \sqrt{x^2+1}\right)$ であるから $f'(x) = \dfrac{1}{x + \sqrt{x^2+1}}\left(1 + \dfrac{x}{\sqrt{x^2+1}}\right) = \dfrac{1}{\sqrt{x^2+1}}$ である．$g(x) = \operatorname{arccosh}(x)$ についても同様の計算で，$g'(x) = \dfrac{1}{x^2-1}$ となる．

問題 7.4.4 $\cosh^2 x - \sinh^2 x = \dfrac{1}{4}\left(e^{2x} + 2 + e^{-2x}\right) - \dfrac{1}{4}\left(e^{2x} - 2 + e^{-2x}\right) = 1$ で，これより $1 - \tanh^2 x = \dfrac{\cosh^2 x - \sinh^2 x}{\cosh^2 x} = \dfrac{1}{\cosh^2 x}$ となる．$(e^x - e^{-x})(e^y + e^{-y}) + (e^x + e^{-x})(e^y - e^{-y}) = 2(e^{x+y} - e^{-(x+y)})$ より $\sinh(x + y) = \sinh x \cosh y + \cosh x \sinh y$ がえられる．$\cosh(x + y)$ も同様．$\operatorname{arcsinh} x$, $\operatorname{arccosh} x$ については問題 7.4.1 を参照．$\operatorname{arctanh} x$ については，$\tanh\left(\dfrac{1}{2}\log\dfrac{1+x}{1-x}\right)$

$$= \left(\sqrt{\dfrac{1+x}{1-x}} - \sqrt{\dfrac{1-x}{1+x}}\right)\left(\sqrt{\dfrac{1+x}{1-x}} + \sqrt{\dfrac{1-x}{1+x}}\right)^{-1} = \dfrac{(1+x) - (1-x)}{(1+x) + (1-x)} = x$$

であることによる．

問題 7.4.5 3角関数は周期性をもつが，双曲線関数は周期性をもたない．$(\sinh x)' = \cosh x$ は同じであるが $(\cosh x)' = \sinh x$ は $(\cos x)' = -\sin x$ と符号が異なっている．$\cos^2 x + \sin^2 x = 1$ と $\cosh^2 x - \sinh^2 x = 1$ もよく似ているが，符号が異なる．そのほかにもいろいろ挙げることができる．

第 8 章

問題 8.2.1 $n \log x = y$ とおくと $x^n = e^y$ で，$x \to \infty$ は $y \to \infty$ となるから $\dfrac{\log x}{x^n} = \dfrac{y}{ne^y} \to 0$ $(x, y \to \infty)$ である．(2) $y = \dfrac{1}{x}$ とおくと $x > 0$, $x \to \infty$ は $y \to \infty$ となり，$x^n \log x = -\dfrac{\log y}{y^n} \to 0$ $(0 < x \to 0, y \to \infty)$ となる．

問題 **8.2.2** (1) $\displaystyle\int_{-\pi}^{\pi} f(x)\,dx = \frac{1}{2}\int_{-\pi}^{\pi} a_0\,dx + \sum_{k=1}^{n}\left(a_k \int_{-\pi}^{\pi}\cos kx\,dx\right) +$

$\displaystyle\sum_{k=1}^{n}\left(b_k \int_{-\pi}^{\pi}\sin kx\,dx\right) = \pi a_0$ による. (2) $\displaystyle\int_{-\pi}^{\pi} f(x)\cos mx\,dx =$

$\displaystyle\frac{a_0}{2}\int_{-\pi}^{\pi}\cos mx\,dx + \sum_{k=1}^{n}\left(a_k \int_{-\pi}^{\pi}\cos kx \cos mx\,dx\right) +$

$\displaystyle\sum_{k=1}^{n}\left(b_k \int_{-\pi}^{\pi}\sin kx \cos mx\,dx\right) = a_m\pi$ による.

(3) $b_m = \dfrac{1}{\pi}\displaystyle\int_{-\pi}^{\pi} f(x)\sin mx\,dx.$

問題 **8.3.1** $\left(\dfrac{1}{n}\right)\dfrac{1}{n} + \left(\dfrac{2}{n}\right)\dfrac{1}{n} + \cdots + \left(\dfrac{n}{n}\right)\dfrac{1}{n} = \dfrac{n(n+1)}{2n} \to \dfrac{1}{2}(n \to \infty).$

問題 **8.5.1**

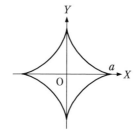

問題 **8.5.2**

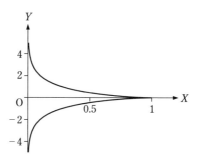

問題 8.5.3

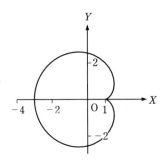

問題 8.6.1 $\dfrac{3}{8}\pi a^2$.

問題 8.6.2 (1) $2\pi a(a-b)$. (2) $8a^2$. (3) $\dfrac{2}{3}\pi\left\{(a^2+1)^{\frac{3}{2}}-1\right\}$.

(4) $\dfrac{\pi}{6}\left\{(4a^2+1)^{\frac{3}{2}}-1\right\}$.

問題 8.6.3 $\dfrac{\pi}{16}\left\{14\sqrt{5}+17\log(2+\sqrt{5}\,)\right\}$.

問題 8.7.1 直円錐は $y=\dfrac{r}{h}x\ (0\leqq x\leqq h)$ を X 軸を中心に 1 回転して得られ

るから, その体積は $\pi\displaystyle\int_0^h\left(\dfrac{r}{h}x\right)^2dx=\pi\left[\dfrac{r^2}{3h^2}x^3\right]_0^h=\dfrac{1}{3}\pi r^2h$ である.

問題 8.7.2 (1) πa^3. (2) $\dfrac{2}{3}a^3$. (3) $\dfrac{3}{2}\pi a^3$. (4) $\dfrac{4}{3}a^4$.

問題 8.7.3 2.

問題 8.8.1 $M=\dfrac{1}{2}(b-a)c$ より $G=\left(\dfrac{a+b}{3},\dfrac{c}{3}\right)$.

問題 8.8.2 $M=\dfrac{1}{3}\pi a^2h$ より $G=\left(0,0,\dfrac{h}{4}\right)$.

問題 8.8.3 $M=\dfrac{1}{6}$ より $G=\left(\dfrac{1}{4},\dfrac{1}{4},\dfrac{1}{4}\right)$

問題 8.9.1 $(x,y)=\left(\pm\dfrac{1}{\sqrt{2}},\pm\dfrac{1}{\sqrt{2}}\right)$ (複号同順) のとき最大値 (極大値) $\dfrac{1}{2}$,

$(x,y)=\left(\pm\dfrac{1}{\sqrt{2}},\mp\dfrac{1}{\sqrt{2}}\right)$ (複号同順) のとき最小値 (極小値) $-\dfrac{1}{2}$.

索　引

理工系のための　実践的微分積分

2007 年 1 月 15 日　　第 1 版　第 1 刷　発行
2022 年 2 月 25 日　　第 1 版　第 16 刷　発行

著　　者　　山田直記　　吉田　守
　　　　　　福嶋幸生　　田中尚人
発 行 者　　発 田 和 子
発 行 所　　株式会社　学術図書出版社

〒113−0033　　東京都文京区本郷 5 丁目 4 の 6
TEL 03−3811−0889　　振替　00110−4−28454
印刷　(株) かいせい

定価はカバーに表示してあります.

ISBN978-4-7806-1062-8　C3041